U0255146

"十二五"职业教育国家规划教材

印刷设备（第二版）

潘光华　主　编
刘　渝　白家旺　副主编
柏子游　李　云　主　审

中国轻工业出版社

图书在版编目(CIP)数据

印刷设备/潘光华主编. —2 版. —北京：
中国轻工业出版社,2021.2
"十二五"职业教育国家规划教材
ISBN 978 – 7 – 5019 – 9995 – 8

Ⅰ.① 印… Ⅱ.① 潘… Ⅲ.①印刷 – 设备 – 高等职业教育 – 教材 Ⅳ.①TS803.6

中国版本图书馆 CIP 数据核字(2014)第 253061 号

责任编辑：杜宇芳 李建华
策划编辑：林 媛 杜宇芳 责任终审：张乃东 封面设计：锋尚设计
版式设计：王超男 责任校对：吴大鹏 责任监印：张 可

出版发行：中国轻工业出版社(北京东长安街 6 号,邮编：100740)
印 刷：北京君升印刷有限公司
经 销：各地新华书店
版 次：2021 年 2 月第 2 版第 2 次印刷
开 本：787 × 1092 1/16 印张：15
字 数：358 千字
书 号：ISBN 978 – 7 – 5019 – 9995 – 8 定价：49.80 元
邮购电话：010 – 65241695
发行电话：010 – 85119835 传真：85113293
网 址：http://www.chlip.com.cn
Email：club@ chlip.com.cn
如发现图书残缺请与我社邮购联系调换
210222J2C202ZBW

前言（第二版）

　　本书是全国高职高专印刷与包装类专业教学指导委员会规划统编教材之一，并列入"十二五"职业教育国家规划教材。本书是印刷包装专业核心课程配套教材之一。

　　作者力求按照职业教育的特点，以学习情境→项目→任务（能力训练、知识拓展）为导向的编写思路，充分体现技术的先进性、通用性和实用性。以少而精的典型产品实例，详细阐述了单张纸胶印机各机构的调节、操作及知识点，同时也兼顾了印前、卷筒纸胶印机及印后设备的操作与知识点。

　　每个项目首先以背景、应知、应会的形式说明了项目的开发缘由及学生要掌握的技能及知识内容，通过项目训练实施教学。每个项目均安排练习与测试来巩固和加强，其参考答案详见附录，可方便学生自学。本教材编写符合学生从感性到理性的认知规律。

　　为突出重点，情境一（单张纸胶印机）设计了8个项目，其余各个情境只设计了1个或2个项目。

　　本书由潘光华、刘渝及白家旺编写。其中：学习情境一（单张纸胶印机）、学习情境二（卷筒纸胶印机）、学习情境五（印刷设备的维护与润滑）由潘光华编写；绪论、学习情境四（印后加工设备）由刘渝编写，学习情境三（印前设备）由白家旺编写。全书由柏子游、李云主审。

　　在编写过程中得到了王利婕等许多同志的指导和大力帮助，在此表示衷心感谢。

　　由于编者水平和能力有限，书中难免会出现不妥和错误之处，恳请广大读者和专家批评指正。

编者

2015年1月

前言（第一版）

本书是全国高职高专印刷与包装类专业教学指导委员会规划统编教材之一，并列入普通高等教育"十一五"国家级规划教材。本书是印刷包装专业核心课程配套教材之一。

作者力求按照职业教育的特点，以实践导向为编写思路，充分体现技术的先进性、通用性和实用性。以少而精的典型产品实例，详细阐述了单张纸胶印机各机构的结构及工作原理，同时对印前、卷筒纸胶印机及印后设备的工作原理也作了介绍。

在"应知、应会"的要点、"课前认知学习"和"练习与测试"的内容设计上，充分突出了重点。如本书重点章第三章安排了3次"课前认知练习"，4次"练习与测试"，其余各章均安排了1次；在第三、四、五、六章每节前均安排"应知、应会"要点，而第一章、第二章只在章前安排这个内容。

本书由潘光华、刘渝及白家旺编写。其中：第三、四章由潘光华编写，第一、五、六章由刘渝编写，第二章由白家旺编写。全书由白家旺主审及精心修改。

在编写过程中得到了王利婕、柏子游、李云等许多同志的大力帮助，在此表示衷心感谢。

由于编者水平和能力有限，书中难免会出现不妥和错误之处，恳请广大读者和专家提出批评指正。

编者

2016年10月

目 录

学习情境二 | 卷筒纸胶印机

项目 卷筒纸胶印机基本过程操作

学习情境三 | 印前设备

项目一 彩色桌面出版系统（DTP）的调节与操作

项目二 直接制版系统（CTP）的调节与操作

学习情境四 | 印后加工设备

项目　书刊印后加工设备操作

学习情境五 | 印刷设备的维护和润滑

项目　胶印机维护保养操作

绪论

传统印刷工作包括印前制版、印刷、印后加工，所以印刷设备自然也包含印前设备、印刷设备、印后加工设备。

（1）印前设备主要指彩色桌面出版系统（DTP）、直接制版系统（CTP）。

（2）印刷设备主要指按印版种类划分的平版印刷机（胶印机）、凸版印刷机、凹版印刷机和孔版印刷机。其实，按照不同的分类方法还有以下几种：①按印刷装置的形式分为平压平型印刷机、圆压平型印刷机和圆压圆型印刷机；②按承印纸张的形式分为单张纸印刷机和卷筒纸印刷机；③按印刷面数分为单面印刷机和双面印刷机；④按印刷幅面大小分为全张印刷机、对开印刷机、四开印刷机以及八开印刷机等；⑤按印刷色数分为单色印刷机、双色印刷机、四色印刷机、五色印刷机以及更多颜色的多色印刷机；⑥按用途不同分为书刊及报纸印刷机、商业广告印刷机、包装印刷机、票据印刷机以及特种印刷机等；⑦按印刷的原理分为传统印刷机和数字印刷机；⑧按承印物的材料分为纸张印刷机、金属印刷机、塑料印刷机、玻璃印刷机、纺织物印刷机、容器印刷机等；⑨按印刷的方式分为直接印刷机和间接印刷机。

（3）印后加工设备主要指书刊印后加工设备、表面整饰设备等。

本书为突出重点兼顾全面，印刷设备中的凸版、凹版及孔版（丝网）印刷机在绪论中介绍，后面章节着重叙述情境一（单张纸胶印机）和情境二（卷筒纸胶印机）等。

一、凸版印刷及其设备

凸版印刷是利用凸版印刷机将印版上凸起的图文转移到承印物上的印刷方法，包括传统凸版印刷（铅版、铜锌版）和现代的柔性凸版印刷。根据图文的转印次数，柔性凸版印刷又可分为直接柔性版印刷和间接柔性版印刷。直接柔性版印刷是版上的图文通过一次转印完成印刷。间接柔性版印刷又称凸版胶印，也称干胶印，它采用无水凸版胶印技术，先将版面上凸起的图文转印到橡皮布上，再由橡皮布将图文转印到承印物上。间接柔性版印刷适用于曲面承印物的印刷及钞票等所有证券印刷中的接线印刷。

目前，柔性版印刷是凸版印刷中应用最广的印刷方式。本节主要讨论柔性版印刷及设备。

1. 概述

柔性版印刷是指利用柔性印版并通过网纹传墨辊传递油墨的凸版印刷方式。柔性版是由橡胶版、感光性树脂版等柔性材料制成的凸版总称。

在欧美等印刷工业发达的国家中，柔性版印刷发展很快，包装印刷已从过去的以凹印和平印为主变为目前的以柔性版印刷为主，约70%的包装材料使用柔性版印刷。在美国，20%的报纸也采用柔性版印刷。

与凹版印刷、平版印刷以及传统的凸版印刷相比，柔性版印刷具有自己鲜明的特点：

①设备投资少，见效快，效益高。由于柔性版印刷机结构相对简单，因此设备投资比相同规格的胶印机低40%～60%，比凹印机低2/3。此外，柔性版印刷机集印刷、模切、上光等多种工序于一体，多道工序能够一次性完成，不必再另行购置相应的后加工设备，具有很高的投资回报性，同时也大大缩短了生产周期，节省了人力、物力和财力，降低了生产成本，提高了经济效益。

②印刷速度高。柔性版印刷由于印刷机结构简单，使它的印刷速度大为提高。它的印刷速度一般是胶印机和凹印机的1.5～2倍，实现了高速印刷。

③有利于环境保护。柔性版印刷采用的是新型的水基性油墨和溶剂型油墨，无毒、无污染，完全符合绿色环保的要求，也能满足食品包装的需要。

④操作维护简便。柔性版印刷机采用网纹传墨辊输墨系统，与胶印机相比，省去了复杂的输墨机构，从而使印刷机的操作和维护大大简化，输墨控制及反应更为迅速。另外，印刷机一般配有多套可适应不同印刷长度的印版滚筒，特别适合印刷规格经常变更的包装印刷品。

⑤应用范围广泛。柔性版印刷具有一般凸版印刷的特点，另外，由于它的印版具有柔软性，使它的应用范围变得更加广泛。它涉及书刊插页、商业表格、包装卡纸、瓦楞纸、商标、薄膜包装、纸质软包装、纸袋、塑料袋、容器、纤维板及粘胶带等多种印刷领域。

2. 柔性版印刷设备

柔性版印刷机是使用卷筒纸印刷的轮转机。印刷部分一般由2～8个机组组成，每个机组为一个印刷单元。按照机组的排列方式分为卫星式、层叠式和并列式三种形式。

（1）卫星式柔性版印刷机　如图0-1所示，卫星式柔性版印刷机的几个印刷单元排列在压印滚筒的周围。这种印刷机套印准确，印刷精度高，但只能进行单面印刷。

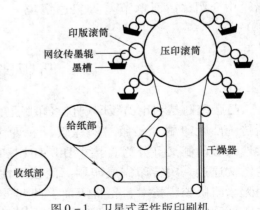

印版滚筒
网纹传墨辊
墨槽
压印滚筒
给纸部
干燥器
收纸部

图0-1　卫星式柔性版印刷机

（2）层叠式柔性版印刷机 如图0-
2所示，层叠式柔性版印刷机是在主机的
两侧，将单色机组相互重叠起来进行印
刷。每一单色机组均有独立的压印滚筒，
各机组都由主机齿轮链条传动。这种印刷
机利用导向辊改变承印物的穿行路线可以
进行正、反面印刷，机组间的距离能够调
整，检修某一单色机组时不需要停机，部
件的调换和洗涤也很方便。但这种印刷机
套印精度差，不适合印刷伸缩性较大或较
薄的承印材料。

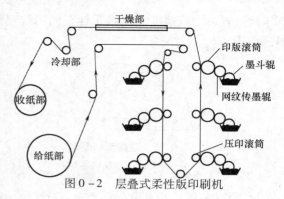

图0-2 层叠式柔性版印刷机

（3）并列机组式柔性版印
刷机 如图0-3所示，并列
式柔性版印刷机的各单色机组
独立分开，机组间按水平直线
排列，由一根公共轴驱动。这
种印刷机采用张力、套准自动
控制系统，套印精度高，操作
方便，但占地面积大。

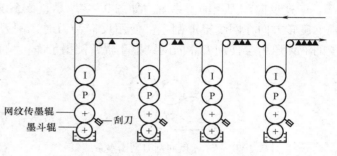

图0-3 并列机组式柔性版印刷机

3. 柔性版印刷机的主要部件

无论哪一种柔性版印刷机，主要由输卷部
分、印刷部分（包括输墨部分）、干燥部分、复
卷部分等组成。

（1）输卷部分 柔性版印刷机的输卷部分
是由设在装纸轴内的卡纸机构或轴内的气动膨胀
机构，通过光电管探测头来控制输纸的。在输纸
时，必须使纸张呈直线状进入印刷部分，而且要
求当印刷机转速变动或停机时。卷筒纸的张力应
保持恒定。

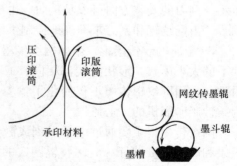

图0-4 柔性版印刷机的印刷部分

（2）印刷部分 如图0-4所示，柔性版印
刷机的每一印刷机组都是由印版滚筒、压印滚筒、供墨系统组成。

①输墨系统。柔性版印刷一般采用溶剂型油墨或水性油墨，属于低黏度液体油墨，
不像凸印和胶印需要对墨层进行反复滚压和碾匀，所以，输墨装置比较简单。网纹辊的
输墨系统，也称为短墨路系统，如图0-4所示，主要由墨槽、墨斗辊、网纹传墨辊和刮
刀（图中未表示）组成。

A. 输墨系统的类型和特点。输墨系统的类型较多，下面介绍几种类型及其特点。

a. 双辊型输墨系统。这是现在柔性版印刷机的基本类型，如图0-5所示。胶质墨斗
辊2和硬质网纹辊1以不同的线速度转动，传递油墨。一般情况下，墨斗辊的表面线速度

低于网纹辊表面线速度，使墨斗辊在向网纹辊传墨的同时，还具有刮去网纹辊上多余油墨的作用。

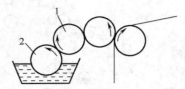 

图 0-5　双辊型输墨系统　　　　　图 0-6　顺向刮刀型输墨系统
　1—网纹辊　2—胶质墨斗辊　　　　　　1—网纹辊　2—刮刀

b. 顺正向刮刀型输墨系统。这是网纹辊加刮刀的单辊输墨系统，如图 0-6 所示。网纹辊 1 直接在墨槽内着墨，刮刀 2 顺着网纹辊旋转方向，刮去网纹辊 1 表面多余的油墨。

c. 逆反向刮刀型输墨系统。如图 0-7 所示，该系统将刮刀 2 反角度安装，逆着网纹辊 1 旋转方向在网纹辊上刮墨。使用反向刮刀时，刮刀安装角度为 140°~150°。由于油墨的液体压力会使刮刀靠向网纹墨斗辊，刮墨干净，没有油墨堆积现象。

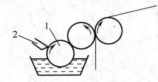 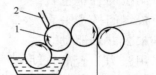

图 0-7　逆反向刮刀型输墨系统　　　　图 0-8　组合型输墨系统
　1—网纹辊　2—刮刀　　　　　　　　　1—网纹辊　2—刮刀

d. 组合型输墨系统。这种方式是前三种的综合型，具有它们各自的特点，如图 0-8 所示。刮刀的安装方向可以是正向，也可以反向。墨斗辊与网纹辊 1 可以同步，也可以不同步，由网纹辊和刮刀来准确地控制供给印版的墨量。

B. 金属网纹传墨辊。金属网纹传墨辊是柔性版印刷机的专用传墨辊，其表面有无数凹下的大小墨穴，形状深浅都相同，或称着墨孔，这些墨穴是用于印刷时控制油墨传送量的。采用网纹辊传墨不仅简化了输墨系统的结构，而且可以控制墨层厚度，被人们誉为柔性版印刷机的"心脏"。

网纹传墨辊主要通过电子雕刻或激光雕刻制成，金属网纹辊的质量直接关系到供墨效果和印刷质量的好坏。网纹辊网穴的结构形状有尖锥形、格子形、斜线形、蜂窝状形等，现在用得较多的是蜂窝状网穴。按照网纹辊表面镀层或涂层材料，分为镀铬辊和陶瓷辊两种。

镀铬金属网纹辊的造价较低，网纹密度（即网纹线数）是指单位长度上的网线数可达 200 线/in（1in =2.54cm）以上，耐印力一般在 1 000 万~3 000 万次。

陶瓷金属网纹辊是在金属表面有陶瓷（金属氧化物）涂层，耐磨性比镀铬辊高 20~30 倍，耐印力可达 4 亿次左右，网穴密度可高达 600 线/in 以上，适合印刷精细彩色产品。

②印刷滚筒。

A. 柔性版印刷机的印版滚筒。一般采用无缝钢管，根据滚筒体结构特点的不同，印版滚筒主要分两种形式，即整体式和磁性式。

采用整体式的滚筒结构，对于卷筒纸柔性版印刷机来说，装版时需用双面胶带将印版粘贴在印版滚筒体表面。

磁性式印版滚筒的表面由磁性材料制成，而印版基层为金属材料，装版时利用印版与磁性材料间的磁性吸引力直接将印版固定在印版滚筒上。

B. 压印滚筒大多是一个光面的铸铁滚筒，少数由钢辊制成，其作用是使承印材料与柔性版接触，达到油墨转移的目的。过去一般采用单壁式结构，现代高速印刷机的压印滚筒大多采用双壁式结构，避免压印滚筒的膨胀或收缩，双壁腔内与冷却水循环系统相连接，以调节和控制滚筒体的表面温度，减少温度效应。

C. 离合压机构。大多数柔性版印刷机的离合压机构的执行机构采用偏心套。离合压机构的传动形式有机械式、液压式和气动式等，一般还配有微调印刷压力的装置。

a. 机械式离合压机构　如图0-9所示，印版滚筒轴承座5安装在托架9的内孔里，当扳动离合压手柄1时，通过齿轮2、3使偏心轴4转动，可带动轴承座5抬起或落下，使印版滚筒6与压印滚筒7、网纹辊8离压或合压。

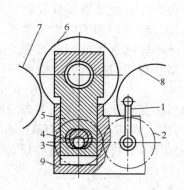 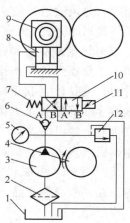

图0-9　机械式离合压机构

1—手柄　2、3—齿轮　4—偏心轴
5—轴承座　6—印版滚筒　7—压印滚筒
8—网纹辊　9—托座

图0-10　液压式离合压机构

1—油箱　2—滤油器　3—油泵　4—电动机
5—压力表　6—单向阀　7—弹簧　8—液压缸
9—轴承座　10—换向阀　11—电磁铁　12—溢流阀

机械式离合压机构结构比较复杂，可靠性较差，因此现在柔性版印刷机上已很少采用。

b. 液压式离合压机构　如图0-10所示，电动机4驱动油泵3，使液压油由油箱1经滤油器2、单向阀6、二位四通换向阀10的A路输入液压缸8内活塞的下部，在液压力作用下，活塞上移。活塞控制着印版滚筒轴承座9的位置，此时印版滚筒处于离压（或合压）状态。当需要印版滚筒离合压状态改变时，可使电磁铁11断电，在弹簧7的作用下，换向阀10移位，这时液压油经A′路输入液压缸内活塞上部，活塞下移，从而改变印版滚筒的位置。溢流阀12可保持油路中的压力稳定。

液压传动机构适应载荷范围较大，因此，在大型宽幅柔性版印刷机上一般都采用这种机构。液压传动操作控制方便，易于集中控制，平稳性好，易于吸收冲击力，系统内全部机构都在油内工作，能自行润滑，经久耐用。但油液易泄漏，污染环境，而且液压元件价格较高。

c. 气动式离合压机构　气压传动采用空气作为介质，费用低；用过的空气可任意排放，维护简单，操作控制方便，介质清洁，管路不易堵塞，使用安全。

气压传动时由于压缩空气的工作压力较低，系统结构尺寸较大，因而只适应中小压力传动。另外，由于空气具有可压缩性，气压传动系统压力的控制与调节准确性较差。

柔性版印刷机每个独立的印刷机组除印刷外，还具有横向、纵向的套准校正的装置，自动控制网纹辊位置；并自动保持其套准位置等多种功能。当停机时，辅助电机还可保持网纹辊匀速转动，防止油墨干涸。

（3）干燥部分　为了加速印张表面油墨的干燥速度，在柔性版印刷机上都设有干燥装置。柔性版印刷的干燥一般为两级，一级是色间干燥，即在进入下一色印刷色组之前，使前色墨层尽可能完全固化，以免墨色叠印和堵版。另一级是最终干燥，即在各色全部印刷完毕，彻底排除墨层中溶剂，以避免复卷或堆叠时蹭脏。按照印刷产品及使用的油墨，可以采用冷、热风吹送系统、红外线、紫外线干燥单元或红外线和紫外线混合型干燥单元等干燥装置对印张进行干燥。目前，多用紫外线干燥装置。

（4）复卷部分　柔性版印刷机一般都配备有复卷部件，印件由复卷部件卷收，再进行各种后续加工。复卷部件可根据驱动方式分为两类，即芯轴驱动和表面驱动型式。为了保证印刷时的套准精度，获得松紧均匀、端面整齐、外圆轮廓规矩的印件料卷，以便后续加工，复卷部件都配备张力调节或控制装置。为了减少停机时间，有的柔性版印刷机的复卷部件也能不停机换卷。

柔性版印刷机大多采用卷筒料印刷，因而可与其他后加工机组进行联机生产，形成流水线，提高生产效率。可联机的加工设备有上光、覆膜、模切、烫金、打孔、压痕、分切、断切等。在一些商标产品、标签类产品及包装产品类印刷时较多使用这些设备。

二、凹版印刷及其设备

1. 概述

凹版印刷简称为凹印。顾名思义，凹版就是印刷图文部分低于非印刷部分（空白部分）的印版。印刷时首先在整个版面上涂布油墨，然后由除墨装置将空白处的油墨除掉，而图文处的油墨则保留下来，再经过压印机构将油墨转移到承印物上，属于直接印刷。

除了手工雕刻凹版以外，一般凹版的图文部分都是由大小、深浅不同的凹孔组成的。凹孔内储墨量的多少，决定了印刷品的层次和密度。凹孔之间的部分称为"网墙"，它除了分隔凹孔外，还起着支撑刮墨刀的作用。当图文部分的面积较大时，网墙可以防止刮墨刀在压力作用下弯曲，而刮去图文处的油墨。

凹印过程中的油墨转移，主要是借助于毛细作用和印刷压力来完成的。印版与承印物脱离接触的瞬间，在较大的印刷压力作用下，由于毛细管的作用，凹孔内的油墨被取去而附着到承印物的表面。同时，凹版版辊在印刷时做旋转运动，离心力也使得版辊表面的油墨加速转移。

由于凹版版面的特殊结构，与其他印刷方式相比，凹版印刷具有以下特点：

①墨层较厚。凹印的墨层厚度为 $1\sim50\mu m$，仅次于丝网印刷（$15\sim100\mu m$），大大高于凸印（$2\sim6\mu m$）和平印（$1\sim4\mu m$）。因此密度变化范围大，层次丰富。

②其他印刷方式的网点之间的区域是空白的，而凹印的网点之间则涂有一层薄薄的油墨，这是由于凹印油墨流动性强造成的。因此，凹印的层次细腻，适合于表现连续调的产品。

③凹印使用可拆式版辊，版辊周长允许变化，可适应不同成品尺寸的印品。

④版辊表面镀铬后，版面光洁、质地坚硬，其耐印率高于其他印刷方式。适合于大批量印刷和再版印刷，且版辊可长期保存。

⑤应用范围广泛。通过选用不同的油墨，可在纸张、塑料薄膜、纺织品、铝箔玻璃纸等各种材料上进行印刷。

⑥制版工艺复杂，不稳定因素多，周期长。费用高。腐蚀和镀铬废液会造成环境污染。

⑦印刷过程中油墨溶剂易挥发，对环境有污染。

⑧印刷压力大，凹印压力 > 凸印压力 > 平印压力。

2. 凹版印刷设备

按给纸形式不同，现代凹版印刷机分为两种类型，即单张纸凹版印刷机和卷筒纸凹版印刷机。它们都是由给纸装置、印刷装置、输墨装置和收纸装置等组成，其中给纸装置和收纸装置与平版印刷机相应机型基本相同，在这里就不再叙述。由于凹印墨层较厚，为促进油墨快干，对于高速凹版印刷机可设置干燥系统。在此介绍凹版印刷机的印刷装置、输墨装置和干燥系统。

（1）印刷装置　印刷装置主要由印版滚筒和压印滚筒组成。两滚筒的排列形式有垂直排列、水平排列和倾斜排列三种，一般采用垂直排列或倾斜排列。根据两滚筒的直径大小不同，有以下两种类型，即1:1型和1:2型，如图0-11所示。

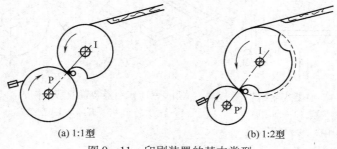

(a) 1:1型　　　　　　　　(b) 1:2型

图 0-11　印刷装置的基本类型

①1:1型。印版滚筒（P）与压印滚筒（I）的直径相等。压印滚筒为了包衬垫应设有空档，所以印版滚筒的圆周不能全部做版面使用。

②1:2型。印刷滚筒的直径为压印滚筒直径的1/2。印版滚筒的直径变小，有利于凹版电镀工艺。另外，印版滚筒旋转2周，压印滚筒旋转1周，出两张印品，其着墨与刮墨也各2次，着墨效果较好。而且，印版滚筒的整个圆周都作为版面使用。因此，这种机型得到广泛应用。

（2）输墨装置　由于凹版印刷采用溶剂型液体油墨，所以凹版印刷机可采用短墨路输墨装置。

①基本形式。短墨路输墨装置主要有三种类型，即浸泡式、墨斗辊式和喷墨式。

A. 浸泡式输墨装置。其基本构成如图0－12所示。

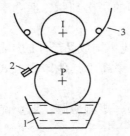

图0－12　浸泡式输墨装置

1—墨斗　2—刮墨刀　3—承印物

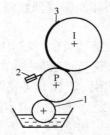

图0－13　墨斗辊式输墨装置

1—墨斗　2—刮墨刀　3—承印物

将印版滚筒下半部大约1/3直接浸入墨斗内，通过印版滚筒的旋转完成着墨过程。多余的油墨用刮墨刀刮掉。这种形式是凹版印刷机输墨装置的标准形式。

B. 墨斗辊式输墨装置。印版滚筒的着墨是通过墨斗辊完成的，其基本构成如图0－13所示。

墨斗辊由橡皮布或胶辊制成，墨斗辊半浸泡在墨斗内旋转，将油墨转移到印版上进行着墨。对卷绕式印版滚筒结构一般采用这种输墨装置。

C. 喷墨式输墨装置。如图0－14所示，将印版滚筒置于密闭的容器内，由喷墨装置将油墨直接喷射到版面上，然后由刮墨刀将多余的油墨刮掉，完成着墨过程。

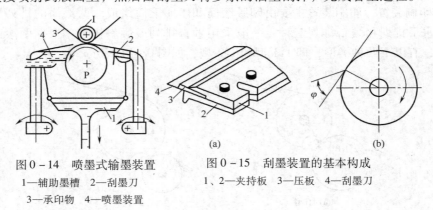

图0－14　喷墨式输墨装置

1—辅助墨槽　2—刮墨刀

3—承印物　4—喷墨装置

图0－15　刮墨装置的基本构成

1、2—夹持板　3—压板　4—刮墨刀

这种输墨装置因采用密闭式结构，油墨内的溶剂挥发较少，可以保持油墨性能的稳定性。现代高速凹印机一般采用这种装置。

②刮墨装置。印版经着墨后，要用刮墨装置将空白部的油墨刮掉。

刮墨装置主要由刮墨刀、夹持板和压板等组成，如图0－15（a）所示。

刮墨刀系钢制刀片，其厚度一般为0.15～0.30mm，刮墨刀与压板重叠后置于上、下夹持板中间用紧固螺丝压紧。刮墨刀的刃口部经精细研磨保证其平整、光洁，以提高刮墨效果。压板的作用是增强刀片的弹性和刚性，保证与印版表面保持良好接触状态。

刮墨刀刀片与印版滚筒表面接触的角度一般称为接触角，如图0－15（b）所示，即刮墨刀刀刃在印版滚筒接触点的切线与刮墨刀所夹的角度 ϕ ，一般以 30°~60° 为宜。

刮墨刀的位置如图 0-16 所示，一般以 α 角的大小来确定。

α 角为两滚筒的中心连线 OO′ 和通过刮墨刀与印版滚筒的接触点到该滚筒中心点的延长线 AA′ 所夹的角。从图 0-16 三种情况的对比中可以看出，α 角越大，从刮掉油墨到进行印刷中间经过的时间就越大，结果在压印前油墨就容易变干。实践说明，一般情况下，α 角小一些比较有利。也就是说，应使刮墨刀与印版滚筒表面的接触点尽量靠近两滚筒的压印点，如图 0-16（a）所示。

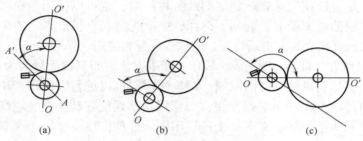

(a)　　　　　　　(b)　　　　　　　(c)

图 0-16　刮墨刀的合理位置

（3）干燥系统　凹版印刷机的干燥系统有红外线干燥、蒸气干燥以及空气干燥等几种方式。由于凹印墨层较平印厚，因此，当一色印完后，必须用干燥装置使印刷品上的油墨溶剂迅速挥发、干燥，使油墨固着在承印物上。油墨干燥的速度应与印刷速度相匹配。

三、孔版（丝网）印刷及其设备

1. 概述

平版、凹版、凸版三种印刷方式都是由印版表面将油墨转移到承印物上的，而孔版印刷是一种通过印版上的网孔，使油墨漏印到承印物上的印刷方式，如图 0-17 所示。喷花印刷、誊写版印刷和丝网印刷等同属孔版印刷。

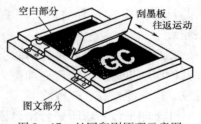

图 0-17　丝网印刷原理示意图

丝网印刷是孔版印刷术中应用最广的一种印刷技术。由于丝网印刷是通过网孔将油墨漏印到承印物表面，所以丝网印刷可使用的油墨种类非常多，广泛运用于电子工业、陶瓷贴花工业、纺织印染行业。近年来，包装装潢、广告、招贴标牌等也大量采用丝网印刷。

丝网印刷具有以下的特点：

（1）印刷适应性强　凸印、平印、凹印三大印刷方法一般只能在平面承印物上进行印刷，而丝网印刷不仅能在平面上印刷，还可以在曲面、球面及凹凸面的承印物上进行印刷。另一方面，由于丝网印版版面柔软且具有一定的弹性，印刷压力又小，所以丝网印刷不但可以在硬质材料上印刷，还可以在软质材料及易碎的物体上印刷，不受承印物质地的限制。

（2）墨层厚实，立体感强　不同印刷方式其承印物上的墨层厚度是不一样的，胶印和凸印的墨层厚度一般为 $5\mu m$ 左右，凹印约为 $12\mu m$，柔性版印刷约为 $10\mu m$，而丝网印刷的墨层厚度远远超过了上述墨层的厚度，一般可达 $30\mu mp$ 左右。专门印刷电路板用的厚膜丝网印刷，墨层厚度可达 $1\ 000\mu m$；发泡油墨印刷盲文点字，发泡后墨层厚度达 $300\mu m$，丝网印刷墨层厚立体感强，这是其他印刷方式不能相比的。

丝网印刷不仅可以单色印刷，还可以进行套色和加网彩色印刷。

（3）耐光性能强，色彩鲜艳　由于丝网印刷具有漏印的特点，所以它可以使用各种油墨及涂料，不仅可以使用浆料、黏结剂及各种颜料，也可以使用颗粒较粗的涂料。除此之外，丝网印刷油墨调配方法简便，例如，把耐光颜料直接放入油墨中调配，可使丝网印刷产品具有较强耐光性，更适合于户外广告、标牌之用。

（4）印刷幅面大　目前一般凸版、胶印等印刷方法的印刷幅面最大为全张或双全张，超过这一尺寸，就受到机械设备的限制。而丝网印刷可以进行大面积印刷，当今丝网印刷产品最大幅面可达 $3\ m \times 4\ m$，甚至更大。丝网印刷还能在超小型、超高精度的特种物品（如手机拍摄镜头上的细小文字）上进行印刷。这种特性使丝网印刷有着很大的灵活性和广泛的适用性。

2. 丝网印刷设备

（1）基本组成和原理　丝网印刷机的结构比平印、凹印机要简单，速度也低，主要由给料部分、印刷部分、收料部分和动力部分等组成。

给料部分和收料部分一般与其他印刷机基本相似，分为单张料和卷筒料的给料和收料，承印材料通过滚筒传动或手工方式实现给料和收料，特殊的丝网印刷机甚至还可以输送立体承印材料。

印刷部分是丝网印刷机的主体，主要由网版、刮墨刀和承印平台组成。

①网版。网版是丝印网版，有平网、圆网和异型网多种形式，印版可以通过夹持器与网版固定，并有前后、左右和高低的调节装置，以保证网版与承印物之间的印刷精度。

②刮墨刀。刮墨刀是将网版上的油墨传递到承印物上的主要工具，这是丝网印刷机和其他印刷机通过墨辊传递油墨方式的最大区别。刮墨刀的材料一般有天然橡胶、氯丁橡胶、聚氨酯橡胶、硅橡胶等。

③承印平台。承印平台用以固定承印物，有平网式、圆网式和承放立体物件的座式等，其高度可以调整，并有定位装置和真空吸附设施，以保证彩色套印精度。

在印刷行程中，刮墨刀挤压油墨通过网版，在承印物上形成图文。

由于丝印的墨层较厚，除了全自动的丝网印刷机配备有红外电热管热风烘干或紫外线固化烘干装置外，一般单色丝网印刷机不配干燥系统，而是采用专用的晾架晾干或用烘箱烘干。

（2）分类和形式　如前所述，丝网印刷应用于生活的各个领域。无论在哪个行业，丝网印刷的基本原理是相同的。但是，由于各种承印物的化学性质和物理性质的不同，以及各行业的不同要求，使各行业的丝网印刷具有其特殊性，它们在实际应用中形成了各自相对独立的丝网印刷系统。这使得丝网印刷机的品种也多种多样，有通用型、专用型，平面型，曲面型，台式、落地式、回转式，简易型、精密型，超精密型，小幅面机型、大幅面机型，手动、半自动、全自动等多种形式。

丝网印刷机的外形尺寸相差悬殊，小型手动丝印机能放在书包内，大型印染行业用的丝网印刷机可长达几十米。

目前丝网印刷机的手动机型与半自动、全自动机型并存，各种手动的丝印装置在一些小型的丝印企业应用仍然较广。

丝网印刷机的分类如下：

①按自动化程度分类。按自动化程度不同有以下三种形式。

A. 手动丝网印刷机。印刷机的给料、印刷和收料等全部操作均由手工进行的丝网印刷机。这种丝印机结构简单，价格低廉，操作使用方便，其应用比较广泛，主要用于小批量、中小规格的零件印刷。

B. 半自动丝网印刷机。除给料与收料由手工操作外其他工艺过程均自动完成的丝网印刷机。这种形式适合于丝网印刷的工艺特征，结构比较简单，价格也较低廉，是丝网印刷机的主要机型，其印刷速度一般为 1 000 张/h 左右，在国内外得到广泛应用。

C. 自动丝网印刷机。给料、印刷、收料等全部工艺过程均自动完成的丝网印刷机，其印刷速度为 850 ~ 3 300 张/h 左右，主要适用于产品稳定、批量较大的印品，但在丝网印刷机中所占的比例不大。

②按丝网印版的结构分类。丝网印版简称网版。按网版的结构不同可将丝网印刷机分为平型和圆型两种类型。

A. 平型丝网印刷机。网版呈平面型的丝网印刷机。

这种机型是丝网印刷机的标准机型，其应用范围很广，占丝网印刷机的 80% 以上，主要适用于各类纸张、纸板、塑料薄膜、金属板、织物等平面承印物印刷。

按印刷部件的运动形式不同，可分为三种形式，即铰链式、升降式和滚筒式。

a. 铰链式平型丝网印刷机。这种形式的基本构成如图 0 - 18 所示。印刷台是水平配置固定不动，网版绕其摆动中心摆动。当网版摆至水平位置时，刮刀往复运动进行印刷，然后网版向上摆动完成收料。

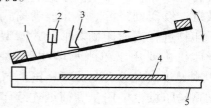

图 0 - 18 铰链式平型丝印机
1—网版 2—刮墨板 3—回墨板
4—承印物 5—印刷台

这种形式结构简单，使用方便，大多数手动丝网印刷机和半自动丝网印刷机采用这种形式，在丝网印刷中得到广泛应用。

b. 升降式丝网印刷机。网版处于水平固定位置，刮墨板往复运动完成印刷过程，如图 0 - 19 所示。当刮墨板处于印刷行程时，印刷台处于上部位置上升靠向网版；当刮墨板返回行程时，印刷台下降进行收料和给料。

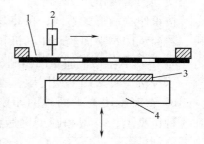

图 0 - 19 升降式平型丝印机
1—网版 2—刮墨板
3—承印物 4—印刷台

这种形式大多用于半自动或全自动丝网印刷机，可使用单张承印物，也可使用卷筒承印物，如窄幅机组式柔性版印刷机中，增设丝网印刷机组往往采用这种机型。

c. 滚筒式平型丝网印刷机。这种形式主要由刮墨板、网版和滚筒构成，如图 0 - 20 所示。

刮墨板置于网版上部中间位置，仅做上、下移动。网版处于水平位置做往复运动。滚筒处于网版中间下部位置。承印物从网版与滚筒之间通过时，刮墨板向下移动对网版施以一定压力，此时，网版开始向右运动，滚筒靠网版对其表面的接触摩擦力与网版同步转动，油墨在刮墨板的挤压下，从网版通孔部分漏印到承印物上。

图 0 - 20　滚筒式平型丝印机
1—网版　2—刮墨板
3—承印物　4—滚筒

这种机型主要适用于厚型单张承印材料印刷。

B. 圆型丝网印刷机。即网版呈圆筒型的丝网印刷机。

这种机型采用圆筒型金属丝网，主要有两种形式，即平台式和滚筒式，其基本构成如图 0 - 21 所示。

在圆筒型网版内部设有供墨辊 2 和固定刮墨板 3。印刷时，网版的旋转与承印物的移动同步进行，以实现连续印刷，可对单张或卷筒式承印物进行高速印刷。平台式圆型丝印机主要用于单张承印物印刷，印刷速度可达 2 000 张/h；滚筒式圆型丝印机主要用于卷筒纸连续印刷，其印刷速度可达 80 m/min。

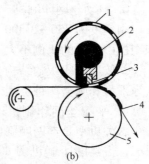

图 0 - 21　圆形丝网印刷机
（a）平台式　（b）滚筒式
1—网版　2—供墨辊　3—刮墨板
4—承印物　5—印刷台（滚筒）

圆型丝网印刷机因金属丝网和网版的制作需要较高的技术水平，所以其应用受到限制。

C. 按承印物的类型分类

按承印物的形式不同，可将丝网印刷机分为三种类型，即单张承印物平面丝网印刷机、卷筒承印物平面丝网印刷机和曲面丝网印刷机。

a. 单张承印物平面丝网印刷机使用单张承印材料进行平面印刷的丝网印刷机。

这种机型可采用平型网版，也可采用圆型网版，其应用较为广泛。

b. 卷筒承印物平面丝网印刷机使用卷筒式承印材料进行平面印刷的丝网印刷机。在这种机型上，平型和圆型网版都可选用，图 0 - 22 为卷筒纸平型丝网印刷机构成示意图。

采用机组式平型丝印机组进行多色套印，卷筒承印物做间歇运动，在进入印刷之前，由除尘装置对承印物表面进行除尘处理，印刷时承印物停止运动。因印刷使用 UV 油墨，所以经多色印刷后由 UV 干燥装置进行照射，经质量检测后由复卷部进行收料。为保证套准精度应设套准定位装置和张力控制装置。

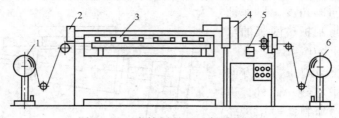

图 0-22 卷筒纸平型丝印机的构成

1—给料部 2—除尘部 3—印刷部 4—UV 干燥部 5—质量检测部 6—复卷部

c. 曲面丝网印刷机。对各种容器或其他成型物进行印刷的丝网印刷机。

按承印物的形状不同，曲面丝网印刷机主要有两种机型，即圆柱体曲面印刷机和圆锥体曲面印刷机。

ⅰ. 圆柱体曲面印刷机。这种机型主要用于印刷圆柱体玻璃制品及其他圆柱体成型物。根据网版与承印物之间的传动方式不同，有摩擦传动式和强制传动式两种类型。

图 0-23 所示为摩擦传动式曲面丝网印刷机。这种传动方式中，将承印物置于支承装置的滚轮上，支承装置与刮墨板可做上下运动并可进行调整。印刷时，刮墨板向下移动对承印物施加一定印刷压力，当网版向右做水平运动时，靠版面与承印物表面之间的接触摩擦力带动承印物转动完成油墨转移。

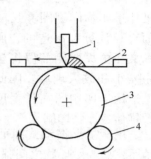

图 0-23 摩擦传动式

1—刮墨板 2—网版
3—承印物 4—支承装置

这种印刷装置结构比较简单，使用比较方便，但不能保证网版与承印物表面有比较精确的传动关系，印品质量一般，主要用于单色印刷。

图 0-24 所示为强制传动式。这种传动方式中，网版与承印物之间不是靠摩擦力而是通过齿条－齿轮传动机构使二者保持同步的运动关系。

在印刷过程中，网版水平运动的平移速度应与承印物印刷表面的线速度相等，这是实现精密套印的重要条件之一。也就是说，

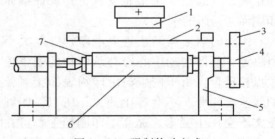

图 0-24 强制传动方式

1—刮墨板 2—网版 3—齿条 4—传动齿轮
5—支承装置 6—承印物 7—模具

该装置的齿条与网版运动部件连接在一起，通过齿条－齿轮传动机构由网版带动承印物同步转动。

这种机型可对圆柱体承印物进行精密多色套印。

ⅱ. 圆锥体曲面丝网印刷机。这种形式主要有以下两种机型，即网版水平移动式和网版扇形摆动式。

网版水平移动式。这种机型网版的运动与圆柱体强制传动式曲面机相同，靠齿条－齿轮传动机构实现网版与承印物的同步运动，其构成原理如图 0-25 所示。

承印物的支承装置 7 应能在垂直方向进行调整，根据承印物锥度的大小调整支承装置

底座 6 与水平方向的角度，以保证承印物印刷表面与刮板、网版的水平度，其调整范围为 0°~8°。

印刷时，刮板印刷压力的方向应通过承印物的中心线。此外，进行多色套印时，必须制造专用齿轮及安装承印物用的前后模具。

由于这种机型的传动齿轮是按锥体承印物印刷图文长度的中央截面直径计算和制造的，所以，印刷图文在中央两侧部位将会因速差产生缩小和放大现象。因此，这种机型适用于印刷图文长度尺寸较小的圆锥体成型物印刷。

网版扇形摆动式曲面印刷机。本机型取消了网版与承印物之间强制传动的运动方式，而靠网版与承印物表面的接触摩擦力来实现网版与承印物的同步运动，印刷时网版做扇形摆动，其工作原理如图 0-26 所示。

这种印刷装置，承印物处于上述印刷工作位置，一般由 4 个滚轮支承，并保证锥体印刷面与网版的水平度。

网版的扇形运动轨迹由承印物锥度大小所决定，扇形摆动中心应与承印物的圆锥角顶点相重合。由于网版与承印物表面接触处的线速度相等，不会产生速差，所以，印刷图文不会产生变形，提高了印刷精度，可在圆锥体承印物表面较大范围内进行多色印刷，是一种比较理想的印刷方式。

在上述几种机型中，为扩大机器的使用范围，往往可设计成圆柱、圆锥两用型曲面丝网印刷机，并设有承印物充气装置。此外，为了使机器结构简单，操作方便，提高运动的平稳性，大多采用气动式设计方案。

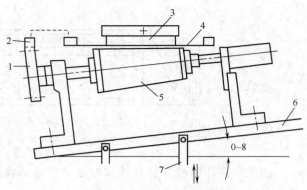

图 0-25　网版水平移动式
1—齿轮　2—齿条　3—刮墨板
4—网版　5—承印物　6—支承底座
7—底座调整装置

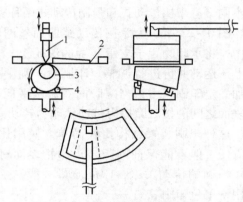

图 0-26　网版扇形摆动式丝印机
1—刮墨板　2—网版　3—承印物　4—支承滚轮

学习情境一
单张纸胶印机

近 20 年来，由于单张纸胶印机主要机构和部件的不断改进和完善、新的金属材料和加工工艺的使用，提高了传动齿轮、轴承、滚筒等关键零部件的精度，同时采用了更可靠灵敏的光电控制装置，单张纸胶印机的印刷性能和印刷速度得到了很大提高。

同时，单色胶印机逐渐向多色胶印机发展。其优点有：使纸张变形小、受温湿度影响小；可节省印刷过程中的重复辅助时间，如一次上纸、收纸即可完成多色印刷，同时提高了劳动生产率，大大缩短了生产周期；只需一次喷粉，画面质量好；节省了纸张的占地面积等。

随着新兴技术如光学、激光技术、电子技术、计算机技术以及自动控制理论的迅速发展和推广应用，胶印机向着高度自动化方向发展，目前现代胶印机都配备了智能控制系统，并继续朝着无人化方向发展。掌握了单张纸胶印机的技术，对其他印刷设备技术就会迎刃而解。

项目一　认识胶印机

背景：目前，单张纸胶印机印刷色数已经从单色发展到八色，印刷幅面从八开发展到全张，其体积相差很大。但从机构功能上来认识，基本是相同的，每个功能装置都配有相应的功能按键，我们通过对这些功能按键的操作，就能很快了解胶印机的功能组成。因此，认识胶印机的项目化教学以"胶印印刷按键的正确操作"展开，同时此项目的训练能为后续项目的操作提供全局的思维方式。

值得注意的是：此项目技能训练结束，一定要完成 10 张以上彩色印刷样张。训练机器必须事先调整完好，并且纸张、印版、润湿液、油墨等均已就位，智能控制系统也必须事先设置。

应知：胶印机的分类、组成、命名原则。

应会：胶印机常见型号的识别。

任务一 能力训练

胶印印刷按键的正确操作

1．任务解读

按键操作内容：①开启和关闭胶印机操作。进口设备"开启手柄"设置在电柜箱上，而关闭是在职能控制台的显示屏上，通过软件控制。②胶印机开空车、走纸、停车操作。操作按键均设置于机器操作面的操作台。③胶印机印刷操作。使用"自动印刷键"或"走纸、上水、上墨、合压键"完成印刷。经过上述操作之后，学生已经感性认识了胶印机及各部分的功能，为知识拓展打下了基础。

2．设备、材料及工具准备

（1）设备：进口多色胶印机1台，并且已根据纸张尺寸设置并调节好机器。

（2）材料：已裁切好的纸张2 000张，并装上给纸台；给集中润湿箱配置好润湿液；给墨斗上墨；印版一套并安装。

（3）工具：胶印机其他常用操作工具1套（备用）。

3．课堂组织

分组："开启和关闭胶印机操作"15人一组操作一遍；"胶印机开空车、走纸、停车操作"每人操作1次，时间控制在1min内；"胶印机印刷操作"5人一组，每组印出样张，要求5min完成。教师根据样张效果进行点评，现场按评分标准在报告单上评分。

4．操作步骤

以操作海德堡胶印机为例：

（1）开启和关闭胶印机操作。

第一步：开启。将电器柜上的"开关手柄"转到"off"位置（不松手），然后将手柄转到"on"位置，此时智能控制台上灯亮，待触摸显示屏正常，即机器开启。

第二步：关闭。从显示屏菜单上点开"维护"菜单，按"关闭"触摸键，立即弹出"关闭确认框"，按"确定触摸键"，一会能听到机器声，同时灯光熄灭，即机器关闭。

（2）胶印机开空车、走纸、停车操作
如图1-1-1胶印机常见按键符号所示。

第一步：开启胶印机。按（1）开启和关闭胶印机操作，机器开启后检查下机器上是否有异物。

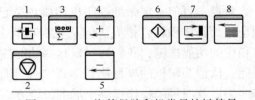

图1-1-1 海德堡胶印机常见按键符号

第二步：在操作台按"主机启动按键（6）"，此时响铃，再按一次启动按键，机器以3 000r/h的速度运转。

第三步：按"输纸开按键（7）"，一会能听到离合器结合的声音，此时输纸装置运转。

第四步：按"走纸按键（8）"，此时，气泵启动飞达输纸。

第五步：按加速键（4），让机器高速输纸。

第六步：再按一次按键（8），飞达停止输纸，主机自动降速至 3 000r/h，离合器分离，输纸装置停止运转（但主机仍在运转）。

第七步：如需要主机停止，则按键（2），主机停止运转。

（3）胶印机印刷操作　如图 1-1-1 胶印机常见按键符号所示。

第一步：不管机器处在停止或运转状态，按"自动印刷键（1）"，机器走动着水、走纸、着墨及合压，机器按 3 000r/h 印刷。

第二步：再按一次"自动印刷键（1）"，机器自动按预先设置速度印刷。

第三步：需要停止印刷时，按"走纸键（8）"，飞达停止输纸，色组逐步离水、离墨、离牙，主机降至 3 000r/h 运转。

第四步：如需要主机停止，则按键（2），主机停止运转。

思考：如不使用"自动印刷键（1）"，而采用"走纸、上水、上墨、合压键"完成印刷，操作按键顺序是什么？

注意：如果使用国产胶印机训练，操作可参照上述步骤。

任务二　知识拓展

我们要认识胶印机，首先从胶印机的类别、基本组成及命名入手。

一、胶印机的分类

胶印机（也称平版印刷机）的种类繁多，按照不同的分类方法可分为：

1. 按给纸方式分类

胶印机（平版印刷机）可分为单张纸胶印机、卷筒纸胶印机。

2. 按纸张幅面大小分类

胶印机可分为全张胶印机、对开胶印机、四开胶印机、八开胶印机等。

国际 GB 788-1999 规定，全张纸幅面 A 系列为 880×1 230、900×1 280 等，B 系列为 1 000×1 400 等，俗称大度纸。此外还有 787×1 092 的正度纸。把全张纸的长边对折即为对开，把对开纸长边对折即为四开，把四开纸长边对折即为八开。由于全张纸有 A、B 两种系列，故对开、四开、八开也有相应的尺寸系列。

3. 按印刷色数分类

平版印刷机可分为单色平版印刷机、双色平版印刷机、四色平版印刷机、五色平版印刷机及更多颜色的多色平版印刷机。

4. 按印刷面数分类

平版印刷机可分为单面平版印刷机和双面平版印刷机。

5. 按照用途不同分类

平版印刷机可分为报纸平版印刷机、书刊平版印刷机、商业用平版印刷机。

6. 按自动化程度分类

平版印刷机可分为半自动平版印刷机（手动输纸）、自动平版印刷机（自动输纸）及全自动平版印刷机（实现了装版、调压、套准、水墨控制、输纸、收纸、清洗均自动完成）。

二、胶印机的组成

如图 1-1-2 为 J4104 胶印机组成图为例，单张纸平版印刷机基本上由以下几大部分组成。

1. 输纸装置（也称自动输纸机）

胶印机输纸装置是将裁切好的纸张堆放至输纸台上，经过分离机构有节拍地、平稳地、准确地将纸一张一张地向前输送至前规处定位。包含：

①纸张分离机构，也称"输纸头"或"飞达（Feeder）"，如图 1-1-2 中 1 所示。

②前齐纸机构（图中未标出）。

③不停机给纸机构，如图 1-1-2 中 2 所示。

④纸张输送装置，如图 1-1-2 中的 3 送纸压轮机构（也称"接纸辊或送纸辊"机构）、5 压纸轮式输送台机构。

⑤气泵与气路系统。

⑥纸张的检测机构，如图 1-1-2 中的 4 双张检测、7 空张、歪张检测等机构。

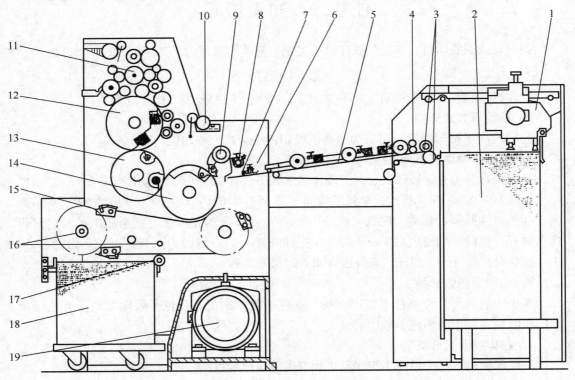

图 1-1-2　J4104 胶印机组成图

1—纸张分离机构　2—给纸机构　3—送纸压轮机构　4—双张检测　5—压纸轮式输送台机构
6—侧规　7—空张、歪张检测机构　8—前规机构　9—递纸机构　10—润湿装置
11—输墨装置　12—印版滚筒　13—橡皮滚筒　14—压印滚筒　15—收纸咬牙排
16—压纸吹风管　17—缓纸器　18—不停机收纸机构　19—主电机

2．定位装置

纸张由输纸装置输送到输纸板尽头后，还必须经过定位装置的定位。只有定位准确，所印图文的位置才能准确，才能保证张与张之间、色与色之间套印准确。定位装置也叫规矩部件。如图 1 - 1 - 2 所示，包括 6 侧规，8 前规等机构。

3．递纸装置

纸张在输纸板上经前规与侧规定位后，接着进行传纸运动，即把静止的纸张送入旋转的压印滚筒，由压印滚筒上的咬纸牙排将纸咬紧进行印刷。传纸有三种基本的方式：直接传纸、间接传纸和超越续纸。如图 1 - 1 - 2 所示的 9 递纸机构。

4．润湿装置

该装置要定时、定量、均匀地将润湿液涂敷在印版表面空白部分。如图 1 - 1 - 2 所示的 10 润湿装置。

5．输墨装置

该装置从供量部分中得到的比较集中的油墨能够较快地传出、打匀、扩展并均匀不断地供给印版滚筒上的印版。如图 1 - 1 - 2 所示的 11 输墨装置。

6．印刷装置

该装置是印刷机的核心部件。胶印机印刷装置一般均有三个基本滚筒，如图 1 - 1 - 2 所示的 12 印版滚筒、13 橡皮滚筒、14 压印滚筒，此外还有离合压及调压等辅助机构。印版滚筒上的图文借印刷压力转印到橡皮滚筒表面的橡皮布上，然后再转印到压印滚筒表面承印物上。至于双面平版印刷机多采用 B - B 型，故去掉压印滚筒，由两个印版滚筒和两个橡皮滚筒组成。

7．收纸装置

在单张纸平版印刷机中要收集、堆放、闯齐、码平印刷好的纸张（印品）以便运送。如图 1 - 1 - 2 所示，包括 15 收纸咬牙排、16 压纸吹风管、17 缓纸器（纸张制动器）、18 不停机收纸机构等。

8．传动装置

从本质上说，印刷机由原动部分、传动部分、工作部分三个部分组成。传动部分连接原动部分和工作部分，是将电动机（原动部分）输出的功率及转动，传递到印刷机的工作部分由它实现减速以及运动形式的转变，使各执行机构（完成印刷的各种机构）能实现预期的运动。如图 1 - 1 - 2 所示的 19 主电动机，此外还有皮带及张紧轮机构、制动机构等。

三、胶印机的命名

我国制造的印刷机和进口的印刷机命名方法有很大的不同。

1．国产机的命名介绍

我国在不同时期制定了四个标准。第一个标准是 JB/Z 106—1973，于 1973 年颁布的，如 J4104。第二个标准是 JB 3090—1982EP，于 1982 年颁布的，如 PZ4880。第三个标准是 ZBJ 87007.1—1988，于 1988 年颁布的，如 YP2A1。第四个标准是 JB/T 6530—1992，于 1992 年颁布的，与第三个标准基本相同。

（1）JB/T 6530—1992 的命名表示方法　如下图所示表示代码：

| 1 | 2 | 3 | 4 | 5 | 6 | 7 |

"1 号框"为分类名称，用汉语拼音表示，如印刷机用"Y"表示。

"2 号框"为印版的种类，用汉语拼音表示，如凸版（T）、平版（P）、凹版（A）、孔版（K）、特种（Z）等。

"3 号框"为压印结构的型式，用汉语拼音表示，如平压平凸版（P）、停回转凸版（T）、一回转凸版（Y）、二回转凸版（E）、往复转凸版（W），平型孔版（P）、圆型孔版（Y）等要标出，但圆压圆的平版、凹版省略不标。

"4 号框"为印刷面数，用汉语拼音表示，双面用"S"，单面印刷机和卷筒纸的双面印刷机不表示。

"5 号框"为印刷色数，用数字 1、2、3、4、5、6 表示，单色印刷机一般不表示。

"6 号框"为能承印材料的最大尺寸，单张纸印刷机用 A_0（全张）、A_1（对开）、A_2（四开）……；B_0（全张）、B_1（对开）、B_2（四开）……表示。卷筒纸用纸卷的宽度表示。

"7 号框"为设计序号，第一次设计不标，以后用 A、B……标注，依次表示第一次、第二次……改进设计。

（2）产品型号示例

例 1：$YP2A_1A$ 表示第一次改进设计的 A 系列纸张的对开双色平版印刷机。

例 2：YT880 表示幅面宽度为 880 mm 的卷筒纸凸版印刷机。

例 3：$YTTB_2$ 表示 B 系列纸张的四开单色停回转凸版印刷机。

例 4：YA4880 表示幅面宽度为 880 mm 的卷筒纸四色凹版印刷机。

例 5：$YKP4A_3$ 表示 A 系列纸张的八开四色平型孔版印刷机。

例 6：YP－T2880 表示幅面宽度为 880 mm 的卷筒纸双色平版凸版组合印刷机。

2．进口机的命名介绍

进口机的命名目前没有统一规定，由各生产厂家自行制定。

（1）德国海德堡公司的产品型号（单张纸）

纸张尺寸系列	常见型号	型号中各代码含义
A_1 尺寸（对开）	SM102－4、CD102－4	SM = Speedmaster；CD = Carton Diameter；PM = Print Master；QM = Quick Master；DI = Direct Image（直接制版）；102、74、52、46 均为最大纸张尺寸；－4 的 4 为印刷色数
A_2 尺寸（四开）	PM74－4、SM74－4、CD74－4	
A_3 尺寸（八开）	SM52－4、GTO52－4、QM46－1	
数码印刷机	QM46－DI、SM74－DI	

（2）德国罗兰公司的产品系列（单张纸）

①罗兰 200 系列（Roland 200）：

型号	R201	R202	R204	R205	R206
最大纸张尺寸/mm	520×740	520×740	520×740	520×740	520×740
印刷色数	1	2	4	5	6

②罗兰 300 系列（Roland 300）：

型号	R302	R304	R305	R306	R308
最大纸张尺寸/mm	530×740	530×740	530×740	530×740	530×740
印刷色数	2	4	5	6	8

③罗兰 700 系列（Roland 700）：

型号	R702	R704	R705	R706	R708
最大纸张尺寸/mm	740×1 040	740×1 040	740×1 040	740×1 040	740×1 040
印刷色数	2	4	5	6	8

④罗兰 900 系列（Roland 900）：

型号	R902－4	R904－4	R905－4	R906－4	R908－4
最大纸张尺寸/mm	820×1 130	820×1 130	820×1 130	820×1 130	820×1 130
印刷色数	2	4	5	6	8

（3）德国科尼希＆鲍尔高宝有限公司的产品型号

型号	最大纸张尺寸/mm	印刷色数
KDA104－4	720×1 040	4
KBA RAPIDA 105－4	720×1 050	4

（4）日本小森公司产品

型号	最大纸张尺寸/mm	代码含义
Lithrone S40－4、Lithrone S40－4P、Lithrone S40－4SP 等	720×1 030	"4"为色数、"S"为系列名、"P"为带翻转机构、"SP"为双面
Lithrone 44－4、Lithrone 44RP、Lithrone 44SP、Lithrone 44RP 等	820×1 130	"RP"为正面多色而反面单色、"SP"为双面

（5）日本三菱公司产品

例如：DIAMOND（钻石）3000－4，其最大纸张尺寸为 720×1 020，"－4"表示四色。

此外，还有日本秋山公司的产品，如秋山 J Print40、HA－444 等机型。

练习与测试 1

一、说出下列型号中各部分的含义

1. YP1A2、YT880、YA6880、YKP4A3

2. SM52 – 4、KDA104 – 4、R702、QK46 – 1

3. CD102Z（CD102 – 2）、CD102V（CD102 – 4）、Roland 900

4. Lithrone S40 – 4

二、填空题

1. 印刷机实质及核心是_____。

2. 我国目前进口胶印机的主要生产厂家有：_____。

3. 胶印机主要由_____、_____、_____、_____、_____、_____几部分组成。

4. 按印刷材料的形式分类，印刷机分为_____和_____。

5. 胶印机应用油墨和水_____的原理。

三、选择题

1. 哪些印刷机为平版印刷机_____。
   A. 卷筒纸书刊轮转机　　　　　　B. 平张纸胶印机
   C. 平张纸双面印刷机　　　　　　D. 卷筒纸胶印机

2. 目前，我国进口的印刷机主要是以下哪些国家的什么品牌。_____
   A. 德国的海德堡、罗兰、高宝　　B. 日本的小森　　C. 美国的高斯
   D. 美国的三菱　　　　　　　　　E. 日本的罗兰

3. 平版印刷机主要由以下哪些部分组成：_____
   A. 输纸装置　　　　　　　　　　B. 印刷装置　　　　C. 润湿装置
   D. 输墨装置　　　　　　　　　　E. 收纸装置　　　　F. 定位及递纸装置

项目二　胶印机传动系统调节

背景：低台收纸的胶印机在出厂时分成主机和输纸机（也称输纸装置）两部分分别装箱，高台收纸的胶印机分成主机、输纸及收纸装置三部分装箱，每部分内各机构的运动衔接关系已调试好。但各部分之间的传动衔接关系在安装时需重新调节，其中，输纸机与主机同步位置调节（也称为纸张早到晚到调节）是传动系统中较典型关键的调节技术，也是机长和技术人员必备技能。所以，传动系统项目化教学以它为中心展开。

应知：传动系统的组成及传动链分析、纸张早到与晚到的概念。

应会：牙嵌式电磁离合器工作原理、锥形转子电机工作原理。

任务一　能力训练

纸张早到与晚到调节

1．任务解读

纸张早到与晚到调节的概念。纸张早到与晚到调节也称输纸机与主机同步位置调节。调节一般是以纸张到达前规的时间来判断，即采用低速输纸，当前规刚摆到定位位置时，纸张咬口边与前规定位块有 5~8 mm 的间距，即为输纸机与主机同步。如果纸张咬口边与前规定位块的间距小于 5mm，称为纸张早到；如果纸张咬口边与前规定位块的间距大于 8 mm，称为纸张晚到。

2．设备、材料及工具准备

（1）设备　国产或进口单色或多色胶印机 1 台。

（2）材料　已裁切好的纸张 500 张。

（3）工具　内、外六角扳手 5 套，胶印机其他常用操作工具 1 套。

3．课堂组织

分组，5 人一组，实行组长负责制；每人领取一份实训报告，调节结束时，教师根据学生调节过程及效果进行点评；现场按评分标准在报告单上评分。

4．调节步骤

第一步：清楚调节参数值。前规定位块刚摆到工作位置时，纸张叨口边距前规定位块的距离应为 5~8 mm。

第二步：开启胶印机，让机器以极慢的速度输纸，便于眼睛观察。

第三步：当第一张纸被送至输纸板上时，手工剔除，因为自动吸起的第一张纸时间是不确定的。

第四步：在输纸过程中，当第二纸张接近前规时，仔细观察前规定位块，当前规定位块刚摆回输纸板时，按紧急停车按钮。

第五步：观察并判定纸张叨口边距前规定位块的距离值。

第六步：纸张早到晚到的判断。纸张咬口边与前规定位板在 5~8 mm 的间距为正常，即为输纸机与主机同步；如果纸张咬口边与前规定位板的间距小于 5mm，称为纸张早到；如果纸张咬口边与前规定位板的间距大于 8 mm，称为纸张晚到。

第七步：用扳手松开图 1-2-1 离合器轴上的链轮连接螺钉 1，用手盘动输纸装置上手轮，仔细观察纸张叨口边距前规定位块距离的变化。如果早到，应把距离调大至 5~8 mm，如果晚到，应调小至 5~8 mm，调好后再锁紧螺丝 1。

六角螺钉

图 1-2-1　离合器轴上的链轮

第八步：重新开机输纸，再一次观察当前规定位块刚摆到工作位置时，纸张叼口边距前规定位块的距离值应为 5~8mm。否则，重新调整。

任务二　知识拓展

印刷机收纸的一端也称前面，输纸的一端也称后面。如果人在机器的后面而面对输纸端站立，机器的左侧称操作面（俗称靠身），设有控制印刷机运转的控制台或操作手柄；机器的右侧称传动面（俗称朝外），大部分的齿轮、链条、皮带等传动装置设在这一侧。

一、主传动系统

以北京人民机器厂生产的 PZ4880-01 为例，如图 1-2-2 所示。印刷机的动力来自主电机 1，经其轴上的带轮 2、齿形皮带 3 传动带轮 4，带轮 4 与 5 同轴，再经齿形皮带 6 传动带轮 7。带轮 7 与齿轮 8 同轴，且与第二色组第一个传纸滚筒轴头上的齿轮 9 啮合，将电机的转动输入到印刷机的工作部分。齿轮 9 接受动力后，经齿轮传动，分前后两路传递动力，使各色组的滚筒获得转动。这里选择印刷机当中的第二色组第一个传纸滚筒轴头上的齿轮 9 作为印刷机的动力输入，然后向两边传递，动力分配比较均衡合理，每一机组齿轮的负载接近，滚筒齿轮磨损和寿命近似一致。

1. 动力传递给第一、二色组和递纸装置的传动关系

齿轮 9 传动第二色组压印滚筒轴头上的齿轮 10。齿轮 10 一方面依次传动第二色组的橡皮滚筒 B、印版滚筒 P 轴头上的齿轮，使该色组三滚筒获得转动；另一方面依次传动第一色组的第三传纸滚筒轴头上的齿轮 11、第一色组第二传纸滚筒轴头上的齿轮 12、第一色组第一传纸滚筒轴头上的齿轮 13、第一色组压印滚筒轴头上的齿轮 14（经齿轮传动使该色组橡皮滚筒 B、印版滚筒 P 转动）和递纸滚筒轴头上的齿轮 15。

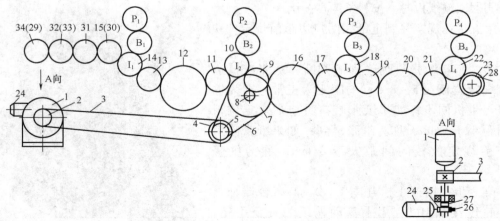

图 1-2-2　PZ4880-01 型胶印机主传动系统图
1—电机　2，4，5，7—带轮　3，6—皮带　8~23，30~34—齿轮
24—辅助电机　25—蜗杆　26—蜗轮　27—电磁离合器　28，29—链轮

2. 动力传递给第三、第四色组和收纸装置的传动关系

齿轮 9 依次传动第二色组第二传纸滚筒轴头上的齿轮 16、第二色组第三传纸滚筒轴上的齿轮 17、第三色组压印滚筒 I 轴头上的齿轮 18（它依次传动第三色组橡皮布滚筒 B、印版滚筒 P）、第三色组第一传纸滚筒轴头上的齿轮 19、第三色组第二传纸滚筒轴头上的齿轮 20、第三色组第三传纸滚筒轴头上的齿轮 21、第四色组压印滚筒 I 轴头上的齿轮 22（依次传给第四色组橡皮布滚筒 B、印版滚筒 P 转动），另一方面把动力传递给收纸装置的收纸滚筒轴头上的齿轮 23，齿轮 23 同轴上装有收纸链轮 28，带动了收纸装置。

如图 1－2－3 所示，齿轮 15 旁还有齿轮 30，经齿轮 31、32 使侧规轴 IV 转动。经齿轮 33、34，到达输纸链轮轴，然后通过该轴的输纸链轮 29 把链传动的动力传递给输纸装置。输墨装置、润湿装置的传动由每一色组印版滚筒轴头上的专用齿轮传动的。

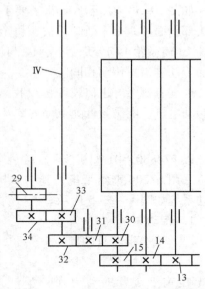

图 1－2－3　一色组至输纸的传动俯视图

13～15，30～34—齿轮　29—链轮

3. 低速点动的传动

如图 1－2－4 所示为 PZ4880－01 型平版印刷机低速点动传动图。辅助电机 1 的输出轴上有蜗杆 4、传动蜗轮 3，减速后经电磁离合器 5 带动花键传动轴 6，再由内齿轮联轴节 8 经皮带轮 9 带动皮带 10 运动，后面的传动与主传动相同。

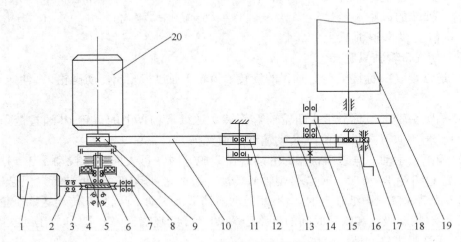

图 1－2－4　低速点动传动俯视图

1—辅助电机　2—轴承　3—蜗轮　4—蜗杆　5—电磁离合器线圈
6—花键传动轴　7—蜗杆止推轴承　8—内齿轮联轴节　9、11、12、13—皮带轮
10—多契皮带　14—手盘大齿轮　15、16、18—齿轮　17—齿轴　19—传纸滚筒
20—主电机

4．手动盘车

如图1-2-4所示，如果需要手动盘车，可将齿轴17插入孔内。当手把插入时，齿轴头部斜面控制一个微动开关，将全机电源切断，实现了安全盘车。转动齿轴17，通过齿轮16使齿轮14转动，齿轮14与齿轮15用键装在同一根轴上，所以齿轮15也转动，后面传动链与主传动相同。

现在海德堡等进口胶印机及我国大部分生产的胶印机，主传动电机采用三相交流变频制动电机，能满足低速点动的要求，因而不需要辅助电机。

二、输纸装置传动系统

以PZ4880-01型机为例，此机采用SZ206型给纸机，其传动系统如图1-2-5所示。

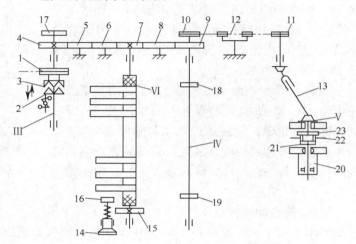

图1-2-5　PZ4880-01型机输纸装置传动图
1，10，11—链轮　2—滑动牙盘　3—离合器　4~9，15~17—齿轮
12—链条　13—双万向联轴节　14—手轮　18，19，21，23—凸轮
20—气路开关　22—偏心轮

1．传动关系

（1）离合器轴Ⅲ的旋转　如图1-2-3所示，PZ4880-01型机输纸装置的动力来自主机上的链轮29通过链条传动到（图1-2-5）中的离合器轴Ⅲ上的链轮1，而使离合器3旋转。

（2）线带主动辊轴Ⅵ的旋转　如果定位牙嵌电磁离合器3的滑动牙盘2合上，离合器轴就旋转。轴端的齿轮4经过齿轮5、6传动线带辊轴Ⅵ上的齿轮7，使线带辊轴Ⅵ旋转。

（3）送纸辊（又称接纸辊）轴Ⅳ的旋转　齿轮7通过齿轮8传动齿轮9，使送纸辊轴Ⅳ旋转。

（4）输纸头轴（也称分纸头凸轮轴）旋转　送纸辊轴Ⅳ上的链轮10通过链条12传动链轮11，再用双万向联轴节13传动输纸头轴Ⅴ。

（5）输纸头手动　电磁离合器的滑动牙盘2脱开时，可先向靠身拉动手轮14，再使之转动，经过齿轮16和15，使线带辊轴Ⅵ转动，通过它带动整个输纸装置。离合器轴端的齿轮17传动油泵。输纸轴上的凸轮18传动前挡纸板摆动，凸轮19传动送纸压轮摆动。分纸轴上装有控制吸气和吹风时间的气路开关20、分纸吸嘴升降凸轮21、压纸吹嘴升降凸轮23、送纸吸嘴移动偏心轮22。

2．牙嵌式电磁离合器

（1）结构　如图1-2-6所示，线圈12装于磁轭2的环槽中，线圈的一端焊在滑环14上，另一端焊在磁轭2上。线圈和滑环用环氧树脂浇铸在磁轭2上，衔铁3装有3个螺钉5和3个弹簧4，弹簧4是依靠螺钉5限制在衔铁3的三个孔内。磁轭2和衔铁3端面外圆上都带有很多均等的呈辐射分布的小齿。6为输入动力的链轮。链轮及衔铁空套在轴1上，磁轭2用键与轴1相固连。

（2）工作原理 当线圈不通电时，离合器的两部分呈分离状态。当线圈通电后，衔铁3受有吸向磁轭的电磁吸力，使衔铁3克服弹簧4的压力而被吸向磁轭2，此时，磁轭2和衔铁3外圆上的小齿紧密啮合在一起，动力传给磁轭2并通过键传给离合器轴而使离合器轴1旋转。再由右端的齿轮8带动输纸装置运动。当线圈断电时，衔铁3在压簧11的压力下离开磁轭2，这时，尽管链轮等在旋转，但磁轭不转动，从而输纸装置停止输纸。磁轭2与衔铁3脱开时齿顶之间的间隙应为0.3mm，可通过螺钉5调节。

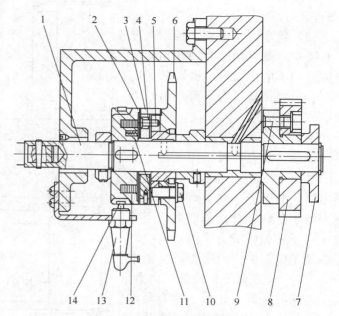

图1-2-6 牙嵌式电磁离合器
1—离合器轴 2—磁轭 3—衔铁 4—弹簧
5—沉头螺钉 6—链轮 7—凸轮 8—齿轮 9、10—螺钉
11—压簧及钢球 12—线圈 13—电刷 14—滑环

3. 输纸机与主机同步位置关系

（1）输纸机与主机同步位置要求 一般是以纸张到达前规的时间来判断，即采用低速输纸，当前规刚摆到定位位置时，纸张咬口边与前规定位块有5~8mm的间距为适宜。

（2）同步位置的调节 如图1-2-6所示，离合器轴1右端装有齿轮8，它是传到输纸机各部分运动的总枢纽。齿轮8带有三个长孔，用螺钉9紧固。松开螺钉9就可以调节主机与输纸机之间的相对运动关系，也就是调整纸张到达前规的时间。

也可通过调节传动链上其他部位的齿轮周向位置来解决。凸轮7是压缩油泵活塞注油用的。

4. 给纸台升降装置

现在许多胶印机上采用SZ206型给纸系统，该给纸系统具有主给纸台和副给纸台两套传动机构，主、副纸台分别由锥形转子电机带动。以SZ206型给纸系统为例，如图1-2-7所示。

（1）主给纸台自动上升 电机11→齿轮10→齿轮12→蜗杆9→蜗轮13→双排链轮8、7、6、5、4、3、2→主给纸台1上升。

（2）副给纸台自动上升 为了缩短上纸的辅助时间，该机设有副给纸台升降机构，用以替换纸垛。其传动路线是：

电机14→齿轮15→齿轮16→蜗轮17→蜗杆18→链轮19、20、21→副给纸台22自动上升。

　　用按钮操作可实现主、副给纸台的快速升降。

　　（3）锥型转子电机　给纸台自动升降和间歇自动上升都使用同一个锥形转子电机完成。锥形转子电机一方面能带动纸台升降，另一方面具有自锁功能。

　　①工作原理。如图1-2-8所示为锥形转子电动机结构（转子与定子之间始终是有间隙的）。当电机通电时，电机定子绕组产生的磁通量将转子磁化，对转子产生一个垂直于转子表面的吸力，由于电机转子表面是锥形的，此吸力产生两个分力：一个是沿转子周向的周向力，这个力使转子旋转；另一个力是轴向方向的轴向力。电机转子在此轴向力作用下，克服压簧6的压力带动固定在转子轴上的制动轮11向右移动，而使风扇制动轮11脱离后端盖9上，电机转动；当电机断电时，转子轴向磁力消失，在压簧6的作用下，电机转子轴向左移动，转子轴上的制动轮11紧紧压在后端盖9，依靠制动轮11和后端盖9上的摩擦力使电机制动。制动轮11上粘有摩擦系数较大的制动环。该电机转子轴向移动量在1.5～3 mm，制动力的大小可通过调节此距离得以实现。

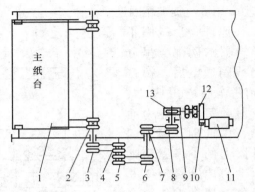

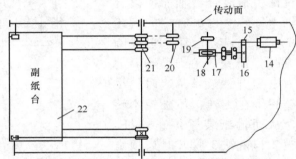

图1-2-7　给纸台升降传动

1—主给纸台　2、3、4、5、6、7、8—双排链轮
9、18—蜗杆　10、12、15、16—齿轮
11、14—锥形转子电机　13、17—蜗轮　19、20、21—链轮
22—副给纸台

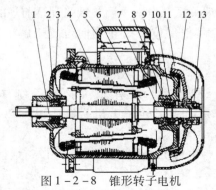

图1-2-8　锥形转子电机

1—转子　2，10—轴承　3—前端盖　4—定子　5—限位器　6—压簧
7—轴套　8—止推轴承　9—后端盖　11—制动轮　12—风罩　13—螺母

②常见问题。制动力太小，纸堆上升后有微小下降的现象；不能及时启动和停转。这要调整锁紧螺母来实现转子轴向移动量 1.5~3 mm；如果是制动轮上的制动环损坏，则要更换制动环。

练习与测试 2

一、判断题

（　　）1. 主机与输纸机必须同步运转。

（　　）2. 大部分胶印机的点动运动有正点动、反点动两种运动状态。

（　　）3. 锥型转子电机断电时，由于制动轮与后端盖接触而具有自锁作用。

（　　）4. 输纸机与主机的同步调节或纸张早到、晚到调节是指以纸张到达前规的时间来判断。即当前规刚摆到定位位置时，纸张咬口边与前规定位块有 5~8mm 的间距为适宜。

（　　）5. 由电机出来的第一级传动应该为皮带传动。

二、选择题（含单选和多选）

1. 印刷机的印刷能力是指_____。

　　A. 每秒钟的印数　　　　　　　　B. 每分钟的印数

　　C. 每小时的印数　　　　　　　　D. 每天 8h 的印数

2. 机器点动速度一般为_____。

　　A. 3~5r/min　　　　　　　　　　B. 30~50r/min

　　C. 3 000r/min　　　　　　　　　D. 150~200r/min

3. 关于输纸机与主机的同步，下列说法正确的是_____。

　　A. 输纸机与主机的同步调节就是调节纸张到达前规的时间。

　　B. 输纸机与主机的同步调节就是调节纸张到达侧规的时间。

　　C. 输纸机与主机的同步调节就是调节纸张到达输纸板的时间。

　　D. 输纸机与主机的同步调节就是调节纸张到达双张检测装置的时间。

　　E. 输纸机与主机的同步调节就是调节纸张到达压纸轮机构的时间。

4. 输纸机上快速电机的作用是_____。

　　A. 快速输纸　　　　　　　　　　B. 纸台自动上升

　　C. 纸台快速升降　　　　　　　　D. 快速递纸

三、简答题

请简要说明如图 1 - 2 - 8 所示为带动纸台快速升降的锥形转子电机的工作原理。

项目三　输纸装置调节与操作

背景： 输纸装置正常工作过程为固定吹嘴吹松纸堆上部的十几张纸→分纸吸嘴从吹松的纸张中分离出最上面的一张纸→压纸吹嘴压住未被分离的纸张→递纸吸嘴吸住分离出的纸张向前输送→送纸辊和送纸压轮接过递纸吸嘴送来的纸张→齐纸机构齐平纸堆上

的纸张→输送带及压纸轮等继续输送单张纸，经过纸张双张及空账检测，直到前规进行定位。其组成如下：

（1）纸张分离机构（飞达）　完成输纸工作过程中的松纸、分纸、压纸和递纸四个动作，主要由"固定吹嘴（松纸吹嘴）机构""分纸吸嘴机构""压纸吹嘴机构"和"递纸吸嘴机构"等组成。

（2）纸张输送装置　它接过分离机构分离出来的纸张继续输送到前规处进行定位，主要由"前齐纸机构""送纸压轮机构（含送纸辊）""输送台机构"等组成。前齐纸机构完成纸堆上纸张齐平工序；送纸压轮机构完成从递纸吸嘴接过纸张并送至输送台机构，输送台机构继续把纸张送给前规定位。

（3）不停机给纸机构　使纸堆在工作时自动上升，以便保证纸堆与输纸头的相对高度位置。它有快速升降和间歇自动上升两种运动。主要由锥形转子电机、传动系统和给纸台等组成。

（4）纸张检测机构　检测纸张输送过程中的双张、空张、歪张和折角等故障。主要由双张控制器、空张检测器组成。

（5）气泵和气路系统　供给输纸装置相关机构的吸气与吹气。

能力训练项目有：纸张分离机构调节、送纸压轮机构调节、输送台机构调节、机械式双张控制器调节。

应知：间隙式输纸和重叠式输纸的方式及其优缺点、分纸装置与纸张输送装置的组成及作用、纸张检测装置的作用及种类、不停机输纸装置及气泵和气路系统的组成及作用。

应会：压纸吹嘴、分纸吸纸、送纸吸嘴、送纸压轮机构、双张检测装置及空张检测装置的工作原理和调节方法。

任务一　能力训练

一、输纸头机构（飞达）调节

1. 任务解读

输纸头机构也叫分离头机构或飞达（feeder），如图1-3-1所示为德国海德堡飞达组成。调节时，各构件位置要求如下：

①以压纸吹嘴为中心，机构分布左右对称，避免走纸偏斜，分纸吸嘴3及递纸吸嘴14距左右纸边基本上1/4纸张长度。

②压纸吹嘴压纸长度为7～10 mm，风量大小应能基本保证最上一张纸与纸堆分离。

③后挡纸板1距纸堆后边缘0.5～1 mm，其上的压纸块自然压在纸堆后边沿。

④纸堆顶面高度距离齐纸板顶端3～5 mm，如图1-3-2

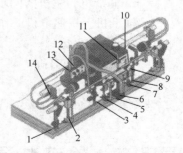

图1-3-1　飞达组成

1—后挡纸板　2、5、8—固定吹嘴

3—分纸吸嘴　4、7—压纸钢片

6—压纸吹嘴　9、10、11—旋钮

12—吹风量旋钮　13—吸风量旋钮

14—递纸吸嘴

所示，飞达每输送 10 张纸左右，纸堆应上升一次。

⑤固定吹嘴 2、5、8 高度及风量配合调节应基本保证吹松最上面的 5 ~ 10 张纸，左右位置基本保证与分纸吸嘴在纵线上，前后位置距纸堆后边缘约 10 mm。

⑥分纸吸嘴 3 运动到低点位置，距纸堆上平面 1 ~ 2 mm，太高吸不起纸，易造成空张，太低易造成双张。

⑦当分纸吸嘴 3 降到最低位置时，递纸吸嘴距纸面 20 mm 左右（充分保证压纸吹嘴的风能把最上面的一张纸跟下面的纸堆分开，如果此距离太小，风吹不到最前面，就不能分开最上面的一张纸）。

⑧压纸钢片 4、7 的前后位置应伸入纸堆 6 ~ 10 mm，太长易造成空张，太短易造成多张。高低位置应距离纸面 1mm 左右，压得太紧易造成空张，距离太大易造成多张。

此外，有些机器还设有平毛刷和斜毛刷，平毛刷的调节要求与压纸钢片 4、7 基本相同，斜毛刷的调节应能保证毛刷中部刚接触纸堆上平面。

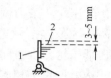

图 1 - 3 - 2　纸堆高度
1—前齐纸板　2—纸堆

2．设备、材料及工具准备

（1）设备　国产或进口单色或多色胶印机 1 台。

（2）材料　已裁切好的纸张 500 张。

（3）工具　基本不用工具、准备操作工具一套备用。

3．课堂组织

分组，3 人一组，实行组长负责制；每人领取一份实训报告，调节结束时，教师根据学生调节过程及走纸效果进行点评；现场按评分标准在报告单上评分。如机器数量有限，可由教师一边示范调节一边讲解。

4．调节步骤

第一步：压纸吹嘴调节：调节飞达前后位置，保证压纸吹嘴压纸长度 7 ~ 10 mm。

第二步：纸堆高度调节：按纸堆上升按键，让纸堆升至自动上升感应器时，开启主机和输纸装置，纸堆自动上升至顶，此时观察纸堆面与前齐纸板顶端的距离是否是 3 ~ 5 mm（如图 1 - 3 - 2 所示），如大于 5 mm，则调节飞达升降旋钮使纸堆上升到位；反之，小于 3 mm，先按纸堆下降按键让纸堆适量下降，再调节飞达升降旋钮使纸堆下降到位。

第三步：分纸吸嘴调节：点动机器，观察分纸吸嘴下降到底时距离纸堆面的高度是否为 1 ~ 2 mm，否则，调节分纸吸嘴高低调节旋钮。

第四步：递纸吸嘴调节：点动机器当分纸吸嘴下降到底时，观察递纸吸嘴与纸堆顶面的距离是否是 20 mm 左右，否则，调节递纸吸嘴高低调节旋钮。

第五步：压纸钢片调节：前后位置应伸入纸堆 6 ~ 10 mm；高低位置应距离纸面 1 mm 左右。

第六步：固定吹嘴调节：开启气泵，风量及固定吹嘴高低配合调节，让纸堆上面十几张纸吹松。

第七步：分量调节：开启气泵，分纸吸嘴风量旋钮基本调到最大，压纸吹嘴风量能使分纸吸嘴吸住张纸分离纸堆。有些机器还有侧吹风，其风量能使纸面不超过前齐纸板顶端。

第八步：其他辅助机构调节：后挡纸板、压纸块、平毛刷及斜毛刷等，参照任务解读调整。

二、送纸压轮机构调节

1．任务解读

送纸压轮机构，也称送纸辊机构或接纸辊机构，如图1－3－3所示为海德堡SM52－4胶印机送纸压轮机构，其作用是接过递纸吸嘴送来的纸张并送至输送带。调节内容为"送纸压轮压纸力调节"，但要求了解"送纸压轮压纸时间调节原则"。

送纸压轮压纸力调节原则。不管是使用四个送纸压轮还是两个送纸压轮，调节时必须使两个（或四个）送纸压轮1同时接触送纸辊5，并且使各轮的压纸力一致。

送纸压轮压纸时间调节原则。当递纸吸嘴刚刚松开纸张时，送纸压轮1和送纸辊5刚好接触。

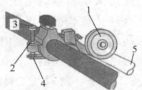

图1－3－3　送纸压轮机构
1—送纸压轮　2—锁紧螺母
3—调节螺钉　4—送纸压轮臂
5—送纸辊（接纸辊）

2．设备、材料及工具准备

（1）设备　进口单色或多色胶印机或国产3台。

（2）材料　已裁切好的纸张500张。

（3）工具　调节操作工具3套。

3．课堂组织

分组，5人一组，实行组长负责制；每人领取一份实训报告，调节结束时，教师根据学生调节过程及走纸效果进行点评；现场按评分标准在报告单上评分。如机器数量有限，可由教师一边示范调节一边讲解。

4．调节步骤

送纸压轮压纸力调节步骤如下：

第一步：按"点动按键"及"输纸按键"，让送纸压轮1下落至与送纸辊5充分接触。

第二步：松开送纸压轮锁紧螺母2，并将调节螺钉3向下调至接近送纸压轮臂。

第三步：在调节螺钉3与送纸压轮臂4之间放置一张0.3 mm厚的纸条，一边调节一边拉动纸条，当感觉拉动纸条有阻力时，将锁紧螺母2拧紧。

第四步：检查每个送纸压轮压纸力是否一致，否则重新调整。

三、纸张检测机构调节

1．任务解读

主要调节"机械式双张检测机构"，因其他检测机构较为简单。如图1－3－4所示为J4104胶印机双张检测机构，按重叠式走纸方式，两张纸能通过，三张纸不能通过。

2．设备、材料及工具准备

（1）设备　进口单色或多色胶印机或国产3台。

（2）材料　已裁切好的纸张300张。

（3）工具　调节操作工具3套。

3．课堂组织

分组，2人一组；每人领取一份实训报告，调节结束时，教师根据学生调节过程及走纸效果进行点评；现场按评分标准在报告单上评分。如机器数量有限，可由教师一边示范调节一边讲解。

4．调节步骤

第一步：旋转调节螺母1，让控制轮2与检测轮3有间隙。

第二步：用3张纸塞进控制轮2与输送板之间，一边拉动纸张一边旋转调节螺母1，使检测轮3与控制轮2接触，同时控制轮2应能带动检测轮3转动。

第三步：抽掉1张纸，拉动纸张，控制轮2不能带动检测轮3转动，再锁紧螺母。

注意：检测轮3是由弹簧控制离合的，如果弹簧压力过小或导板安装不正确，具有黏性的印刷材料会使辊子提升，尽管没有双张出现飞达也会停止。遇此种情况时，应增加弹簧压力。具体调节可松开螺钉5调整导板与输送板之间距离。

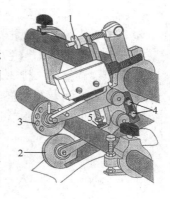

图1-3-4　双张检测机构
1—调节螺母　2—控制轮
3—检测轮　4、5—螺钉

四、输送台机构调节

1．任务解读

纸张输送经过送纸压轮及双张检测机构后，送给输送台机构。输送台机构有"压纸轮式输送台"和"真空吸气式输送台"。以如图1-3-5所示的压纸轮式输送台机构调节为例，内容主要有输送带张紧、压纸轮位置及压纸轮的压力等调节，技术要求在调节步骤中阐述。而进口机采用"真空吸气式输送台"，只要调节吸气量大小即可，调节简单方便。

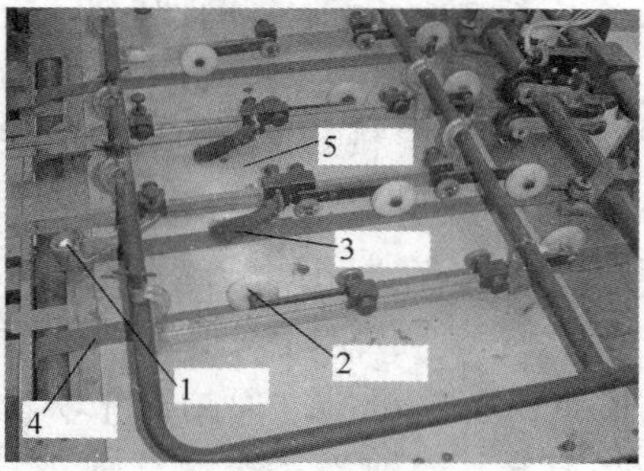

2．设备、材料及工具准备

（1）设备　国产单色或多色胶印机3台。

（2）材料　已裁切好的纸张300张。

（3）工具　调节操作工具3套。

图1-3-5　压纸轮式输送台
1—玻璃球　2—压纸轮　3—止退毛刷
4—输送带　5—输送台板

3．课堂组织

分组，4人一组；每人领取一份实训报告，调节结束时，教师根据学生调节过程及走纸效果进行点评；现场按评分标准在报告单上评分。如机器数量有限，可由教师一边示范调节一边讲解。

4．调节步骤

第一步：放松输纸台板5下的输送带张紧轮，根据纸张的幅面，使四根输送带4对称布置在机器中心线两旁，纸边左右应超出输送带1/6纸张尺寸。

第二步：在输纸台板5下面，用手最大力拉紧张紧轮（每根输送带拉紧力应一致），然后锁紧轮臂上的紧固螺钉。

第三步：左右调整玻璃球1、压纸轮2、止退毛刷3，让其对称压在输送带4中线上。

第四步：放置一张纸于输纸台板上，让纸张咬口靠住前规定位块，并使第一排两个压纸轮 2 中心线距纸张拖梢 2~3 mm，以便给纸张定位时适当的反弹量。

第五步：调整让止退毛刷 3 压住纸张拖梢 10 mm 左右。

第六步：调整第二排 2 个及第三排 4 个张紧轮位置，使其均匀分布在第一排张紧轮与送纸压轮机构之间，并调整玻璃球距纸张尾部 1/5 幅面尺寸。

注意：如果是真空吸气带式输送台，主要调节其吸气量的大小。

任务二 知识拓展

一、输纸装置的分类及特点

自动输纸装置有各种不同的形式，根据分离纸张的方法可分为摩擦式输纸机和气动式输纸机。摩擦式输纸机是依靠摩擦力的作用把纸张从纸堆中分离出来，完成纸张的分离工作，同时通过相应的传送机构把纸输送到规矩部件；气动式输纸机是依靠吹风和吸气把纸张从纸堆中分离出来，气动式输纸机工作平稳、可靠。

1. 气动式输纸机

气动式输纸机，根据它们的输纸方式分有间隙式输纸和连续式输纸（又称重叠式输纸）两种类型。

（1）间隙式输纸机　在纸张的输送过程中相邻两张纸之间保持一定的距离，如图 1-3-6 所示。在输纸台纸堆前沿上方装有一排分纸吸嘴 5，工作时先由纸堆前面

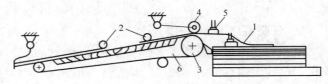

图 1-3-6　间歇式自动输纸机
1—纸张　2—压纸轮　3—送纸辊　4—送纸压轮
5—吸嘴　6—输送带

的松纸吹嘴将纸堆表面的纸张吹松，然后吸嘴 5 下降，吸取纸堆上第一张纸 1，吸嘴吸住纸张上升并向前递送给送纸辊 3，此时送纸压轮 4 下降压纸，依靠摩擦力把纸送到输纸板，并由输送带 6 和压纸轮 2 的配合，将纸传送到前规进行定位。这种输纸方式吸嘴可在纸张的咬口部位吸纸。它一般适用于小幅面（八开）印刷机。

（2）连续式输纸机　在纸张的输送过程中，后一张纸的前面部分重叠在前一张纸的后面部分下一段距离一起在输纸板上向前移动，如图 1-3-7 所示。目前，连续式输纸在单张纸胶印机中得到广泛应用。

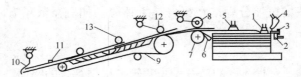

图 1-3-7　连续式自动输纸机
1—分纸吸嘴　2—松纸吸嘴　3—挡纸毛刷　4—压纸吹嘴
5—递纸吸嘴　6—前齐纸板　7—送纸辊　8—压纸轮
9—输送带　10—前规　11—侧规　12—送纸压轮
13—压纸轮

　　相邻两张纸咬口之间的距离常称为输纸步距。对输纸步距的设计要求是：输纸步距的大小首先应该保证前后两张纸必须重叠 5～10 mm；其次还应该保证前一张纸在前规结束前，后一张纸的咬口不碰侧规后缘。

2．间隙式输纸机和连续式输纸机的比较

　　印刷机每印完一张纸的时间称一个工作周期，一般以压印滚筒转一圈计算。对输纸板上的每张纸来说一个工作周期分为两个阶段：一个阶段为纸张走过距离的时间，另一个阶段为纸张在前规、侧规定位的时间。

　　（1）若工作周期及定位时间相等，则间隙式输纸机输纸速度比连续式输纸机输纸速度快，则纸张触及前规时冲击大，易使定位不准，影响印刷质量。

　　（2）若工作周期及输纸速度相等，则间隙式输纸机的定位时间比连续式输纸机的定位时间短。定位时间短，造成定位不稳定，影响印刷质量。

　　（3）若输纸速度及定位时间相等，则间隙式输纸的工作周期比连续式输纸的工作周期长，则意味着生产率低。

二、连续式输纸机

1．纸张分离机构

　　（1）分纸吸嘴机构工作原理　如图 1-3-8 所示，分纸吸嘴主要由凸轮 1、摆杆 2、导杆 3、导轨 4 组成的凸轮－连杆机构和由气体活塞 6、缸体 5 的气动机构组合而成。这里吸嘴仅作单一的上下运动，其运动的行程是两组机构运动的合成。

　　当凸轮 1 旋转到最小半径与摆杆 2 上的滚子接触时，分纸吸嘴在最低位置，此时吸嘴与气路接通，吸嘴吸住已吹松的上面一张纸，这时吸嘴内形成负压（真空），在大气压的作用下，活塞 6 连同吸嘴克服弹簧 8 的作用力迅速上升，随着凸轮 1 与摆杆 2 上的滚子接触由最小半径转到最大半径，导杆 3 带动整个气动机构上升约 24 mm。当递纸吸嘴接过纸张后，分纸吸嘴停止吸气，气缸 5 内真空消失，在弹簧 8 的作用下，活塞 6 连同吸嘴 7 一起被弹下，恢复原位。当凸轮 1 与摆杆 2 上的滚子接触由最大半径处转向最小半径处，使导杆 3 带动气动机构下降，直到吸嘴降到吸纸位置准备下一次吸纸工作。图中 A 为偏心销轴，用来调节分纸吸嘴与纸堆面的相对距离。

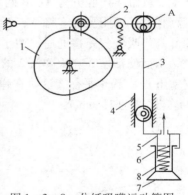

图 1-3-8　分纸吸嘴运动简图
1—凸轮　2—摆杆　3—导杆
4—导轨　5—缸体　6—活塞
7—吸嘴　8—弹簧

　　（2）压纸吹嘴机构工作原理　如图 1-3-9 所示，它主要由凸轮 1、摆杆 2、压纸吹嘴 8 及微动开关等组成。压纸吹嘴 8 的摆动是由轴上的凸轮 1 通过摆杆 2、连杆 3、摆杆 4、6 及连杆 5 的配合来完成的。当压纸吹嘴压住纸堆，纸堆高度低于规定要求时，摆杆 4 上的凸块顶动导杆 11，导杆克服压簧 12 的力，向上顶动微动开关 10，微动开关就发出纸堆上升的电器信号。当纸堆高度符合规定高度时，由于压纸吹嘴下降的距离较小，摆杆 4 摆动的角度就小，这样摆杆 4 上的凸块抬升的高度低，导杆也就上升的距离小，顶不到微

动开关，输纸台停止上升。给纸堆高度位置可通过调节螺母 9 解决，在压纸吹嘴连杆 5 伸长时，纸堆面就降低一点，缩短时可使纸堆面升高，但要使压脚在接近纸堆时是垂直状态。也可通过调整输纸头的高低来解决。

（3）递纸吸嘴机构工作原理　递纸吸嘴是将分纸吸嘴分离出来的纸张吸住，并将纸传送给送纸辊。如图 1-3-10 所示，递纸吸嘴机构主要由偏心轮 1、摆杆 2、连杆 3、递纸吸嘴 5 等组成。其运动是由分纸轴上的偏心轮 1 转动使摆杆 2 摆动，通过铰链的作用带动连杆 3 上的递纸吸嘴 5 做近似直线运动（其实是一条较平滑的弧线）。

图 1-3-11 所示为吸嘴的结构。它是一种差动式气动机构，主要用于实现吸嘴的上下

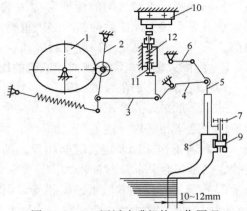

图 1-3-9　压纸吹嘴机构工作原理
1—凸轮　2、4、6—摆杆　3—连杆　5—机件
7—螺钉　8—压纸吹嘴　9—螺母
10—微动开关　11—导杆　12—压簧

运动。气缸 4 内腔分为 A、B 两个气室，气室 B 直通吸嘴 1 底部，气室 A 通过通气孔 b 与气路相通，而阻尼孔 a 将 A、B 两气室连通。吸嘴不吸纸时，活塞 3 被弹簧 2 压向气缸 4 顶部。当吸气气路接通后，由于阻尼孔 a 的截面积很小，气室 A 气压迅速下降，形成真空，从而使活塞 3 克服弹簧 2 的压力下降吸纸。当吸嘴的橡皮圈吸住纸张后，气室 A 和气室 B 压力趋于平衡，这时在弹簧 2 和大气压的作用下，活塞连同吸嘴 1 突然向上提升（提升距离为 15 mm）。

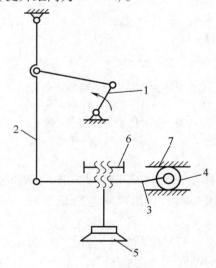

图 1-3-10　递纸吸嘴机构运动简图
1—偏心轮　2—摆杆　3—连杆　4—滚子
5—递纸吸嘴　6—调节螺母　7—导轨

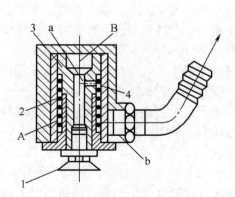

图 1-3-11　SZ206 型递纸吸嘴气动机构
1—吸嘴　2—弹簧　3—活塞　4—气缸

此外，还有固定吹嘴机构，主要是吹松纸张。

（4）其他辅助装置。

①挡纸毛刷。包括斜毛刷和平毛刷，斜毛刷的作用是协助固定吹嘴，使吹松的纸张保持在一定高度而不再与下面的纸张相贴合，防止双张和多张。平毛刷能使分纸吸嘴吸住最上面纸张上升时，而刷落以下的各张纸。

②压纸钢片。与平毛刷作用基本相同。

③后挡纸板。其作用是保证纸垛前后位置准确和分纸稳定。

④侧挡纸杆。其作用是使纸垛两侧保持整齐，对纸垛起限位作用。

2．纸张的输送装置

现代单张纸平板印刷机纸张的输送装置常用的有两种形式：一种是传送带式纸张输纸装置；另一种是真空吸气带式纸张输纸装置。

（1）齐纸机构（又称前齐纸板机构） 齐纸机构位于纸堆前边缘，它的作用是理齐纸堆上的纸，保持纸堆前边缘整齐。在固定吹嘴吹松纸堆上面十几张纸时，齐纸机构中的齐纸板立起挡住被吹松的纸张，以免纸向前错动，而当递纸吸嘴吸住纸向前递送纸时，齐纸板则向后摆动，以便让纸通过。

齐纸机构的工作原理。图1－3－12所示为齐纸机构运动简图。主要由凸轮1、拉簧2、摆杆3、连杆4、摆杆7和齐纸板6等构件组成。凸轮1是连续旋转的，当递纸吸嘴递纸时，是凸轮1的小面与滚子接触，在拉簧2的作用下，通过摆杆3、连杆4、摆杆7，使齐纸板6逆时针方向绕O点摆动让纸通过。当凸轮1的大面与滚子接触时，摆杆3顺时针方向摆动，通过连杆4，使齐纸板6顺时针方向绕O点摆向纸堆，把纸堆上的纸张理齐。

（2）送纸压轮机构。

①工作原理。如图1－3－13所示，它是一种摆动式送纸压轮机构，凸轮1安装在输纸机的凸轮轴上，随轴不断地旋转运动，当凸轮1的升程弧与辊子2接触时，推动摆杆3，使螺钉5逆时针转动，螺钉5顶动摆杆7使压纸轮11绕O点上摆让纸。这时递纸吸嘴把纸张向前送到送纸辊12上。当凸轮1的回程弧与辊子2接触时，在拉簧4的作用下，摆杆

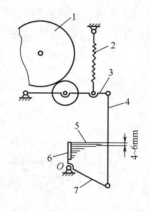

图1－3－12 齐纸机构运动简图
1—凸轮 2—拉簧 3—摆杆
4—连杆 5—纸堆 6—齐纸板
7—摆杆

3、螺钉5顺时针绕O点摆动，通过弹簧9，使压纸轮绕O_1点顺时针下落压纸，此时递纸吸嘴放纸，纸张在压纸轮11和旋转的送纸辊12之间靠摩擦力的作用向前传送到传送带上。

②调节。调节螺钉10，通过弹簧9的作用来调节压纸轮11和送纸辊12之间的压力。螺钉5用来微调单个压纸轮下落与送纸辊的接触时间。螺钉13是限位螺钉，用它来确定O轴顺时针转动时的极限位置，实现整排（两个）送纸压轮的压纸时间的调节，并能使压纸轮压纸时脱离凸轮1的控制，保证传纸的稳定性。

（3）真空吸气带式输送台机构 为适应印刷机高速发展的要求，现代单张纸平板胶印机采用了真空吸气带输纸台装置，这种装置在国外许多生产厂商的印刷机上已配置。

如图 1-3-14 所示为德国罗兰 700 型四色单张纸印刷机吸气带输纸台装置。它主要由吸气带驱动辊 3、输送台板 10、输送带 6、从动传送带辊 9、吸气室 4 和 7、吹气口 15 及辅助吸气轮 7 等组成。在输纸板上安装有两条吸气带 6，当从纸堆上分离出来的纸张由送纸辊 2 输送到输送台板上时，由吸气带 6 吸住（由于吸气带是紧贴在吸气室上），并传送到前规处定位，接着由侧规拉纸完成纸张的侧边定位。15 为吹气口，利用它的吹气作用使纸张前边缘（咬口）部分平稳地进入前规定位。辅助吸气轮 7（有些公司机器没有此吸气轮）则能使纸张以更平稳地方式进入前规处定位。吸气室 4 的吸气量为恒定值，而吸气室 7 的吸气量大小是可调的，主要是为了适应印刷不同厚薄纸张的要求。

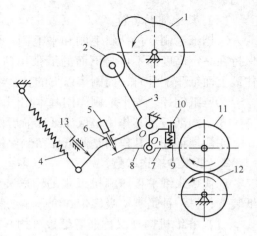

图 1-3-13　送纸压轮机构
1—凸轮　2—滚子　3—摆杆　4—拉簧　5—螺钉
6—螺母　7—摆杆　8—支撑座　9—弹簧　10—螺钉
11—压纸轮　12—送纸辊　13—螺钉

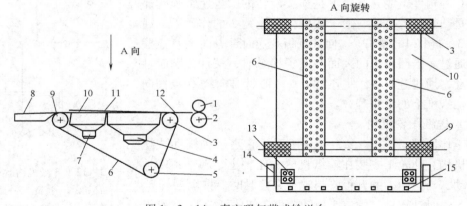

图 1-3-14　真空吸气带式输送台
1—送纸压轮　2—送纸辊　3—吸气带驱动辊　4、7—第一、二吸气室　5—张紧轮　6—吸气带
8—递纸牙台　9—从动吸气带辊　10—输送台板　11—纸张　12—过桥板　13—辅助吸气轮
14—侧规　15—吹气口

这种真空吸气带式输纸台装置，去掉了传统输纸台上面的压纸框架，使操作与调节更为简单、方便，同时由于输纸台被做成鱼鳞式，故能防止纸张产生静电。这种输纸方式当然也使纸张的输送更加平稳、准确，而且对于裁切不整齐的纸张也能送到输纸台前由规矩部件定位。

（4）输纸变速机构　在这种真空吸气带输纸装置中，为了避免纸张由于高速的运送，而使纸张前边缘（咬口）到达前规时，产生冲击和反弹卷曲等现象，影响前规的定位准确性，吸气带的运行采用了变速的方式，即当纸张远离前规时高速输送，在靠近前规的一段距离内则做慢速输送，这样纸张就以较缓慢的速度靠近并与前规接触，增加了定位的稳定性。实现纸张变速输送的方法很多，这里介绍一种齿轮－连杆变速机构。

如图1－3－15所示为齿轮－连杆变速机构简图。偏心齿轮1用键安装在轴A上，偏心距为e，齿轮3与齿轮1啮合，它们的内孔分别与连杆2以两个转动副C、B连接。齿轮3又与齿轮5啮合，摆杆4分别与齿轮3和5以转动副C、D连接。齿轮5的轴上装有链轮7，经过链条8带动输送带驱动辊9转动。

在这个机构中动力由轴A输入，它以等角速度转动，因而齿轮1也以等角速度绕轴A做整周转动，通过齿轮3、连杆2、摆杆4的平面复合运动，带动齿轮5绕轴D做变速回转，从而通过链轮7、链条8使输送带驱动辊实现变速运动。

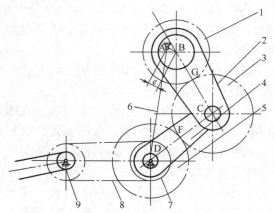

图1－3－15 齿轮－连杆变速机构简图

1—偏心齿轮 2—连杆 3、5—齿轮 4—摆杆 6—机架
7—链轮 8—链条 9—输送带驱动辊

3．气泵与气路系统

（1）气路循环系统

①原理。如图1－3－16所示。气泵由电机带动旋转。进气室5通过空气滤清器3与吸气管4相通，2为吸气气压调节阀。排气室6通过滤油器7与吹气管8相通，9为吹气气压调节阀。气管4、8分别与两个气体分配阀11、10相接（10为吹气分配阀，11为吸气分配阀）。吸气分配阀又与分纸吸嘴14和递纸吸嘴15相连接。吹气分配阀与松纸吹嘴13和压纸吹嘴12相连接。在吸嘴和吹嘴进行吸气和吹气时，它们各自的循环周期与时间长短由吸气分配阀11和吹气分配阀10控制。补气室24通过空气滤清器与补气管相连接，补气管又与收纸减速装置16相接通。

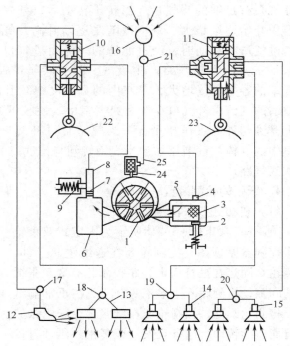

图1－3－16 叶片式气泵气路系统

1—气泵 2—吸气气压调节阀 3—空气过滤器
4—吸气管 5—进气阀 6—排气室
7—滤油器 8—吹气管 9—吹气气压调节阀
10、11—气体分配阀 12—压纸吹嘴 13—松纸吹嘴
14—分纸吸嘴 15—递纸吸嘴 16—收纸减速装置
17、18、19、20、21—气量调节阀 22、23—凸轮
24—补气室 25—气管

②各气量大小调节。7～21 分别为 4 个气嘴和收纸装置的气量调节阀，21 为补气室的气量调节阀，它们都是用来调节各吹嘴、吸嘴的气量大小的。9 用来调节整体吹气大小，2 用来调节整体吸气大小。

③输纸头常见故障。吸气、吹气量不足，可清理 10、11 气体分配阀，清除气槽里的纸粉、纸毛等脏物。

（2）气泵　气泵是产生气源的装置，在印刷机械中使用的气泵，可分为两大类，即活塞式气泵和旋转式叶片泵，现代轮转印刷机则以旋转式叶片泵为主。这里只对旋转式叶片泵加以介绍。

如图 1－3－17 所示，泵体上配置有进气口 4、排气口 5 和补气口 6。进气口 4 与吸气嘴相通，排气口 5 与吹气嘴接通，补气口 6 与大气相通（或与收纸减速装置接通），它在进气口进气量不足时从大气中进气，保证气泵有足够的吹气量。当转子转动后，某一气室的容积开始逐渐增大，真空度随之逐渐升高，气室转到与进气口 4 相通时，经过滤清的气流由进气口 4 被带入气室，使吸气气路产生吸气。随着转子的旋转，

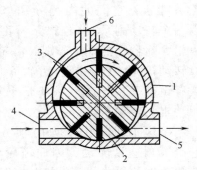

图 1－3－17　直叶片式气泵原理图
1—泵体　2—转子　3—叶片
4—进气口　5—排气口　6—补气口

该气室的容积继续增大，气室内的真空度继续升高，气室转过与补气口 6 相通时，经过滤清的气流由补气口 6 补充到气室中，使收纸减速装置产生吸气，此时气室内的气压上升到与外界气压相平衡。当气室转过补气口 6 以后，气室内容积开始逐渐减少，气室中的气体被逐渐压缩，当气室转到与排气口 5 相通时，压缩空气由排气口 5 排出，使吹气气路产生吹气。

4．纸张的检测装置

（1）机械式双张检测机构

①原理。如图 1－3－18 所示为固定式双滚轮双张控制器原理图。控制轮 8 在送纸辊 9 上部，检测轮 6 固定在摆杆 3 上，距控制轮有 2.5 张纸厚的间隙，检测轮 6 上装有销轴 5。在正常输纸时，检测轮不动，控制轮压在纸张上，随纸张的运行而连续转动。当有双张（或多张）纸通过控制轮 8 和送纸辊 9 之间时，控制轮 8 被纸张顶起一定高度，使它与检测轮 6 的间隙消失（因为预先调节使检测轮 6 与控制轮 8 之间有 2.5 张纸厚的间隙），检测轮在控制轮的带动下逆时针转动，通过销轴 5 推动微动开关弹簧片 4，使微动开关导通而发出电信号，控制输纸机离合器脱开，停止输纸。与此同时，双张指示灯亮。

②优缺点。机械式双张控制器工作可靠，制造成本低，但由于直接与纸面接触，故容易污损纸面。

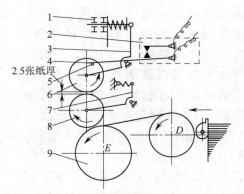

图 1－3－18　固定式双滚轮双张控制器
1—调节螺母　2—微动开关　3、7—摆杆
4—弹簧片　5—销轴　6—检测轮
8—控制轮　9—送纸辊

（2）光电式双张检测控制机构。

①原理。如图1－3－19所示为光电式双张检测控制器原理示意图。它是通过纸张厚度变化使光电元件接受的光强度不同而控制电路工作来检测双张。在输纸机工作前，根据输送纸张2的透光率确定电子线路中有关参数，正常输纸时，先让纸张置于发光二极管1和吸收三极管3之间使它处在测纸状态，旋转电位器让双张指示灯刚好熄灭（此时表示无双张），继续旋转旋钮约10个刻线止。这时线路4的输出端无电流通过，电流继电器5不工作。当有双张通过，吸收三极管3接受光线强度减弱，电子线路4的工作情况也随之变化，输出端有电流产生，于是电流继电器5工作，发出双张信号，使输纸机停止工作。

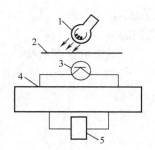

图1－3－19　光电式双张
检测器原
1—发光二极管　2—纸张
3—吸收三极管　4—电子线路
5—电流继电器

②优缺点。这种双张控制器具有体积小，质量轻，使用方便，不污损纸面等特点。但它对颜色的敏感性强，在彩色印刷中有时不易调节。另外，一旦环境亮度发生变化，吸收三极管上沉积有灰尘，纸毛和墨点后，检测灵敏度便降低。

（3）超声波双张控制器　位于递纸机构咬牙的前方，必须和机械式双张控制器同时使用。否则，极有可能损坏纸张电眼检测系统和印刷单元，适合于20 g/m²纸张至500 g/m²的卡片。

（4）空张与歪张检测装置　当纸张输送到前规时，由空张与歪张检测装置检测纸张到达位置的准确性。如发现纸张早到、晚到、空张、歪斜、折角和破损即立即发出信号，输纸机停止输纸、滚筒离压、前规和递纸牙停止传纸、停止输水输墨，机器低速运转。目前主要有电触片式、光电式和光栅式三种检测装置。这里只介绍光栅式空张与歪张检测装置。

①原理。如图1－3－20所示为印刷机上的空张与歪张检测装置。在输纸板1的前端，即上摆式前规3的下面安装空张检测器4。空张检测器4有控制纸张晚到和早到前规的反射光栅5和6，其中反射光栅5用于检测纸张早到前规（即纸张前边缘超过前规线），反射光栅6用于检测纸张晚到（即纸张前缘未到前规线）。当输纸出现晚到或空张时，反射光栅6未发现纸张时，机器认定为晚到或空张。当输纸出现早到前规时，反射光栅5发现纸

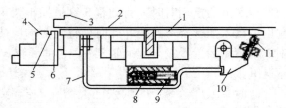

图1－3－20　光栅式空张与歪张检测装置
1—输纸板　2—纸张　3、7—前规
4—空张检测器　5、6—反射光栅
8—压缩弹簧　9—销轴
10—摆杆　11—调节螺钉

张，机器认定为纸张早到。当输纸出现歪斜、折角和破损时，机器操作侧和传动侧的两个反射光栅6中，只有一个发现纸张，而另一个没发现纸张，机器认定为纸张歪斜、折角和破损。

②空张检测器的位置调节。空张检测器4的前后位置可根据前规的位置调整，当使调

节螺钉 11 向下伸长时，通过摆杆 10，使销轴 9 压缩弹簧 8 从而使推杆 7 带动空张检测器 4 做向前移动。

5．不停机给纸机构

为了减少机器由于给纸和卸纸而需要的停机时间，在现代高速印刷机中，均配备有不停机给纸和不停机卸纸装置，两种装置基本相同。现以不停机给纸装置为例，如图 1－3－21 所示。

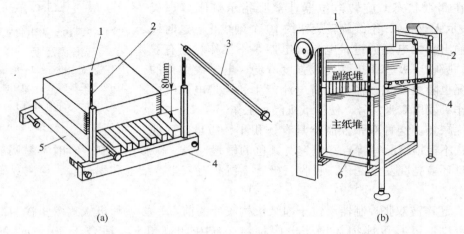

图 1－3－21　不停机给纸装置

1—纸堆　2—副链条　3—插辊　4—插辊架　5—主给纸台　6—主给纸堆

该装置是用独立的两个电机及两套传动装置分别控制主给纸台和副给纸台的运动。其工作过程如下：

主给纸堆工作时，给纸部件正常输纸，当纸堆高度剩余约 290 mm 时，将全部插辊 3 插入主纸堆台 5 上的槽内，副链条 2 带动插辊架 4 上升至副纸堆插辊架 4 上的一排孔与主纸堆台 5 上的槽相对时，将插辊 3 穿过插辊架 4 的孔插入主纸堆台 5 的槽中，插辊 3 的末端也被插入插辊架 4 的孔，此时插辊 3 两端均被插辊架支撑着。再启动副纸堆输纸，依靠副纸堆传动装置慢慢升起插辊架 4，带动插辊 3 也一起升起，由插辊 3 托起纸堆 1，自动输送纸张。

此时主纸堆台 5 上的纸张已被插辊 3 带走，主纸堆台上没有纸张。按主纸堆下降开关，使空的主纸堆下降至最低点（接近地面）装纸。装纸后，主纸堆台带纸上升，让纸堆顶面轻轻顶住插辊，停止上升。拔出插辊 3，使副纸堆台上的剩余纸张与主纸堆台上的纸张重叠在一起，至此完成不停机给纸工作。

不停机收纸机构工作原理与此相同。

练习与测试 3

一、填空题

1．输纸装置一般包括_____、_____、_____、_____、_____等部分。

2．气动式输纸机按输纸方式可分为_____、_____。

3. 在一个工作循环时间内，纸张的运动状态可分为_____和_____两个阶段。

4. 纸张的检测部件主要有_____和_____。

二、判断题

(　　) 1. 在相同条件下，间歇式输纸比重叠式输纸的速度要慢，由此导致间歇式输纸时，纸张到达前规时冲击较大，会引起纸张弹跳或纸边卷曲，定位不准。

(　　) 2. 在相同条件下，间歇式输纸定位时间长，重叠式输纸装置定位时间短。

(　　) 3. 送纸压轮机构的作用是接过分离头输送分离出来的纸张，并且平稳而准确地输送到前规处定位。

(　　) 4. 印刷机的机械式双张控制器是通过检测印张厚度变化来防止双张或多张的。

(　　) 5. 印刷机的双张控制器也可用来防止空张、双张和多张等输纸故障。

(　　) 6. 输纸变速机构的作用是：当纸张离前规较远时加快速度，在靠近前规的一段距离内则做慢速输送，这样纸张就以较缓慢的速度靠近并与前规接触，增加定位的稳定性，保证印刷质量。

(　　) 7. 光电式双张检测控制机构是通过纸张厚度变化使光电元件接受的光强度不同而控制电路工作来检测双张。

(　　) 8. 如图 1 - 3 - 20 所示为光栅式空位检测器原理。在空张检测器 4 的上面有控制纸张晚到和早到前规的反射光栅 5 和 6，其中反射光栅 5 用于检测纸张早到前规（即纸张前边缘超过前规线），反射光栅 6 用于检测纸张晚到、歪斜、破损和空张。

三、选择题（含单选和多选）

1. 下列说法正确的是_____。

A. 间歇式输纸也是序列式输纸

B. 重叠式输纸也称连续式输纸

C. 纸张输送过程中，相邻两张纸咬口之间的距离常称为输纸步距。对输纸步距的考虑是：输纸步距的大小首先应该保证前后两张纸必须重叠 5～10 mm；考虑输纸步距的大小还应该保证前一张纸在前规结束前，后一张纸的前口不碰侧规后缘。

D. 以上说法均不正确

2. 纸张双张检测装置可检测_____。

A. 空张　　　　B. 晚到　　　　C. 双张　　　　D. 乱张　　　　E. 多张

3. 分纸头的组成主要是_____。

A. 分纸吸嘴　　　　　　　　B. 压纸吹嘴　　　　　　　　C. 递纸吸嘴

D. 固定吹嘴　　　　　　　　E. 固定吸嘴

4. 关于固定吹嘴，下列说法正确的是_____。

A. 固定吹嘴是吹气量固定，但本身是运动的

B. 固定吹嘴的作用是将纸堆上部 5～10 张纸吹松

C. 分别装于压纸吹嘴的两侧，距纸堆后缘 6～10 mm

D. 固定吹嘴完全可以不要

    E. 固定吹嘴风量大小可以调节

5. 关于挡纸毛刷下列说法正确的是_____。

    A. 一般分为平毛刷和斜毛刷

    B. 平毛刷用于控制向上松纸的程度，并可刷去分纸吸咀吸起双张或多张

    C. 斜毛刷用于使吹松的纸张保持一定的高度，不再与下面的纸张贴合

    D. 它们均装于压纸咀两侧，离纸堆高度 3～5 mm，伸入纸垛 3～5 mm

    E. 它们完全可以不要

6. 压纸轮式输送台机构中，压纸轮调节时应保证_____。

    A. 在线带中间   B. 在线带两旁   C. 对称布置

    D. 轮子方向稍稍向内   E. 轮子方向稍稍向外

7. 压纸吹嘴机构的作用是_____。

    A. 压住纸堆，以免递纸吸嘴将下面的纸张带走

    B. 进行吹风，进一步分离纸张

    C. 吹松纸张，以使分纸吸嘴吸住最上面的纸张

    D. 探测纸堆高度，以便输纸台自动上升

    E. 搓动纸张，使纸张分离

8. 关于印刷机所使用的气泵，下列说法正确的是_____。

    A. 是离心式真空压力复合泵   B. 只能同时产生吸气

    C. 有曲面叶片和直叶片两种形式   D. 吸气口通往各种吸气装置

    E. 吹气口通往各种吹气装置

9. 关于齐纸机构（如图 1 - 3 - 12），下列说法正确的是_____。

    A. 齐纸机构又称前齐纸板机构或称挡纸块

    B. 它的作用是保持纸堆前缘整齐

    C. 当递纸吸嘴吸纸准备送纸时，齐纸板应已倾斜，以便递纸吸嘴送纸

    D. 调节纸堆高度时，一般使纸堆顶面距齐纸板顶端 4～6 mm 为宜

10. 双张控制器的类型有_____。

    A. 液压式   B. 机械式   C. 光电式   D. 气动式   E. 电容式

四、简答题

如图 1 - 3 - 9 所示为压纸吹嘴机构简图，试说明其工作原理。

项目四　纸张定位及递纸装置调节

    背景：印刷图文在每张纸上位置固定是胶印机的基本要求，而输纸装置送过来的每张纸总是有偏差的，为解决这个问题，纸张在送给压印滚筒前先需要准确定位，所以单张纸胶印机设纸张定位装置（也叫规矩装置），包括"前规"和"侧规"。由于定位后的纸张是静止的，而压印滚筒是转动的，递纸装置（也称递纸机构）顺利实现把静止的纸张交给运转的压印滚筒。对印刷机长而言，主要需掌握"前规定位块前后及挡纸舌高低调节""侧规拉纸距离及拉纸力调节""递纸机构咬纸时间及放纸时间调节"，并将此作

为此项目能力训练内容。

应知：纸张的定位方法和定位装置的分类、前规的组成和分类、侧规的组成和分类、纸张递送的方式和递送装置的分类。

应会：前规调节、侧规调节、递纸机构的调节。

任务一 能力训练

一、前规及侧规调节

1．任务解读

如图 1 - 4 - 1 所示为 J4104 胶印机规矩装置。

（1）前规调节包括"前规定位块 6 前后调节"和"前规挡纸舌 7 高低调节"。

定位块 6 前后调节原则：保证递纸机构咬牙咬纸尺寸 5 ~ 6 mm。咬口大了，交接长度过大，纸张易撕口；咬口小了，交接长度过短，则递纸机构咬牙咬不住纸。

挡纸舌高低调节原则：保证前规挡纸舌 7 与输送台的间隙是纸张厚度的 3 倍。如果间隙过大，纸张咬口卷曲，纸张咬口边边增大，交接时易被撕破。间隙过小，纸张下不到位，纸张咬口白边减少，交接不准。

图 1 - 4 - 1 前规及侧规
1—螺母 2—导板 3—锁紧手柄 4—螺钉旋钮
5—螺钉旋钮 6—前规定位块 7—前规挡纸舌

（2）侧规调节包括"侧规拉纸力调节"和"拉纸距离调节"。

拉纸力调节原则：抽拉侧规压纸轮下面纸张，松紧应适宜。

侧规拉纸距离调节原则：保证拉纸 5 ~ 6 mm。

2．设备、材料及工具准备

（1）设备 国产单色或多色胶印机 3 台。

（2）材料 已裁切好的纸张 50 张。

（3）工具 扳手等操作工具 1 套。

3．课堂组织

分组，4 人一组，实行组长负责制；每人领取一份实训报告，调节结束时，教师根据学生调节过程及走纸效果进行点评；现场按评分标准在报告单上评分。如机器数量有限，可由教师一边示范调节一边讲解。

4．调节步骤

（1）前规前后调节

第一步：用一张涂有红丹粉的纸放于前规定位，盘车让递纸机构咬纸，这样在咬牙上就粘有红丹粉。

第二步：用一张干净白纸放于前规处定位，手动盘车使递纸机构咬纸，然后反盘车取出该纸。观察该张纸上的咬牙红丹粉痕迹距纸张咬口边是否为 5～6 mm，否则松开锁紧手柄 3，调节螺钉旋钮 4 达要求。

注意：两个（或多个）前规应该调节在同一直线上，并与压印滚筒平行。

（2）前规高低位置调节

第一步：盘车让前规处于输送台定位位置。

第二步：用三张纸抽拉较松，而用四张纸抽拉较紧感觉，否则松开螺母 1，上下滑动挡纸舌达要求，再锁紧螺母 1。

（3）侧规调节

第一步：拉纸力的调节。放一张纸于侧规压纸轮下，拉抽应松紧适宜。否则，调节螺钉旋钮 5，改变压簧的压缩量，从而使压力得到调节。

第二步：拉纸距离调节。飞达走纸，观察侧规拉纸是否是 5～6 mm，否则松开锁紧螺钉，移动侧规使拉纸距离 5～6 mm，再锁紧螺钉。

二、递纸机构调节

1. 任务解读

纸张经定位装置定位后，在输送台板上是静止的——而压印滚筒始终在匀速转动，递纸机构任务是在绝对静止中取纸，而在相对静止中把纸张交给压印滚筒。其交接时间关系如下：

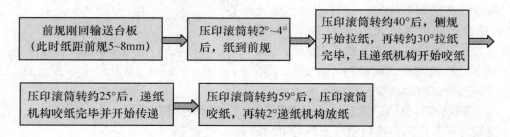

递纸机构的调节包括"递纸机构咬纸时间"及"放纸时间调节"，即：侧规拉纸完毕，递纸机构开始咬纸；当递纸机构咬牙运动到递纸机构轴中心和压印滚筒轴中心共线后 1°位置，递纸机构开始放纸。

2. 设备、材料及工具准备

（1）设备　进口单色或多色胶印机或国产 3 台。

（2）材料　已裁切好的纸张 50 张。

（3）工具　调节操作工具 3 套。

3. 课堂组织

分组，4 人一组，实行组长负责制；每人领取一份实训报告，调节结束时，教师根据学生调节过程及走纸效果进行点评；现场按评分标准在报告单上评分。如机器数量有限，可由教师一边示范调节一边讲解。

4. 调节步骤

（1）递纸机构咬纸时间调节（如图 1－4－2 所示）

第一步：放一张纸于前规侧规定位。

第二步：手动盘车，让递纸机构返回输送台并观察侧规拉纸。

第三步：侧规拉纸完毕时，用手转动递纸机构开牙轴承3，轴承应开始能转动。

图1-4-2 J4104胶印机咬纸时间调节机构
1—调节凸轮 2—杠杆 3—开牙轴承

如还转不动，说明杠杆2右端太低顶靠开牙轴承3太松，此时递纸机构还没开始咬纸，应松开调节凸轮1的紧定螺钉，转动凸轮1让凸轮半径小的位置顶靠杠杆2左端，则杠杆2右端升高少许，让开牙轴承3刚好开始不接触杠杆2右端，此时开始咬纸。反之，反方向转动调节凸轮1并锁紧紧定螺钉。

第四步：验证时，再盘车让压印滚筒转25°，咬纸应完毕，此时用手转动开牙轴承1，应能非常灵活。

（2）递纸机构放纸时间调节（如图1-4-3所示）

第一步：手动盘车，让递纸机构咬牙和压印滚筒咬牙处于递纸机构轴中心与压印滚筒轴中心连线上时，再继续盘车1°。

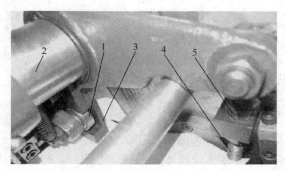

图1-4-3 J4104胶印机放纸时间调节机构
1—开牙轴承 2—轴 3—槽凸轮 4—螺杆 5—锁紧螺母

第二步：松开锁紧螺母5，上下推动螺杆4，使槽凸轮3绕轴2左右微动，同时用手转动开牙轴承1，当转动开牙轴承1有阻力时，紧固锁紧螺母5。

任务二 知识拓展

一、定位装置的分类及定位方法

为使纸张能准确、稳定地进入印刷部分，并使图文在纸张上有固定的相对位置，胶印机上都设有纸张定位装置也叫规矩部件。

1. 定位装置的分类

如图1-4-4所示为纸张的定位示意图，在纸张前进方向与垂直于纸张前进方向两个方向进行定位。垂直于纸张前进方向也称左右方向或来去方向。

在纸张前进（前后）方向定位的装置叫前规矩（简称前规）。前规至少有两个，有的机器使用四个或更多。

在垂直于纸张前进方向定位的装置称侧规矩（简称侧

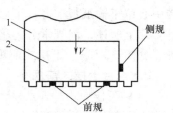

图1-4-4 纸张的定位
1—输纸板 2—纸张

规）。侧规有两个，一般印刷正面时，用操作面（机器操作台的那一面）侧规，印刷反面时，用传动面（主要传动齿轮所在的那一面）侧规。

2．纸张的定位方法

（1）停顿式定位　纸张达到前规处停顿，先进行前规定位，然后再侧规拉纸定位。现代印刷机上普遍采用这种停顿式定位。

（2）超越续纸（也称为超越递纸）前规安装在传纸滚筒或压印滚筒上，运动中的纸张速度高于滚筒表面线速度，依靠两者的运动速差，靠到传纸滚筒或压印滚筒上的前规处，实现定位。但必须在输纸中增加前挡规，给纸张进行预定位，消除纸张快速输送的冲击和反弹，为实现侧规定位的任务提供条件。其工作过程是：前挡规预定位→侧规定位→前规定位。

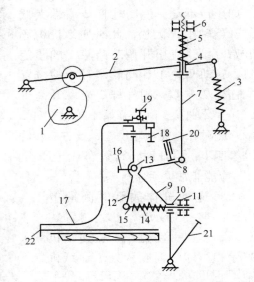

图1－4－5　组合上摆式前规机构简图

1—前规凸轮　2、8、9、12、21—摆杆　3—拉簧
4、10—滑套　5、14—压簧　6、11—螺母
7、15—拉杆　13—前规轴　16—螺钉
17—前规挡纸舌　18—调节螺钉　19—紧固螺钉
20—靠栓螺钉　22—前规定位块

二、前规矩

1．前规的组成和分类

（1）前规的组成　如图1－4－5所示为组合上摆式前规机构简图。其主要组成有以下几个部分。

①前规定位块（板）：如图1－4－5中22所示，其作用是给纸张前边缘定位。为了保证纸张的咬口尺寸，前规定位块22的前后位置要可调。

②前规挡纸舌：如图1－4－5中17所示，由于纸张在高速运行到前规定位块22定位时，纸张前边缘被挡住，而使纸张前部向上翘或飘动，造成定位不准。因此为了印薄纸或厚纸时都不发生纸张前部向上飘动或向上翘，前规挡纸舌17的上下位置要可调。

（2）前规的分类

①按前规的结构形式可分为组合式前规，其前规定位板与前规挡纸舌为一体；分离（双联）式前规，其前规定位板与前规挡纸舌是分开的。

②按挡纸舌的回转中心相对于输纸板的位置可分为上摆式前规，其前规挡纸舌的回转中心位于输纸板上方；下摆式前规，其前规挡纸舌的回转中心位于输纸板下方。

综上所述，前规常分为组合上摆式前规、组合下摆式前规、分离（双联）上摆式前规、分离（双联）下摆式前规。

2．组合上摆式前规

（1）工作原理

①定位和让纸。如图1－4－5所示，在输纸板的上方，安装有前规轴13，前规轴上安装了2个或4个前规。前规的上下摆动是依靠凸轮1来驱动的，当凸轮1处于升程时，

推动滚子使摆杆 2 上摆，通过摆杆 2 上的滑套 4 及压簧 5 并顶动螺母 6 使拉杆 7 上移，拉杆 7 和摆杆 8 是以转动副连接，所以摆杆 8 围绕前规轴 13 逆时针摆动。摆杆 9 与摆杆 8 固连在一起，与前规轴以转动副连接，通过滑套 10、螺母 11、拉杆 15、压簧 14 而带动摆杆 12 摆动，通过螺钉 16，前规轴 13 逆转，从而使前规挡纸舌 17 及前规定位块 22 摆动下落对纸张定位。

当前规凸轮 1 继续转动进入返程，摆杆 2 依靠拉簧 3 向下摆，滑套 4 推动拉杆 7，使摆杆 8 和 9（因 8 和 9 固连）下摆，通过 10、14、15、12、16 及前规轴 13 使前规上摆抬起，让纸通过。

②输纸故障时的前规停止摆动。图 1-4-5 中，当输纸出现故障时，摆杆 21 向左摆，并顶靠滑套 10，使摆杆 9 不能下摆，使前规定位块 22 静止在定位位置而不抬起，挡住纸张不使其进入印刷机。当故障排除后，摆杆 21 向右摆，前规不受约束而正常工作。

③前规稳定性保证。如图 1-4-5 所示，当凸轮远休止弧（最高面）与摆杆 2 上的滚子接触时，就是纸张在前规的定位时间。此时摆杆 8 上摆与靠山螺钉 20 相接触，而摆杆 2 与滑套 4 上移压缩压簧 5，这样，前规挡纸舌 17 和前规定位块 22 位置不动，也就是保证了前规的稳定性。所以，即使前规凸轮 1 的远休止弧部分有少量加工误差（或磨损），同样也能保证前规在定位时稳定不抖动，从而保证了纸张定位的精确性。

（2）主要调节

①前规挡纸舌高低位置调节。如图 1-4-5 所示。原则上，应使要印刷的 3~4 张纸能顺利进入前规挡纸舌 17 和输纸板之间为合适。调节螺母 11，使前规轴 13 相对于摆杆 9 产生相对角位移，可以调整整排前规的高低位置。

松开前规的紧固螺钉 16，转动前规 17 使其相对于前规轴 13 转动一个角度，可以单独调节单个前规的高低位置，调整完成后再将紧固螺钉 16 拧紧。

②前规定位块的前后位置调节。原则上，保证递纸机构咬牙或压印滚筒咬牙咬纸 6~7 mm 为合适。松开紧固螺钉 19，旋转调节螺钉 18，可以单独调节单个前规的前后位置。

这种组合上摆式前规，常安装于 J2108、J2203、J2205、JS2102 等印刷机上。

3. 组合下摆式前规

（1）工作原理

①定位和让纸。如图 1-4-6 所示，前规定位块 22 和前规挡纸舌 24 由螺钉 23 固联在一起，并在输纸板的下面绕 O 轴摆动。前规凸轮轴 O_2 旋转，带动轴上的两个凸轮 1、2 不停地旋转。凸轮 1 由小面过渡到大面推动滚子 3 时，使摆杆 4 向右摆动，从而通过连杆 8，带动摆杆

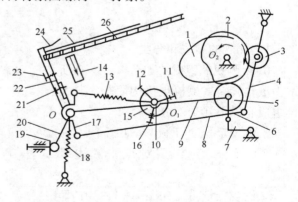

图 1-4-6 组合下摆式前规机构简图
1、2—凸轮 3、5—滚子 4、9、17—摆杆
6、7、20—杆 8—连杆 10—轴
11、12、16—调节螺钉 13、18—拉簧
14—吸气装置 15—套 19—靠栓螺钉
21、23—调节螺钉 22—前规定位块
24—前规挡纸舌 25—纸张 26—输纸板

17 和前规挡纸舌 24 以及前规定位块 22 绕 O 轴逆时针摆动，实现让纸通过。

同理，当凸轮 1 再由大面过渡到小面时，在拉簧 13 的作用下使带动摆杆 17 和前规挡纸舌 24 以及前规定位块 22 绕 O 轴顺时针摆动，返回输纸板而对纸张定位。同时，通过连杆 8，使摆杆 4 向左摆动。

②前规返回时的轨迹要求。为了有利于纸张定位时，顺利进入前规挡纸舌 24 和输纸板之间。如图 1-4-6 所示，凸轮轴 O_2 上的凸轮 2 推动滚子 5，使摆杆 9 绕 O_1 轴摆动，这样可以使前规轴 O 绕 O_1 轴摆动，从而带动前规挡纸舌返回定位纸张时，实现先升高再落下的运动轨迹。拉簧 18 为凸轮 2 的封闭弹簧。

此外，限位螺钉 19 保证前规在定位时稳定不抖动，从而保证了纸张定位的稳定性。图中 14 为吸气装置，吸气装置的作用是当在输纸板出现输纸故障时，前规不上抬，吸气装置吸住纸张防止乱纸进入印刷单元。

（2）主要调节

①前规挡纸舌高低位置调节。原则上应使 3~4 张纸能顺利进入前规挡纸舌 24 和输纸板 26 之间为合适。图中 11、12、16 三个调节螺钉用来调节 O_1 轴的空间位置，从而改变前规挡纸舌 24 与输纸板 26 之间的间隙，以适应不同厚度的纸张。由于调节螺钉 11、12、16 均安装在轴 O_1 的端部，在机器的两侧调节，故操作方便。

②前规定位块前后位置调节。原则上保证递纸咬牙或压印滚筒咬牙咬纸 6~8 mm 为合适。螺钉 23 用来调节前规定位块 22 的前后位置。调节靠栓螺钉 19 也能调节前后位置，并保证前规每次的定位位置的准确。

这种组合下摆式前规，常常安装于海德堡 SM102、国产 J2109 型等机器上。

三、侧规矩

1. 侧规的组成和分类

（1）侧规的组成　如图 1-4-7 所示为滚轮旋转式侧拉规机构简图，其关键组成有以下几个部分：

①侧规定位块（板）。如图 1-4-7 中 30 所示，其作用对纸张侧边缘定位。

②侧规挡纸舌。如图 1-4-7 中 25 所示，其作用是防止纸张上下飘动，为了适应印薄纸或厚纸，侧规挡纸舌 25 的上下位置要可调。

③侧规驱动轮。如图 1-4-7 中 8 所示，是拉动纸张的动力源。

④侧规压纸轮。如图 1-4-7 中 7 所示，与侧规驱动轮一起对纸张产生

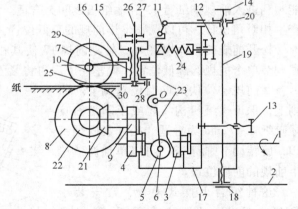

图 1-4-7　滚轮旋转式侧拉规机构简图

1—侧规传动轴　2—侧规安装轴　3—端面凸轮
4、9—齿轮　5—轴承（辊子）
6、10、11—偏心销轴　7—侧规压纸轮
8—侧规驱动轮　12—调节螺母　13—微调螺钉
14—侧规固定螺钉　15—调节螺母
16、20、27—锁紧螺母　17—侧规体　18—滑套
19—顶杆　21、22—锥齿轮　23—摆杆
24—压簧　25—侧规挡纸舌　26—螺杆
28—定位销　29—螺纹套筒　30—侧规定位块

拉力。

（2）侧规的分类　根据纸张定位时所受力的方向不同，侧规可分为以下两类：

①推规。推动纸张到达侧规定位块，对纸张进行侧向定位。由于推动纸张时容易导致纸张卷曲或弹离定位块，故只能在低速印刷机上。用于印刷幅面较小，或挺度较大的纸张。

②拉规。在纸张定位边一侧用拉力，把纸拉到侧规定位块，对纸张进行侧向定位。目前，高速印刷机上普遍采用这种拉规。

拉规的种类很多，其中较为常见的有滚轮旋转式侧拉规、拉板移动式侧拉规和气动式侧拉规等。在这里介绍前两种。

2．滚轮旋转式侧拉规

（1）工作原理

①侧规驱动轮的转动。如图1-4-7所示，在侧规传动轴1上用滑键连接装有一个端面凸轮3和一个圆柱齿轮4，它们在侧规传动轴上的位置由侧规体17控制，可以随着侧规体整体移动。圆柱齿轮4通过齿轮9、锥齿轮21、22使拉纸滚轮8做连续匀速旋转运动。

②侧规压纸轮上下摆动。在端面凸轮3及压簧24的作用下，轴承5及其摆杆23相对于支轴O做往复摆动，从而带动装在摆杆23上部的侧规压纸轮7、侧规挡纸舌25和侧规定位块30一起上下摆动，实现拉纸。

③纸张定位。侧规对纸张定位时，侧规压纸轮7下摆，将纸张紧压在连续旋转的侧规驱动轮8上，依靠摩擦力的作用，将纸张向外侧拉到侧规定位块30位置进行定位。这时端面凸轮3与轴承5之间脱开一定的间隙，利用偏心销轴6可调整轴承5与凸轮3之间的间隙。定位完成后，依靠端面凸轮3的推动，摆杆23顺时针摆动压缩压簧24，将侧规压纸轮7抬起。

（2）主要特点

由于侧规驱动轮8始终连续匀速旋转，所以这种侧拉规冲击振动较小，工作平稳，拉纸精度较高。这种滚轮旋转式侧规在北京人民机器厂等单张纸印刷机上采用。

（3）主要调节

①侧规定位块与前规定位块的垂直度调节。在特殊情况，如纸张裁切不正则需要调节。侧规挡纸舌和定位块活装在螺杆26的下部，螺杆26穿在有外螺纹的套筒29当中，套筒又装在摆杆23的外套筒内，用锁紧螺母16将螺纹套筒锁住，螺纹套筒29下部有一个定位销28，插在侧规挡纸舌的定位销孔中，使侧规挡纸舌保持固定的位置。如需要调节侧规定位块30与前规定位块的垂直度时，只要将锁紧螺母16松开，把侧规定位块调节到合适的位置，然后再拧紧锁紧螺母16，固定住螺纹套筒即可。

②侧规挡纸舌的高低位置调节。一般要求侧规挡纸舌与输纸板的间隙为纸张厚度的3～4倍。调节螺母15上有两段螺纹，这两段螺纹的螺距不同，上部为细牙螺纹，拧在螺杆26上，下部为粗牙螺纹，拧在螺纹套筒29上。当需要调节侧规挡纸舌25的高低位置时，首先松开调节螺母上部的锁紧螺母27，拧动挡纸舌高低调节螺母15，利用调节螺母15上下两部分螺纹的螺距差使螺杆26上升或下降，即带动侧规挡纸舌实现高低位置的调整。

③侧规工作位置调节。若纸张大小变化，就需要调节侧规位置。调节时，侧规体17通过侧规固定螺钉14固定在侧规安装轴2上，松开锁紧螺母20，旋松紧定侧规固定螺钉14，即可移动整个侧规体到适当的位置，然后再用侧规固定螺钉14和螺母20锁紧。当需

要微量调节侧规的定位位置时，可调节微调螺钉13，这时侧规体相对于侧规安装轴2做左右微量移动，实现微调。

④侧规拉纸与不拉纸的转换。印刷机上一般要安装两个侧规，印刷时只使用其中一个，另一个不工作。转动偏心销轴11即可把侧规压纸轮7抬起，使其不能下摆，从而使该侧规停止工作。反之，则工作。

⑤侧规拉纸时间长短调节。图1－4－7中轴承5和侧规压纸轮7上分别安装了偏心销轴6和10，调节这两个偏心销轴，就能改变压纸轮压到纸面时轴承5与端面凸轮3脱开的间隙。脱开的间隙越大，则压纸轮7压纸的时间就越长，拉纸时间就越长，拉纸距离就越大；反之，二者脱开间隙越小，则压纸时间和拉纸时间就越短，拉纸距离就越小。

⑥侧规拉纸早晚调节。在侧规传动轴的传动面轴头，装有传动齿轮（图1－4－7中未画出），在齿轮上有长孔，松开长孔中的紧固螺钉，旋转齿轮改变其相位，也就相应地改变了控制压纸轮7摆动时间早晚的端面凸轮3的相位，使侧规开始拉纸的时刻发生改变。有些机器依靠改变端面凸轮3与轴1的相位来调节。

⑦拉纸力调节。当纸张幅面、厚度有较大改变时，需要调节拉纸力大小。拧动调节螺母12，改变压簧24的压缩量，可以改变压纸滚轮对纸张的压力，即改变了侧规滚轮的拉纸力大小。

3. 拉板移动式侧拉规

（1）工作原理

①拉板移动实现拉纸。如图1－4－8所示，在前规凸轮轴上安装有左右两个圆柱槽型凸轮1（图1－4－8中只画出右边的一个）。两个凸轮随着凸轮轴连续旋转，推动滚子使摆杆2绕轴O_5摆动。摆杆2上的拨块3装于托板4的槽中，拨动托板4使其左右移动。由于拉板6与托板4用螺钉5固联在一起，因此带动拉板6完成拉纸动作。

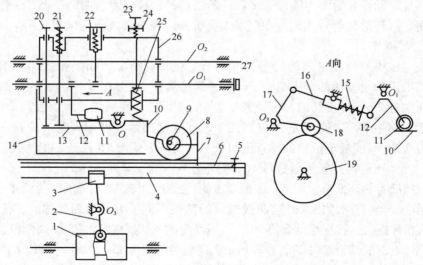

图1－4－8　拉板移动式侧拉规机构简图

1—凸轮　2、10、12、13、17—摆杆　3—拨块　4—托板　5—螺钉　6—拉板　7—侧规定位块
8—侧规压纸轮　9—偏心轴　11—鼓形滚子　14—侧规挡纸舌　15、25—压簧　16—连杆
18—滚子　19—凸轮　20、21、23—螺钉　22、24—螺母　26—侧规体　27—圆轮

②侧规压纸轮的上下摆动（拉纸和让纸动作）。如图 1 - 4 - 8 中 A 向视图所示。凸轮 19 装于前传纸滚筒的轴端，当凸轮 19 的高面与滚子 18 接触时，使摆杆 17 绕轴 O_3 逆时针摆动，带动连杆 16 压缩弹簧 15 使摆杆 12 绕轴 O_1 顺时针方向摆动，鼓形滚子 11 下摆压在摆杆 10 的尾端，如图 1 - 4 - 8 所示，迫使摆杆 10 带动侧规压纸轮 8 绕轴 O 逆时针摆动，即上摆让纸。此时拉板 6 应向左移动（回程）。当凸轮 19 低面与滚子 18 接触时，在压簧 15 的作用下，通过摆杆 17、连杆 16、摆杆 12 使鼓形滚子 11 上摆，摆杆 10 在压簧 25 的作用下绕轴 O 顺时针摆动，带动侧规压纸轮 8 下摆拉纸，此时，拉板右移，拉纸至侧规挡纸舌 7，完成侧规的定位。

（2）主要调节

①压纸轮 8 的高低调节。压纸轮 8 安装于偏心轴 9 上，因此转动偏心轴 9 可以改变压纸轮 8 和拉板 6 之间的间隙，以适应不同厚度的纸张。

②压纸轮 8 的压纸力大小调节。压纸轮 8 的压纸力的大小可以通过螺钉 23 来调节，调整时，松开螺母 24，旋转螺钉 23，改变压簧 25 的压缩量（即压力），这样即可调节压纸轮 8 的压纸力的大小，调节完成后紧固螺母 24。

③拉纸时间的长短调节。旋动螺钉 20，可以微调压纸轮 8 下落压纸时摆杆 13 的角度，由于摆杆 13 与摆杆 10 固联在一起，这样即可控制压纸轮 8 的定位（下落）位置（即开始拉纸时间）。

④侧拉规的工作状态的转换。向下转动螺钉 21，压缩弹簧并转动 90°，使其卡在侧规体 26 上不再上抬，此时螺钉 21 即顶住摆杆 13，当压纸轮下摆时不再压纸，侧规即停止工作。当需要侧规工作时，只要把螺钉 21 转回 90°，在弹簧作用下上升并与摆杆 13 脱开，压纸轮即可下压拉纸，恢复侧规工作状态。

⑤侧拉规的位置的调整。整个侧规用锁紧螺母 22 固定在轴 O_1 上。当需要大范围移动侧规时，只要松开螺母 22，用手移动侧规到所需的位置。精细的调节则需要通过转动圆轮来实现。用拔棍插入圆轮上的孔中转动圆轮，可使轴 O_1 进行左右方向的移动。侧规体 26 装于轴 O_2 上且可在轴上滑动。由于侧规体与轴 O_1 通过锁紧螺钉 22 紧固在一起，所以当轴 O_1 移动时，侧规体亦可在轴 O_2 上左右移动，这样侧规体上的压纸轮和与之相固联的定位块 7 的位置即可实现微调。挡纸舌 14 也是固定在侧规体上随着侧规体的移动而调节的。

这种拉板移动式侧拉规，在德国海德堡机、国产 J2109 等机器上使用。

四、递纸装置

1. 纸张递送的方式

纸张到达输纸板前端经过前规、侧规定位后，怎样才能交给压印滚筒咬牙呢？现在大都是把静止的纸张加速至与压印滚筒表面线速度一致时，再交给压印滚筒咬牙，这种传递的方式即递纸方式。递纸方式也有三种类型：

（1）直接传纸 纸张在输纸板上直接由压印滚筒上的咬纸牙排叼走的方式称为直接传纸。在直接传纸方式中，压印滚筒一般安置在输纸板下方，故前规一般用上摆式。由于前规的定位时间只有在对应滚筒的空档部分内，否则，前规会碰压印滚筒表面，这样纸张的定位时间受到限制。同时由于运动着的压印滚筒咬牙突然叼取输纸板上静止的纸张，机构冲击较大，且容易破坏已定位的纸张。这种传纸方式用于印刷速度较低的印刷机上。

（2）间接递纸 由递纸装置咬牙在静止的短暂时间内叼住静止的纸张，然后逐渐使纸张加速，当达到压印滚筒表面速度时，再交给压印滚筒咬牙。这种纸张经过递纸装置传给压印滚筒的过程称为间接递纸。递纸装置在输纸板上取纸时是在绝对静止条件下进行的，与压印滚筒交接纸张时是在相对静止的条件下进行的。因此平稳可靠，容易保证套印精度。这是现代高速平版印刷机中被广泛采用的一种递纸方式。

（3）超越续纸 在前面纸张的定位方法中已叙述。

间接递纸虽有传纸比较平稳的特点，能满足高速印刷的要求，但是这种递纸方式仍然是将定位好的纸张经过两次交接到压印滚筒咬纸牙排。由于制造、装配误差及振动等原因，总不免会产生误差，影响套印的准确性。因此，目前在某些高速印刷机上，将纸张的最终定位放在压印滚筒上，即最终套准规矩设置在压印滚筒上而不在输纸板上。

以间接递纸装置为例，常见的间接递纸装置有偏心旋转上摆式递纸机构、下摆式递纸机构。上摆式递纸机构是直接交给压印滚筒的叼纸牙；下摆式递纸机构是先交给传纸滚筒（辅助滚筒）的咬纸牙，再由传纸滚筒交给压印滚筒。

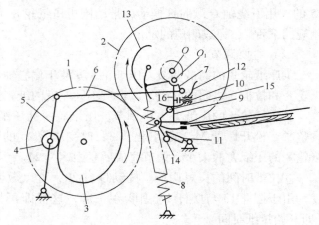

图 1 - 4 - 9 偏心旋转上摆式递纸装置
1、2—齿轮 3—凸轮 4—滚子轴承 5—摆杆 6—连杆
7、9—递纸牙摆臂 8—拉簧 10—限位螺钉
11—自动控制凸轮 12—前规处咬牙张闭凸轮
13—与压印滚筒交接放纸凸轮 14、15—咬牙片摆臂滚子
16—定位摆块

2．偏心旋转上摆式递纸机构

（1）工作原理 如图 1 - 4 - 9 所示，固定在压印滚筒轴颈两端有两个齿轮 1，分别传动两个齿轮 2，每个齿轮 2 与递纸牙的偏心轴承相衔接，并使偏心轴承 O_1 转动。两个偏心轴承严格地保持同步和对称，使递纸牙轴与滚筒轴线平行运动。递纸牙摆动轴中心为 O_1，随着齿轮 2 转动而绕 O旋转，通过压印滚筒传动面轴端凸轮 3 经滚子 4带动摆杆 5、连杆 6、摆杆 7 和 9 运动，使递纸牙往复摆动，从而使递纸牙按"水滴状"曲线运动，

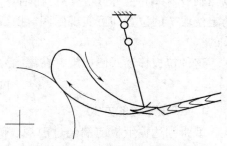

图 1 - 4 - 10 递纸牙运动轨迹图

如图 1 - 4 - 10 所示。这样，递纸时按与压印滚筒相切的圆弧运动，满足正确输纸的需要，而向前规返回时则从"水滴状"高点运行，使在返回过程与压印滚筒表面保持一定间隙，而且不致碰坏已定位的纸张。

拉簧 8 使滚子 4 靠向凸轮凸轮 3，为了保证递纸牙轴两端受力均匀，大拉簧 8 共有两

根，对称地装在轴的两端，但也要使凸轮 3 所承受的摩擦里尽量小。凸轮 12 控制递纸咬牙在前规处取纸的张闭；凸轮 13 控制递纸咬牙在与压印滚筒交接纸张时的张闭。凸轮 11 是由滚筒离合压机构所控制，当滚筒离压，前规停止摆动时，凸轮 11 处于下落位置，使递纸咬牙张开，不再在前规处取纸；当前规恢复摆动时，凸轮 11 即自动上抬，不再阻止递纸咬牙咬纸。

（2）特点 由于采用了旋转偏心，使递纸牙在回程时摆动中心提高，运动轨迹为"水滴"状封闭曲线，返回时碰不到滚筒工作表面，这样不受滚筒空挡限制而可提前返回。但由于增加了偏心的旋转运动，使递纸运动复杂化，增加了机构设计、制造、调整的难度。

（3）主要调节（出厂时已调好，平时一般不需要调节）

①交接位置的调节。递纸牙在前规处的取纸位置由定位螺钉 10 来决定。调节时，慢慢转动机器，使递纸牙摆动到前规，让定位螺钉顶住递纸牙排摆动轴上的定位摆块 16，此时凸轮 3 的低点部分与滚子 4 相对应，要求两者之间有 0.03 ~ 0.05mm 的间隙，如果间隙过大或过小，可转动定位螺钉 10 予以调节。除此之外，要求两边定位螺钉 10 与摆块 16 顶住的时间和受力应该一致。

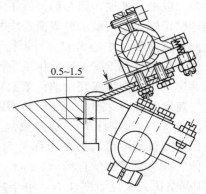

图 1 - 4 - 11 递纸牙与滚筒咬牙交接位置

递纸咬牙与压印滚筒咬牙的交接位置，以压印滚筒咬牙作为基准，要求递纸咬牙牙顶比压印滚筒边口平面超前 0.5 ~ 1.5 mm（如图 1 - 4 - 11 所示）。

②递纸牙牙垫高度的调节。递纸牙垫与压印滚筒表面间隙调节。递纸牙牙垫高度的调节以滚筒咬牙牙垫的高度为基准，在印刷 0.04 ~ 0.15 mm 厚度纸张时，牙垫与递纸牙台的间距调至 0.3 mm 为适宜。如果印刷更厚的纸张，两个牙垫的间距调至纸厚度加 0.2 mm 为适宜。测量时，可以用一块相应厚度的钢片，将其平放在滚筒牙垫的工作面上，然后调节递纸牙牙垫，使它轻靠钢片，既无间隙又不使钢片弯曲变形，即为合适。递纸牙牙垫过高或过低，均有可能造成纸边起皱或破裂。

递纸牙垫与递纸牙台间隙调节。当递纸牙在牙台处接纸位置，印刷纸张厚度为 0.04 ~ 0.15 mm 时，两个牙垫的间距调至 0.3 mm 为适宜；如果印刷更厚的纸张，两个牙垫的间距调至纸厚度加 0.2 mm 为适宜。调节时，以递纸牙牙垫高度为基准，通过输纸板下面的调节螺钉实现。

（4）递纸衡力机构 为了解决上述递纸过程中弹簧受力的不平稳性，提高弹簧的使用寿命，图 1 - 4 - 9 上的拉簧 8（在图 1 - 4 - 12 中就是拉簧 6）被连接在递纸衡力机构上。

①原理。如图 1 - 4 - 12 所示为递纸恒力机构简图。衡力机构的基本原理是使拉簧在整个工作过程中保持定拉伸长度。在衡力凸轮 5 的

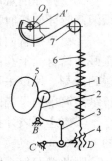

图 1 - 4 - 12 递纸衡力机构
1—滚子 2—摆杆
3—连杆 4—摆杆
5—衡力凸轮
6—拉簧 7—链轮

作用下，通过滚子 1 使摆杆 2 绕 B 点摆动，通过连杆 3 使摆杆 4 绕支点 C 摆动，摆杆 4 的端点 D 与弹簧相连，使 D 点随弹簧 8 上下运动，从而使得弹簧 6 保持伸长量基本不变，弹簧保持恒力。

②衡力大小调节。调节拉簧 6 下端的长螺杆即可。

3．下摆式递纸装置

（1）工作原理

①递纸咬牙把纸张从牙台取纸后递送给前传纸滚筒咬牙。如图 1－4－13 所示，凸轮 1 为递纸凸轮，凸轮 2 为复位凸轮，它们都安装在前传纸滚筒操作面外侧。这两个凸轮又叫等距离共轭凸轮，递纸凸轮 1 使递纸摆臂在牙台上取纸后加速，当与前传纸滚筒相切时，递纸咬牙的速度正好与前传纸滚筒表面速度相等，于是将纸张交给前传纸滚筒（中心为 O_3）咬牙。

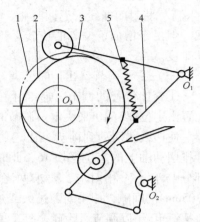

②递纸咬牙把纸张交给前传纸滚筒后重新返回前规取纸。递纸咬牙把纸张交给前传纸滚筒后继续等减速下摆，当速度为零时，递纸咬牙开始返回。返回的动力靠复位凸轮 2，通过摆杆 3、4 以及拉簧 5 的作用，递纸咬牙返回前规重新取纸。靠拉力弹簧 5 把摆杆 3、4 连接成一体。拉力弹簧钢丝直径为 8 mm，工作拉力约 2 450 N，用弹簧拉力来克服惯性力。由于共轭凸轮曲线的原因，拉力弹簧理论上是不伸长也不缩短的。

图 1－4－13　下摆式递纸装置原理图
1—递纸凸轮　2—复位凸轮
3、4—摆杆　5—拉簧

（2）主要特点

①递纸咬牙摆臂沿 O_2 中心固定摆动，咬牙运动轨迹为一定中心弧线，摆臂运动轨迹比上摆式递纸咬牙简单，精度更易保证。

②摆臂在前规取纸（闭牙）时，速度为零。当摆臂与前传纸滚筒咬牙交接时，摆臂与前传纸滚筒的表面旋转速度应相等。

③由于摆臂向回摆在前传纸滚筒连心线上时，前传纸滚筒正好在筒身面上。前传纸滚筒必须是偏心的，否则摆臂咬牙就碰到筒身，所以采用这种下摆式递纸装置的平版印刷机，其前传纸滚筒单边呈椭圆形，如图 1－4－14 所示。

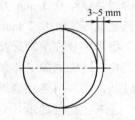

图 1－4－14　前传纸滚筒

④当递纸咬牙摆臂回摆时，咬牙与前传纸滚筒筒身面间隙约大于 6 mm，虽然有间隙，但被前传纸滚筒咬着的纸仍蹭着咬牙，因此摆臂每个咬牙上有小滚轮，纸张在滚轮上滚动，从而防止将纸张划伤。

下摆式递纸是目前单张纸印刷机上采用非常普遍的一种方式。除了上述的北人印刷机外，国内外一些著名的印刷机，如德国的海德堡 CD102、罗兰 700、高宝 150、日本的三菱、钻石 3000 型印刷机以及国产的其他一些高速机也采用这种下摆式递纸装置，工作原理也基本相同。

练习与测试 4

一、填空题

1. 前规是指 _____。

2. 侧规是指 _____。

3. 单张纸胶印机对纸张的定位方法有两种，即 _____。

二、判断题

（　　）1. 一般来说，有两个前规，有两个侧规，印刷正面时用操作面侧规，印刷背面时用发动面侧规。

（　　）2. 组合式前规由于定位块和挡纸舌为一体。

（　　）3. 间接传纸是指递纸牙在静止的短暂时间内咬住静止在输纸板上的纸张，然后逐渐使纸张加速，当达到压印滚筒表面线速度时，再把纸张交给压印滚筒咬纸牙排。即纸张经过递纸机构传给压印滚筒的过程称为间接递纸。

（　　）4. 上摆式前规主要用于大幅面印刷机。

（　　）5. 为使纸张在前规处定位准确，前规数量越多越好。

（　　）6. 组合下摆式前规可以延长纸张的定位时间。

（　　）7. 气动拉规不受前一张纸输送速度的影响，可适当提前拉纸。

三、选择题（有单选、多选）

1. 关于前规，下列说法正确的是 _____。

   A. 按结构形式可分为组合式前规和分离式前规

   B. 按相对于递纸台的位置可分为上摆式前规和下摆式前规

   C. 前规有组合上摆式前规和组合下摆式前规

   D. 前规有分离上摆式前规和分离下摆式前规

2. 关于侧规，下列说法正确的是 _____。

   A. 侧规是给纸张轴向方向进行定位的

   B. 侧规有推规和拉规两种

   C. 拉规一般用于速度较低、幅面较小、纸张较厚的印刷机上；推规不受速度、纸幅、纸厚的限制

   D. 侧规拉纸时间不能调节

3. 关于递纸装置，下列说法正确的是 _____。

   A. 纸张递送的方式有三种，即直接传纸、间接递纸和超越续纸

   B. 递纸咬牙与压印滚筒咬牙交接纸张时，必须要有交接时间（共同咬纸时间）

   C. 递纸咬牙于绝对静止中在输纸板处咬纸，在相对静止中与压印滚筒交接

   D. 下摆式递纸装置于绝对静止中在输纸板处咬纸，也在绝对静止中与压印滚筒交接

4. 侧规定位块应该调整得 _____。

   A. 平行于纸的运动方向　　　　　　B. 垂直于滚筒母线

  C. 平行于滚筒的母线   D. 垂直于纸的运动方向

5. 侧规中压纸轮的压力大小决定_____。

  A. 纸张的运动速度   B. 拉纸力的大小

  C. 纸张的拉纸距离   D. 纸张幅面大小

6. 侧规拉纸不到位的原因是_____。

  A. 侧规定位块歪斜   B. 挡纸舌调整得太高

  C. 压纸轮的压力太小   D. 压纸轮的压力太大

7. 前规调整，主要的两项是_____。

  A. 定位板的前后位置   B. 定位板的高低位置

  C. 挡纸舌的前后位置   D. 挡纸舌的高低位置

8. 印刷机中的超越续纸，定位机构安装哪个机构上_____。

  A. 在输送台上   B. 在递纸机构上

  C. 在侧规上   D. 在压印滚筒上

9. 侧规调整，主要的两项是_____。

  A. 侧规的拉纸速度   B. 侧规的拉纸力

  C. 侧规的拉纸距离   D. 侧规定位块的高低位置

四、简答题

如图 1 - 4 - 13 所示为下摆式递纸装置机构简图，试说明递纸的工作原理。

项目五　输墨及润湿装置调节

  背景：输墨装置和润湿装置必须具备的功能如下所示。盛放油墨的任务由供墨机构（也称墨斗）完成，分为"整体式墨斗"和"分段式墨斗（也称琴键式墨斗）"；传出油墨的任务由传墨机构完成，有"电器控制式"和"气动控制式"；打匀油墨的任务由匀墨部分完成，由"匀墨辊、重辊、串墨辊机构组成"；给印版着墨的任务由"着墨机构完成"，着墨辊与串墨辊及印版的压力调节依靠偏心套完成，有"单偏心套式"和"双偏心套式"两种。润湿装置中，由于润湿液容易均匀，且不需要版面局部水量调节，所以润湿装置机构简单。

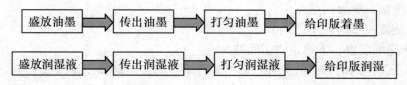

  应知：输墨装置的性能指标、输墨装置的组成及作用、整体式墨斗与分段式墨斗墨量工作原理、接触式润湿装置的主要类型及润湿印版的方法、酒精润湿液集中循环控制系统。

  应会：墨辊的拆装及压力调节、水辊的拆装及压力调节。

任务一 能力训练

一、墨辊的拆装及压力调节

1．任务解读

如图 1－5－1 所示为海德堡 SM52－4胶印机墨辊排列图，在墨辊拆装任务中，除了串墨辊（A、B、C、D）、墨斗辊（14）外，其他墨辊均必须拆装。经过拆装认识各墨辊结构及装配技术要求，同时熟悉各墨辊的保养方法。

墨辊之间的压力大小是以墨辊间压扁的接触线宽度表示的，压力大，则宽度越宽，墨辊之间以及着墨辊与印版之间需要调节的压力大小如图 4 mm 所示。压力过轻，不能充分供墨，压力过重，加速印版磨损，易出现"墨杠"，调节是通过蜗杆－蜗轮偏心机构来实现的。着墨辊压力调节时先调着墨辊与串墨辊压力，再调着墨辊与印版之间压力。

如果是其他机型，按机器说明书上压力大小调节。

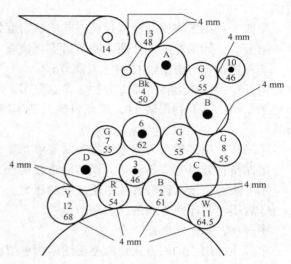

图 1－5－1 SM52－4胶印机墨辊排列
1、2、11、12—着墨辊 3、5、6、7、8、9—匀墨辊
4、10—重辊 13—传墨辊 A、B、C、D—串墨辊
14—墨斗辊

2．设备、材料及工具准备

（1）设备 单色或多色胶印机 3 台。

（2）材料 油墨、压力宽度尺。

（3）工具 扳手等操作工具 1 套。

3．课堂组织

分组，5 人一组，实行组长负责制；每人领取一份实训报告，调节结束时，教师根据学生调节过程及走纸效果进行点评；现场按评分标准在报告单上评分。如机器数量有限，可由教师一边示范调节一边讲解。

4．调节步骤

（1）墨辊的拆装

第一步：在地上铺好纸，放好墨辊架或木枕、泡沫枕。

第二步：按顺序先外后里拆卸 13、12、11…2、1 墨辊，并清洗干净，用木枕等支撑。

第三步：按顺序先里后外安装 1、2、3…12、13 墨辊。

（2）压力调节

①着墨辊 1 与串墨辊 D 的压力调节。

第一步：用墨铲给墨辊 10 打一点墨，并开动机器打匀油墨。

第二步：低速运转机器 1min，紧急停车。

第三步：拆下匀墨辊 7，正点机器，使串墨辊 D 与着墨辊 1 接触留下的墨迹可以被看到。

第四步：用墨辊压力宽度尺检查其墨痕宽度是否是 4 mm，左、中、右都应一致。

第五步：如果宽度不合适，调节后重新检查，直至合适为止。

②着墨辊 2 与串墨辊 C 的压力调节。

第一步：慢速运转机器 1 分钟，紧急停车。

第二步：拆下着墨辊 11，反点机器，使串墨辊 C 与着墨辊 2 接触留下的墨迹可以被看到。

第三步：用墨辊压力宽度尺检查其墨痕宽度是否是 4 mm，左、中、右都应一致。

第四步：如果宽度不合适，调节后重新检查，直至合适为止。

第五步：再依次调节其他墨辊之间的压力。

③着墨辊与印版之间的压力调节。

第一步：先把印版擦干净。

第二步：用手动的方式让着墨辊给印版着墨。

第三步：着墨辊离墨，正点机器使印版上留下的墨迹可以被看到。

第四步：用墨辊压力宽度尺检查每根着墨辊的墨痕宽度是否是 4 mm，左、右应一致。

第五步：如果宽度不合适，调节后重新检查，直至合适为止。

第六步：再依次调节其他着墨辊辊与印版压力。

二、水辊的拆装及压力调节

1. 任务解读

如图 1 - 5 - 2 所示为海德堡 SM52 - 4 胶印机水辊排列图，在水辊拆装任务中，除了串水辊（R）外，其他水辊均必须拆装。经过拆装认识各水辊结构及装配技术要求，同时熟悉各水辊的保养方法。

水辊之间的压力大小是以水辊间压扁的接触线宽度表示的，压力越大，则宽度越宽，图上均表示出了压痕宽度值。

其他机型，按机器说明书上压力大小调节。

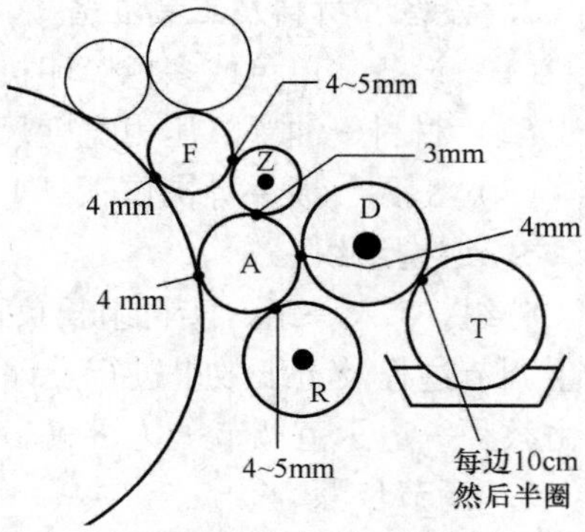

图 1 - 5 - 2　SM52 - 4 胶印机水辊排列
A—着水辊　D—计量辊　T—水斗辊
R—穿水辊　Z—中间辊　F—第一根着墨辊

2. 设备、材料及工具准备

（1）设备　单色或多色胶印机 3 台。

（2）材料　油墨、压力宽度尺。

（3）工具　扳手等操作工具 1 套。

3. 课堂组织

分组，5 人一组，实行组长负责制；每人领取一份实训报告，调节结束时，教师根据学生调节过程及走纸效果进行点评；现场按评分标准在报告单上评分。如机器数量有限，可由教师一边示范调节一边讲解。

4．调节步骤

（1）水辊的拆装（如图1-5-2所示）。

第一步：在地上铺好纸，放好水辊架或木枕、泡沫枕。

第二步：按顺序先外后里拆卸 D、T、Z、A 各水辊，并清洗干净，用木枕等支撑。

第三步：按顺序先里后外安装各水辊。

（2）压力调节。

①着水辊 A 与串水辊 R 的压力调节。

第一步：用墨铲给墨辊施适量油墨，并开动机器打匀油墨。

第二步：低速运转机器1min，紧急停车。

第三步：拆下计量辊 D，反点动机器，使串水辊 R 与着水辊 A 接触留在 A 辊上墨迹可以被看到。

第四步：用压力宽度尺检查其墨痕宽度是否是4~5mm，左、中、右都应一致。

第五步：如果痕迹宽度不合适，调节后重新检查，直至合适为止。

第六步：参照同样方法，调节其余水辊之间压力。

注意：调节水辊与计量辊之间压力时，应先拆下水斗辊 T，避免水在计量辊上，油墨压痕无法显示，调好后再装上水斗辊 T。

②计量辊 D 与水斗辊 T 的压力调节。

第一步：先调松计量辊 D 与水斗辊之间压力，直到计量辊 D 完全出现一层水膜。

第二步：一边收紧压力，一边观察水膜从中间向两头逐渐消失，直到两头剩下10cm宽的水膜。

第三步：两边再调节使调节螺钉转半圈。

任务二　知识拓展

一、输墨装置及其性能

平版印刷是利用油水不相溶原理，使印版空白部分上水而图文部分上墨，在同一版面上达到水墨平衡。

1．输墨装置的组成和作用

在印刷过程中，为了把油墨均匀、适量地传给印版表面，必须设置输墨装置。将墨斗辊输出的油墨周向和轴向两个方向迅速打匀，使传到印版上的油墨是全面均匀和适量的。为了达到此目的，供墨部分的供墨量、匀墨部分串墨辊的串墨量、着墨部分的着墨辊压力等都有调节机构进行调节。而且由于印刷部件存在着合压与离压两种状态，着墨辊应有自动起落机构。平版印刷机的输墨装置一般由下面三部分组成。

（1）供墨部分　如图1-5-3第Ⅰ部分所示。由墨斗、墨斗辊4和传墨辊5组成，其主要作用是储存油墨和将油墨传给匀墨部分。油墨置于墨斗刮刀和墨斗辊4组成的墨斗内。墨斗辊 4 在间歇转动中将油墨传给传墨辊 5，传墨辊 5 定时地来回摆动，将油墨从墨斗辊 4 传给匀墨部分中的第一根（上）串墨辊 1。

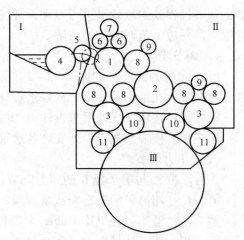

图 1-5-3　输墨装置组成
1、2、3—串墨辊　4—墨斗辊　5—传墨辊
6、8—匀墨辊　7、9—重辊　10、11—着墨辊

（2）匀墨部分　如图 1-5-3 第 II 部分所示。匀墨部分主要由串墨辊 1、2、3，匀墨辊 6、8 和重辊 7、9 三种辊组成。其主要作用是油墨在给印版涂布之前，将墨斗辊传出的油墨变成薄而均匀的墨层。串墨辊有转动和轴向往复串动两种运动，串墨辊与墨辊的对滚中，使油墨在墨辊圆周方向碾匀，而串墨辊的轴向串动是保证油墨在墨辊轴向分布的均匀性。匀墨辊的作用是周向碾匀油墨，重辊的作用是增加匀墨辊和串墨辊的压力。

（3）着墨部分　如图 1-5-3 第 III 部分所示。着墨部分由一组着墨辊 10、11 组成。这组着墨辊从匀墨部分最后的串墨辊 3 接过均匀适量的油墨并传给印版，起到向印版涂布油墨层的作用。

2.　输墨装置的性能指标

输墨装置的工作性能主要是用油墨层的均匀程度来衡量，而油墨层的均匀程度可以用以下几个指标来反映。

（1）匀墨系数　匀墨部分墨辊面积之和与印版面积之比称为匀墨系数，以 K_y 表示。匀墨系数 K_y 反映了匀墨部分把从墨斗传来的较集中的油墨迅速打匀的能力。K_y 值越大，则匀墨性能越好。但增大 K_y 值一般是通过增加墨辊数量来解决，综合起来，K_y 值为 3～6 为宜。

（2）着墨系数　所有着墨辊面积之和与印版面积之比称为着墨系数，以 K_z 表示。着墨系数 K_z 反映了着墨辊传递给印版油墨的均匀程度。显然 K_z 值越大，着墨均匀程度越好，由实践经验可知应使 $K_z > 1$。

（3）储墨系数　匀墨部分和着墨部分墨辊面积的总和与印版面积之比称为储墨系数，以 K_c 表示。储墨系数 K_c 反映了输墨装置中墨辊表面的储墨量，并能自动调节墨层均匀程度的好坏。

储墨系数 K_c 值越大，表示墨辊表面储墨量越大，因而印刷一张印品印版上所消耗的墨量与墨辊上储存的墨量之比越小，故自动调节墨量的性能也就越好，从而能保证一批印品墨色深浅一致。但 K_c 值不能过大，否则下墨太慢，开始印刷时墨色浅，停机后再印时印品墨色加深。

（4）打墨线数 N　在匀墨部分进行油墨转移时，墨辊接触线数目称为打墨线数，以 N 表示。墨辊数量多，打墨线数 N 越大，表示墨辊上油墨层被分割的区域越多，油墨越易于打匀。

（5）着墨率　某根着墨辊供给印版的墨量与全部着墨辊供给印版的总墨量之比称为该墨辊的着墨率，以 v 表示。由实践可知，着墨率采用"前多后少"的形式，前两根着墨辊向印版涂敷油墨量占80%以上，以供给印版丰富而且均匀的油墨；而后两根着墨辊涂敷油墨量仅为20%以下，以起到补偿和进一步匀墨和收墨的作用。着墨辊一般取3～6根，常用的是4根。

二、墨辊排列

初看起来，墨辊很多且凌乱，但墨辊的排列是有规律的。

1. 墨辊排列形式

按墨辊排列的路线可分为单路传墨、双路传墨和多路传墨三种形式。

（1）单路传墨方式　如图1－5－4所示。这是德国KOENIGSLBAUER公司的RAPIDA104型单张纸四色平版印刷机输墨方式。油墨经中串墨辊1、匀墨辊2传给下串墨辊。

（2）双路传墨方式　如图1－5－5所示。这是大多数进口机和国产机的输墨方式。油墨到达中串墨辊6以后分为左右两路传给两个下串墨辊5。

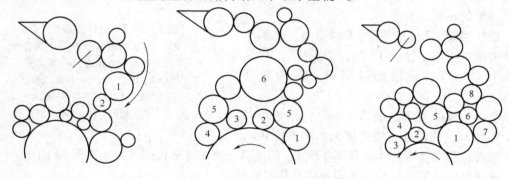

图1－5－4　单路传墨　　　　图1－5－5　双路传墨　　　　图1－5－6　多路传墨

（3）多路传墨方式　如图1－5－6所示的日本HL－ACE432型四色印刷机。油墨经中串墨辊8后，再经多个匀墨辊传给下串墨辊4、5、6、7。

2. 墨辊排列原则和数量

（1）墨辊布局　一般的墨辊布局均为以串墨辊为中心的三级匀墨形式。第一级匀墨以上串墨辊为中心，周围安排几根匀墨辊或者再加1～2根重辊来进行初级匀墨；第二级匀墨以中串墨辊为主体，周围布置几根匀墨辊，一般情况下中串墨辊直径较大，这样既能将油墨扩展拉薄，又能起分流作用，把油墨分成两路输送；第三级匀墨是以下串墨辊为中心，主要是给着墨辊传递已经匀好的油墨，一般下串墨辊采用2根，使油墨分给两组着墨辊给印版着墨。

（2）软、硬间隔排列墨辊　在印刷机上，为了更好地传墨和匀墨，输墨装置的墨辊应该以软质匀墨辊和硬质串墨辊相配设置使用，以便在一定的压力下墨辊彼此接触良好。

（3）墨辊的数量　为了考虑墨辊的布局和印刷机结构的合理性，即油墨层涂布的均匀性，着墨辊由3～5根组成。一般情况下，印刷机的印刷速度越高，着墨辊的数目也越多些，胶印机多采用4根着墨辊。单张纸平版印刷机墨辊总数为16～25根，墨辊数量的多少，直接影响着匀墨系数、储墨系数和打墨线数 N。

三、输墨装置的典型机构

1．供墨机构

（1）整体式墨斗

①整体出墨量和局部出墨量的调节。如图
1－5－7所示，油墨储存在墨斗里，螺杆14调
节墨斗刀片4在墨斗上的位置，使刀片与墨斗
辊接触良好。刀片磨损后，可做微量调节，以
保证刀片和墨斗辊的配合关系。调墨螺钉10可
以局部改变墨斗刀片4与墨斗辊之间的间隙，
通过调墨螺钉10顶动墨斗刀片4，改变墨斗辊
轴向墨层厚度，以适应印刷画面局部用墨量的
变化。沿墨斗辊全长上供墨量的调节是依靠改
变墨斗辊的转角来实现。

旋转挡圈9可调节扭簧8的扭力，使墨斗
体重力得以平衡。撑簧11防止调墨螺钉10的
自发松动，以保证出墨量不变，13为紧固
螺母。

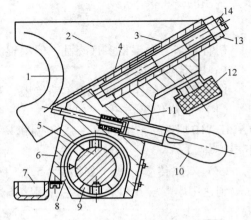

图1－5－7　整体式墨斗
1—墨斗辊　2—墨斗侧挡板　3—墨斗刀片座
4—墨斗刀片　5—支撑轴　6—墨斗座
7—接墨槽　8—扭簧　9—旋转挡圈
10—调墨螺钉　11—撑簧　12—螺母
13—紧固螺母　14—螺杆

②墨斗辊的清洗。洗墨斗辊时，松开左右
两个螺母12，将墨斗座绕支撑轴5顺时针转动
一个角度，使墨斗刀片4离开墨斗辊1。清洗后，将墨斗座扳回并拧紧螺母12固定。

这种整体式墨斗结构，在国产机上普遍采用。

（2）分段式墨斗（也称琴键式墨斗）

①局部出墨量大小调节。如图1－5－8所示，为墨斗一个区段的剖面图。每个油墨区
段有板条（琴键）1，共有32块。在由板条（琴键）组成的墨斗底面上铺有一整张涤纶
片2，油墨放在涤纶片上。涤纶片是防止油墨进入板条下面的调节机构，又便于清洗更换
油墨。板条1的下端托着偏心柱5，由弹簧3支撑板条，使偏心柱的圆柱面始终靠紧涤纶
片和墨斗辊4，共有32个偏心柱。当需要改变局部出墨量的大小时，由控制电路驱动微
电机8转动，并通过螺母副6及连杆7使偏心柱转动改
变偏心柱5和墨斗辊4之间的间隙，从而调节该区域
的出墨量。

②整体出墨量大小的调节。整体调节出墨量常用
方法有两种。

一种是改变墨斗辊的转角（采用棘轮棘爪机构或
单向离合器），电机用于改变摆杆的长度，从而实现墨
斗辊转角大小的调节。

另一种是电机轴直接墨斗辊4的轴用联轴器连接，
调节电机的转速即调节了墨斗辊的转动速度，就可使
传墨辊与墨斗辊接触的弧长得到调节，也就调节了整

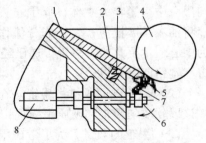

图1－5－8　分段式墨斗
1—板条　2—涤纶片　3—弹簧
4—墨斗辊　5—偏心柱　6—螺母副
7—连杆　8—微电机

体出墨量的大小。这种形式现在越来越普遍。

这种分段式墨斗结构，目前主要在进口印刷机上采用。

2．传墨机构

（1）电器控制的供墨及传墨机构

①墨斗辊的间歇转动。如图 1－5－9 所示为电器控制的传墨机构原理图。墨斗辊的间歇转动是由凸轮 6 上的曲柄 12、连杆 10 和摇杆 11 构成曲柄摇杆机构来带动棘爪 8 左右运动，推动棘轮 9 单方向逆时针间歇转动，由于墨斗辊 13 与棘轮 9 用键装在同一轴上，从而使墨斗辊实现间歇转动。棘轮盖板 7 用来调节棘轮 9 每次转动的角度，即实现墨斗辊整体出墨量大小的调节。

②传墨辊正常传墨（往复摆动）停止传墨。控制块 4 的动作由电磁铁 5 直接驱动，当合压印刷时接通电磁铁 5 的电路，迫使控制块 4 逆时针摆动，与摆杆 3 脱开，凸轮 6 使摆杆 3 摆动而带动传墨辊左右摆动实现正常传墨。当离压时，电磁铁 5 断电，弹簧 14 使控制块 4 摆回，阻止摆杆 3 摆动，传墨辊停止与墨斗辊接触，停止传墨。电磁铁的动作也可通过操作按钮直接接通和切断电源来实现的。

③调节传墨辊与串墨辊及墨斗辊之间的压力。转动蜗杆 2 经蜗轮改变偏心套 1 的位置，可以调节传墨辊与上串墨辊之间的压力，而传墨辊与墨斗辊之间的压力调节是通过松开锁紧螺母 16，转动调节螺母 15，改变弹簧 17 的拉力来实现的。

同时也要知道，传墨辊是在墨斗辊转动的过程中与其接触。这就要求驱动墨斗辊的曲柄与使传墨辊摆动的凸轮要有正确的安装关系。

（2）气动控制的传墨机构

①传墨辊正常传墨（往复摆动）。如图 1－5－10 所示，传墨辊的摆动是由经过减速后的凸轮轴上的凸轮 10 驱动，当凸轮 10 的高面与滚子 9 接触时，使摆杆 7 绕支点 *A* 逆时针转动，从而迫使与之固联的摆杆支臂 14 逆时针摆动，顶动弹簧柱销 11，在压簧 13 的作用下，通过内孔螺柱 12 带动摆臂 16 绕支点 *A* 逆时针摆动（内孔螺柱 12 的外螺纹是拧在摆臂端部的内螺纹中），从而使传墨辊 2 与墨斗辊 1 接触取墨，此时滚子 5 与凸轮 4 之间不接触，必须留一定的间隙保

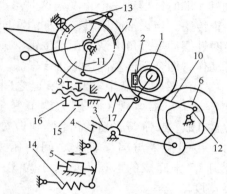

图 1－5－9　电器控制的供墨机构简图
1—偏心套　2—蜗杆　3—摆杆　4—控制块
5—电磁铁　6—凸轮　7—棘轮盖板　8—棘爪
9—棘轮　10—连杆　11—摇杆　12—曲柄
13—墨斗辊　14、17—弹簧　15—调节螺母
16—锁紧螺母

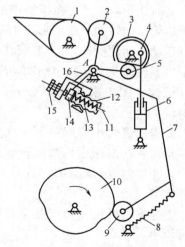

图 1－5－10　气动控制的传墨机构
1—墨斗辊　2—传墨辊　3—串墨辊
4—凸轮　5、9—滚子　6—汽缸
7、17—摆杆　8—拉簧　10—凸轮
11—弹簧柱销　12—螺柱　13—压簧
14、16—摆臂　15—螺钉

证传墨辊与墨斗辊充分接触。相反，当凸轮10的低面与滚子9接触时，传墨辊2摆向上串墨辊3，接触传墨。

②传墨辊停止传墨。当出现输纸故障或其他情况等需要停止传墨时，气缸6的活塞杆推动空套在上串墨辊轴上的凸轮4转动一个角度，使凸轮4高面顶动滚子5，摆臂16绕支点A顺时针摆动一个角度，这时虽然传墨辊还在摆动，但传墨辊接触不到墨斗辊，即停止传墨。当正常印刷时，汽缸活塞杆缩回，使凸轮4低面转向滚子5，摆臂16绕支点A逆时针摆动一个角度恢复正常位置，进行传墨。此外，气缸6的活塞动作与离合压机构同时动作，即合压传墨离压停止传墨。

③传墨辊与墨斗辊及串墨辊之间压力的调节。传墨辊2与墨斗辊1的压力调节是依靠调节内孔螺柱12，使弹簧的压缩量得到改变从而调节压力。传墨辊2与串墨辊3之间的压力是依靠调节螺钉15来完成的。压力的大小为3~4 mm宽的墨痕宽度。

这种气动控制的传墨机构在进口机上常见。

3. 串墨机构

（1）曲柄摇杆机构组成的串墨机构

①中串墨辊的串动。如图1-5-11所示，该机构装在机器的传动面外侧。固定在印版滚筒轴端的齿轮1带动齿轮2，其传动比为$Z_1 : Z_2 = 1:2$，带槽圆盘3安装在齿轮2的端部并用螺钉与齿轮2固连。其上装有T形块4，它在滑槽中偏离3的中心位置。由于齿轮2的转动，使T形块4偏心转动带动连杆6上下运动从而使摆杆7摆动，而摆杆7上的滚子8迫使中串墨辊轴向串动。中串墨棍的轴向窜动又通过杠杆机构（图中未画出）及滚子、挡环传给上、下串墨辊。

②串动量大小的调节。可松开螺钉5来调节T形块4在滑槽中偏离圆盘3的中心位置的多少来实现调节。其串动量在0~25 mm范围内任意调节。

上述串墨机构在国产及进口平版印刷机上均有使用。

（2）复合式串墨机构

①串墨辊的轴向串动。如图1-5-12所示为复合式串墨机构，6为公共套筒，其上开有圆环槽8，在槽内装有滚珠5，以此与固定衬套3分开。滚珠5又依附在固定套3的螺旋槽槽9内。当串墨辊外壳体靠摩擦力得到动力而转动

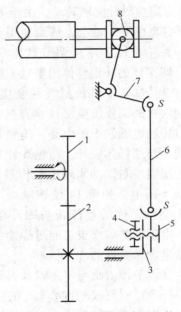

图1-5-11　曲柄摇杆串墨机构
1、2—齿轮　3—带槽圆盘　4—T形块
5—螺钉　6—连杆　7—摆杆　8—滚子

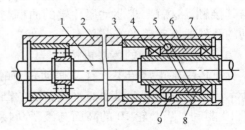

图1-5-12　复合串墨机构
1—串墨辊　2—串墨辊的外壳体
3—固定衬套　5—滚珠
4、7—滚珠轴承　6—公共套筒
8—螺旋槽　9—槽

时，公共套筒 6 不转，通过滚珠 5 而迫使串墨辊的外壳体 2 按正弦曲线做往复运动。完成了串墨辊的轴向运动。

②特点。该机构串墨量的大小不能调节，但结构紧凑，制造安装容易。

4. 着墨机构

着墨辊与下串墨辊之间必须要有适当压力，着墨辊和印版之间也必须有适当的接触压力。同时着墨辊还必须有着墨和离墨的功能。

（1）单偏心套式的着墨辊与串墨辊及印版的压力调节及离着墨控制

①调节着墨辊与串墨辊的压力。如图 1-5-13 所示，在着墨辊两轴头上装有偏心蜗轮 4，在摆杆 5 的座架上装有蜗杆 3，转动蜗杆 3 使偏心蜗轮 4 转动，实现着墨辊与串墨辊的压力调节。

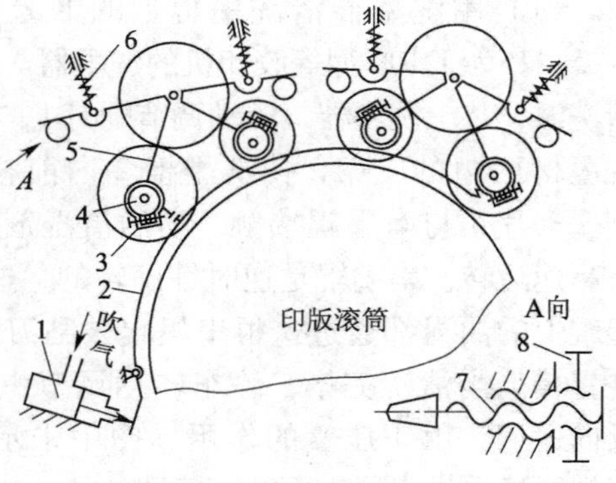

②调节着墨辊与印版滚筒的压力。如图 1-5-13 所示，松开锁紧螺母 8，顺时针转动调节螺杆 7，在压簧 6 的作用下，通过摆杆 5 增加着墨辊与印版滚筒的压力，压力调好后，锁紧螺母 8。

调节时，必须首先调节着墨辊与串墨辊之间的压力，然后再调节它与印版之间的压力。

③着墨辊着墨和离墨。在印刷过程中，当输纸出现故障或需要停止印刷时，着墨辊必须与印版脱开即离墨。当合压进行印刷时，着墨辊与印版滚筒要接触即着墨。着墨辊的离墨与着墨是与滚筒离、合压相配合的。

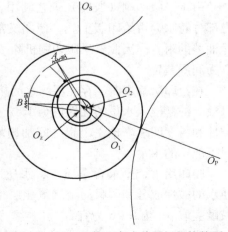

图 1-5-13 着墨辊压力调节和起落机构
1—汽缸 2—起落墨杆 3—蜗杆
4—偏心孔蜗轮 5—摆杆
6—压簧 7—调节杆 8—锁紧螺母

如图 1-5-13 所示，当需要离墨时，控制汽缸 1 的通气阀门打开，汽缸 1 的顶杆伸出，使摆杆 2 绕支点 A 逆时针摆动，顶动摆杆 5 的座架，从而使着墨辊脱离印版滚筒。反之，当需要着墨时，控制汽缸 1 的通气阀门关闭，汽缸 1 的顶杆缩进，使摆杆 2 绕支点 A 逆时针摆动，在弹簧 6 的作用下，使着墨辊与印版滚筒接触，从而实现着墨。

（2）双偏心套式的着墨辊与串墨辊及印版的压力调节

如图 1-5-14 所示，O_1 为内偏心套中心，O_2 为外偏心套中心，O_3 为着墨辊中心，A 为与外偏心套蜗轮相啮合的蜗杆，B 为与内偏心套蜗轮相啮合的蜗杆，O_S 为串墨辊中心，O_P 为印版滚筒中心。

①调节着墨辊与串墨辊的压力。转动蜗杆 B 使内偏心套绕其中心 O_1 转动，从而改变了 O_3O_P 的中心距，也就调节了着墨辊与印版滚筒之间的压力。

图 1-5-14 双偏心套式着墨辊机构简图

②调节着墨辊与印版滚筒的压力。转动蜗杆 A 使外偏心套绕其中心 O_2 转动，从而改变了 O_3O_8 的中心距，也就调节了着墨辊与串墨辊之间的压力。

这种双偏心套式的着墨辊机构，其离着墨原理与单偏心套式的着墨辊机构相同。

注意：有些机器的着水机构也与此相同。

5. 清洗墨辊机构

为防止油墨在胶辊上干燥结膜，降低胶辊表面的吸墨性能，每天下班前或当机器换色时，应用汽油或清洗剂（洗车水）将墨辊上的油墨清洗干净。

（1）用洗墨器清洗墨辊上的油墨　图 1-5-15 为 J2108 型等胶印机的洗墨器。当要清洗时，装上洗墨器，转动调节螺钉 1，通过洗墨槽两边的支架，使洗墨槽 2 向前移动，刮墨刀片 3 与串墨辊接触，喷洒清洗剂，开车高速运转。串墨辊是逆时针旋转的，这样，墨辊上的油墨都通过这根串墨辊被刮刀刮进洗墨槽。当清洗完毕，停车转动调节螺钉 1 反向退回，由于压簧的作用（图中未示出）将洗墨槽退离串墨辊而结束清洗。

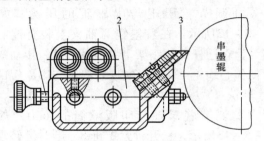

图 1-5-15　洗墨器
1—调节螺钉　2—洗墨槽　3—刮墨刀片

（2）洗墨器的保养　如图 1-5-15 所示，刮墨刀片 3 是耐油橡胶制成的。清洗洗墨器时，刮墨刀片的背面一定要干净，否则，残留的油墨干燥变硬会损坏串墨辊。由于长期铲墨容易磨损，刮墨刀片 3 是一个易损零件，用后清洗干净，注意保存，勿碰伤刮墨刀片。

（3）自动清洗墨辊装置特点　首先，刮墨刀片与墨辊接触或脱开是由计算机程序控制气动元件实现的；其次，清洗剂也是由计算机程序控制自动喷到墨辊上的，并且还有喷清水装置。

四、润湿装置的分类

由于平版印刷（胶印）工艺利用了油水不相溶的原理。印刷时先给印版上水，使空白部分着水，再给印版上墨，使图文部分着墨。因为印版空白部分已有一层水膜，能排斥油墨的附着。因此，平版印刷机除了设置输墨装置外，还必须设有向印版供水的装置，称为润湿装置。

在给印版输墨时，存在墨与水的接触，油墨混入一部分水并且乳化，形成 W/O 的乳状液，油墨混入水量的临界值为 16%～26%，超过此值，水墨平衡受到破坏，油墨的延伸性和黏度明显降低，墨辊之间油墨的传递受到影响。由此可见，在印刷过程中应保持尽可能小的水量。

胶印用水，要求含杂质少，水质不能太硬，由实践得到，一般胶印用水为弱酸性。使水的酸性成分和印版的金属氧化层相互作用形成稳定的水膜，水溶液（润版液）的酸碱度应取 pH 为 5～6 为宜。

对润湿装置的基本要求是在印刷过程中把水均匀地、适量地传给印版表面。为此，润湿装置要有水量调节机构，以便有效地控制印版的水量，保持水墨平衡。

目前，国内外胶印机所采用的润湿装置大体上分为两大类，即接触式润湿装置和非接触式润湿装置。所谓接触式润湿装置就是水斗中的润湿液经过水斗辊、传水辊等一系列辊子接触传递给印版进行润湿，它又分为间歇式、连续式和酒精式润湿装置三种类型，油墨可能会倒流到水槽中。而非接触式润湿装置中是水斗中的水不是经过全部水辊直接接触传递给印版进行润湿，油墨不能倒流到水槽中，如刷辊式和喷水式润湿装置。国内生产的平版单色印刷机大多采用接触式润湿装置中的间歇式润湿方式。国产及进口四色机大多数采用接触式润湿装置中的酒精式润湿装置。

五、接触式润湿装置

1. 间歇式润湿装置

所谓间歇式润湿装置就是指水斗辊（也称出水辊）可间歇转动或连续旋转（由直流电机驱动），传水辊往复摆动，断续地将润湿液传送给匀水部分的一种润湿方式。如图1-5-16所示。

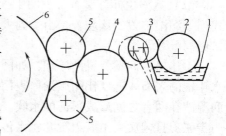

图1-5-16　间歇式润湿装置
1—水斗　2—水斗辊　3—传水辊
4—串水辊　5—着水辊　6—印版滚筒

（1）间歇式润湿装置的组成

①供水部分：由水斗1、水斗辊2、传水辊（包绒布）3组成。其作用是将水按印刷的需要定量均匀地供给匀水部分。

②匀水部分：指串水辊（不包绒布）4，其作用是将水在周向和轴向打匀并输送给着水辊，匀水部分只用一根辊子，这是由于水具有毛细管作用，容易均匀分布在包有绒布的辊子上。

③着水部分：由两根着水辊（包绒布）5组成，其作用是将水均匀地涂布于印版6的空白部分上。

（2）对间歇式润湿装置的要求　与输墨装置相类似，为了给印版均匀、适量地上水，供水部分的供水量、着水部分的着水辊5与串水辊4及印版6的压力都要能进行调节。同时，为适应滚筒的合压和离压，着水辊也有自动着水和离水机构。印刷过程中，水斗中溶液不断地消耗，为使水斗中的溶液保持一定的水位，一般还需要设置自动加水器。

2. 连续式润湿装置

连续式润湿装置就是把间歇运动的水斗辊改为连续旋转，再去掉往复摆动的传水辊，使润湿液连续地均匀地供给印版进行润湿。连续式润湿装置可由着水辊直接给印版润湿，也可以将润湿液传给第一根着墨辊，然后再由第一根着墨辊将润湿液传送给印版（水墨齐下，也称达格伦润湿装置）的两种类型。如图1-5-17所示。

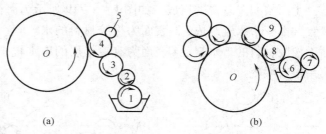

(a)　　　　　　　　(b)

图1-5-17　连续式润湿装置
1—水斗辊　2、7—计量辊　3—串水辊　4—着水辊
5—重辊　6—水斗辊　8—着墨辊　9—串墨辊

（1）日本小森胶印机上的连续式润湿装置

①图1-5-17（a）所示润湿装置。图1-5-17（a）为日本小森 LITHRONE 型胶印机上的连续式润湿装置。该装置由水斗、水斗辊1、计量辊2、串水辊3、着水辊4和重辊5组成。该装置的润湿原理为水斗辊1由具有电子控制电路的电机驱动而连续旋转，转速比较慢，水斗辊通过齿轮传动使计量辊旋转。供水量可由电机转速不同来调节。串水辊3由印版滚筒轴端齿轮驱动，着水辊4靠串水辊3和印版滚筒的摩擦力旋转。其表面线速度与印版滚筒表面线速度相等，转速比较快。因此，计量辊2和串水辊3不但转速不等，而且转向也相反，由此使两辊之间形成更薄的润湿膜，通过着水辊4均匀地给印版润湿。

②水量大小调节。直接调节水斗辊1的驱动电机的转速，就可调节水量大小。

（2）达格伦润湿装置　如图1-5-17（b）所示为第一根着墨辊给印版输水的接触式连续润湿装置，该装置是由美国人哈罗德·达格伦（Harold Dahlgren）设计的，故称达格伦润湿装置。

①达格伦润湿装置的原理：如图1-5-17（b）所示，水斗辊6由单独的电机驱动，水斗辊的表面线速度比印版滚筒表面线速度低20%～50%，计量辊7由水斗辊带动旋转，润湿液在两者之间形成很薄的水膜。再利用水斗辊与第一根着墨辊8间的速度差将水膜进一步碾薄打匀后，由着墨辊8将水传到印版上，对印版进行润湿。

②水量大小的调节：直接调节水斗辊6的驱动电机的转速，或调计量辊7与水斗辊的中心距。

3. 酒精润湿装置

（1）酒精润湿液的优点　因为酒精的表面张力比较小，由图1-5-18可知，水滴与固体表面的接触角比加入酒精的溶液与固体表面的接触角大，接触

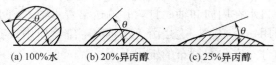

（a）100%水　　（b）20%异丙醇　　（c）25%异丙醇
图1-5-18　水和酒精液体表面张力示意图

角的大小与水中加的酒精溶液多少有关。θ角小，则相同体积的液滴与固体表面接触面积越大，润湿效果越好。由实验得到，如果在水中加入纯度为99%的酒精5%～15%，则可以降低水的表面张力，相应的可增大对版面的润湿面积，这样就可减少润湿印版表面的水量，减少了油墨的乳化程度。

（2）酒精润湿装置　为防止酒精挥发，一般均采用封闭式润湿装置。

①酒精润湿装置的组成。如图1-5-19所示为海德堡 CD102 型机酒精润湿装置，该装置共由五个水辊组成，1表面为橡胶材料的水斗辊，2表面为镀有铬层的计量辊，3表面为橡胶材料的着水辊，4表面为有镀铝层的串水辊，5表面为尼龙材料的中间辊，6为第一根着墨辊。

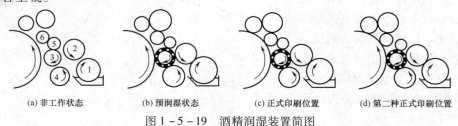

（a）非工作状态　　（b）预润湿状态　　（c）正式印刷位置　　（d）第二种正式印刷位置
图1-5-19　酒精润湿装置简图
1—水斗辊　2—计量辊　3—着水辊　4—串水辊　5—中间辊　6—第一根着墨辊

②海德堡 CD102 机酒精润湿装置的工作过程。润湿印版由预编的程序自动控制，且与纸张的输送、印刷、空转、停机等自动控制相联系，并同步进行。

水斗辊 1 直接由电机驱动，并由电子控制电路的速度补偿加以调节，再由其轴端齿轮传动计量辊 2。在水斗辊 1 和计量辊 2 之间形成极薄的润湿膜，润湿膜的薄厚由无级调节电机的速度快慢来控制。串水辊 4 由印版滚筒带动而旋转的。着水辊 3 依靠与印版的摩擦力旋转，其转速比计量辊 2 快，两者接触时使润湿膜拉长而变薄，通过着水辊或通过着水辊与第一根着墨辊给印版着水。

第一种情况：在 CP2000 系统中，选择中间辊与着水辊及着墨辊接触的方式。

非工作位置。如图 1-5-19（a）所示，计量辊 2 与着水辊 3 脱开，着水、着墨辊都与印版脱离，但中间辊 5 与着墨辊 6 及着水辊 3 是接触的（这样清洗墨辊时，润湿装置上的油墨能通过上墨装置进行清洗）。

预润湿位置。如图 1-5-19（b）所示，使计量辊 2 与着水辊 3 接触传水，中间辊 5 与着墨辊 6 接触，着水辊 3 与印版接触，开始预润湿印版和着墨辊，使润湿薄膜通过着水辊进入印版，并经中间辊使水在着墨辊上达到水墨平衡。

正式印刷位置。如图 1-5-19（c）所示，在预润湿位置（b）的基础上，着墨辊与印版着墨。由于经过了预润湿阶段，水、墨在印版上很快达到了平衡状态，在墨辊上还设有吹风杆，会使过量的润湿液挥发掉。

第二种情况：在 CP2000 系统中，选择中间辊与着墨辊不接触的方式。

非工作位置。如图 1-5-19（a）所示。

正式印刷位置。如图 1-5-19（d）所示，使计量辊 2 与着水辊 3 接触传水，中间辊 5 与着墨辊 6 脱开但与着水辊 3 接触，着水辊 3 与印版接触润湿印版。

③水量大小的调节。调节水斗辊 1 的驱动电机转速即可调节水量大小。

现在，德国、美国、日本等一些国家的平版印刷机普遍采用了酒精润湿装置。

六、非接触式润湿装置

1. 气流喷雾润湿装置

（1）工作原理 如图 1-5-20 所示为德国海德堡公司的 Speedmaster 平版印刷机气流喷雾润湿装置。水斗辊 1 由单独的直流调速电机驱动，并浸入水槽中旋转。多孔圆柱网筒 5 套有细网编织的外套并由水斗辊 1 利用摩擦带动旋转。压缩空气室 6（由风泵供气）的一侧沿轴向开有一排喷气口，将水斗辊 1 传给编织网筒 5 的水喷成雾状射到匀水辊 7 上，再由串水辊 8 经着水辊 9 向印版润湿。

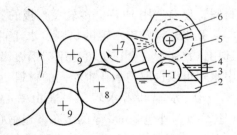

图 1-5-20 气流喷雾润湿装置
1—水斗辊（镀铬） 2—水斗
3—刮刀 4—调节螺钉
5—网筒 6—压缩空气室
7—匀水辊 8—串水辊 9—着水辊

（2）水量大小的调节 如图 1-5-20 所示，由于喷射的角度可以调整，沿水斗辊 1 轴向的一排调节螺丝 4 用来调节橡皮刮刀 3 与水斗辊 1（表面镀铬）的间隙，从而可以调节沿水斗辊轴向各区段的给水量。该装置中另设水箱，由水泵不停地给水斗 2 循环供水。整体供水量可以通过调节水斗辊转速来控制。

（3）喷雾润湿装置的特点　供水部分和着水部分不直接接触，润湿液不会倒流，能保持水斗中润湿液的清洁干净。供水量可以通过调节水斗辊转速来控制。这种装置给印版着水的均匀度效果较好。

此外，还有喷嘴润湿装置、空气刮刀润湿装置等。

2. 刷辊给水润湿装置

（1）工作原理　如图 1-5-21 所示为日本三菱胶印机的一种润湿装置。水斗辊 1 做成毛刷式辊子，直接由电机带动旋转，将水斗中的水带起，由刮板 2 将水弹向串水辊 7，其水量大小由调整螺钉 3 调节遮水板（琴键式）4 的位置来决定，并经着水辊 8 传给印版。

（2）水量大小的调节　图 1-5-21 所示的润湿装置。整体调节时调节水斗辊驱动电机的转速；局部调节时可调整遮水板的位置。因此，可以精确地控制上水量的大小。

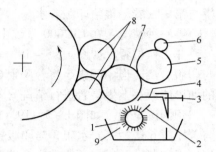

图 1-5-21　毛刷辊润湿装置
1—毛刷辊（水斗辊）　2—刮板
3—调节螺钉　4—遮水板　5—匀水辊
6—重辊　7—串水辊　8—着水辊
9—水斗

美国高斯公司的毛刷辊润湿装置。整体调节时变化水斗辊驱动电机的转速；局部调节时，与日本三菱胶印机不同的是可单独自由地调节刮板 2 与毛刷辊 1 的位置。这是由于刮板在轴上分段装配（琴键式），各段可单独调节，刮刀也可以通过电机遥控，实现自动调节供水量的大小。

七、润湿装置的材料及自动上水器

1. 润湿装置的材料

（1）国产平版印刷机及早期胶印机采用较多的材料

①水斗的材料。水斗要盛弱酸性润湿液，必须具有抗腐蚀性。因此一般采用铜合金材料，还有选用 HG-2 冷轧黄铜板的。在水斗表面常涂有防腐层，如耐酸漆、沥青等。

②水斗辊及串水辊的材料。水斗辊的材料要有较好的亲水性和较强的抗腐性，通常选用铬及铬镍合金，也可选用碳钢镀铬。镀铬水斗辊亲水性好，能较好地防止上墨现象。串水辊可以选取与水斗辊相同的材料。

③传水辊和着水辊，一般由铁心覆以胶质材料制成。目前国内多选用橡胶材料（Hs23°），外包 2 mm 厚的绒布，包绒布的作用是利用毛细管原理吸取水分。

（2）现代进口胶印机上采用较多的材料　如图 1-5-19 所示，水斗辊、着水辊为表面覆有橡胶的橡胶覆层辊；计量辊为表面镀铬的光辊；串水辊为表面镀铬的无光辊；中间辊表面为尼纶覆层辊。

2. 自动上水器

印刷机工作时，水斗中的水不断地被消耗掉，为了保持水斗中维持一定的水位，使印版得到稳定、均匀的供水，所以印刷机都配备有自动上水器。

（1）真空式自动上水器的工作原理　如图 1-5-22 所示，随着印刷的进行，水斗中的水位不断下降，当水位降到塑料管4出水口与水面离开时，由于储水箱6内的气压低于大气压力，使外面气体经出水口进入箱内使水流出。当水面高于管口时，储水箱内外气压达到平衡，水箱的水不再流出。该结构简单，但储水箱必须密封良好，否则难以控制水槽的水位高度，目前这种上水器被广泛应用在各种小型的平版胶印机上。

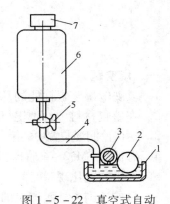

图1-5-22　真空式自动
上水器

1—水斗　2—水斗辊　3—拉轴
4—塑料管　5—旋塞　6—储水箱
7—密封盖

此外，还有水泵式上水器、风动式上水器等。

（2）酒精润湿液集中循环控制系统

①保持水斗中液面高度不变。如图1-5-23所示，水斗辊1浸在水斗2的润湿液中，印刷时所消耗的水量使液面低于润湿液，由水泵7经出水管9将储水箱12中的水打入水斗里。水斗的水面超过回水管3的溢口时，则流回储水箱12中。当储水箱的水面被消耗到最低位时，储水箱上的绿色灯熄灭，以示添加润湿液。感应器1只感应水斗2润湿液的有无，并不控制润湿液的高度。

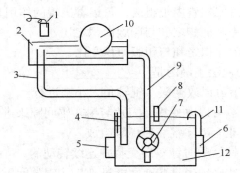

图1-5-23　酒精润湿液集中控制系统
1—润湿液有无感应器　2—水斗　3—回水管　4—温度感应器
5—冷冻机　6—酒精　7—水泵　8—酒精浓度感应器（液体密度计）
9—出水管　10—水斗辊　11—橡胶管　12—储水箱

②保持酒精的浓度不变。系统中的酒精百分比自动补偿装置是将一液体密度计8置于润湿液中漂浮，只要润湿液中酒精的含量发生变化，促使密度计上下移动，当小到调定的百分比值时，会自动从酒精容器6中把酒精抽到储水箱中，一直补充到所设定的百分比时为止。设置酒精百分比，一般在12.5%。

系统中的冷却器一般由温度感应器4、冷冻机5（或热交换器或一组吸热管）组成，起到控制水温的作用，温度一般设定在10℃。控制水温的目的是防止酒精挥发。

③稳定润湿液中的pH。有些机器中装有pH稳定装置，"pH测定电极"置于润湿液中，当润湿液中pH增大时，将触动pH调整剂开关，添加调整液，直到水槽中润湿液的pH达到所要求的值。一般pH控制在5~6。

但有些机器没有装pH稳定装置，靠人工检验并往水箱中添加调整剂控制润版液的成分比例来保证pH。

练习与测试 5

一、填空题

1. 反映输墨装置性能的几个主要指标是＿＿＿＿＿＿＿＿＿＿＿＿＿＿＿＿＿＿＿＿＿。

2. 在墨辊材料中，硬辊材料为＿＿＿＿＿＿或＿＿＿＿＿＿，软质墨辊材料为＿＿＿＿＿＿。

3. 达格伦润湿装置中的第一着墨辊担负着＿＿＿＿＿＿＿＿＿＿和＿＿＿＿＿＿双重任务。

4. 海德堡 SM52 - 4 胶印机输水装置中，软质辊有＿＿＿＿和＿＿＿＿。

5. 油墨的乳化现象是指＿＿＿＿＿＿＿＿＿＿＿＿＿＿＿＿＿＿＿＿＿＿＿＿＿。

6. 目前，国内外胶印机的润湿装置大体上分为两类，即＿＿＿＿＿＿＿＿＿＿＿＿＿。

7. 胶印机应用油墨和水＿＿＿＿＿＿＿＿＿＿＿＿＿＿＿＿＿＿＿＿＿＿＿的原理。

二、选择题（含单选和多选）

1. 关于下列说法正确的是＿＿＿＿＿＿＿＿＿。
    A. 供墨部分只有墨斗辊
    B. 匀墨部分主要由串墨辊、匀墨辊和重辊三种辊组成
    C. 着墨部分一般由四根着墨辊组成，每根着墨辊的作用是一样的
    D. 匀墨系数是匀墨辊面积之和与印版面积之比
    E. 着墨率是着墨辊面积之和与印版面积之比

2. 关于 J4104 机下列说法正确的是＿＿＿＿＿＿＿＿＿。
    A. 出墨量大小调节可以改变墨斗辊转角大小来进行
    B. 出墨量大小调节可以改变墨斗刀片与墨斗辊间隙来进行
    C. 供墨部分由墨斗、墨斗辊、传墨辊组成
    D. 墨斗辊是逆时针、顺时针双向交替并连续转动的
    E. 串墨辊上的转速必须经过减速才能推动墨斗辊的间歇转动

3. 关于 SM52 - 4 胶印机机下列说法正确的是＿＿＿＿＿＿＿＿＿。
    A. 出墨量大小调节可以改变墨斗辊转角大小来进行
    B. 出墨量大小调节可以改变墨斗刀片与墨斗辊间隙来进行
    C. 供墨部分由墨斗、墨斗辊、传墨辊组成
    D. 墨斗辊是逆时针、顺时针双向交替并连续转动的
    E. 串墨辊上的转速必须经过减速才能推动墨斗辊的间歇转动

4. 下列说法正确的是＿＿＿＿＿＿＿＿＿。
    A. 串墨辊一般有一根上串墨辊、一根中串墨辊和两根下串墨辊
    B. 串墨辊靠齿轮带动旋转，而匀墨部分其他辊子靠摩擦带动旋转
    C. 串墨辊能轴向串动，而匀墨部分其他辊子仅有靠摩擦带动的旋转运动
    D. 着墨辊给印版着墨与离墨既能自动控制又能手动操作
    E. 四根着墨辊与印版的压力是否合适，可以通过观察着墨辊在印版上的油墨压痕宽度，一般从第一根到最后一根在印版上压痕分别为：5、5、4、3

5. 关于润湿装置，下列说法正确的是＿＿＿＿＿＿＿＿＿。
    A. 接触式润湿装置可分为连续式、间歇式和酒精润湿装置三种

B. 非接触式润式装置可分为刷辊给水式和喷水给水润湿装置

C. SM52－4胶印机的着水辊表面需要包一层绒布套

D. SM52－4胶印机没有传水辊

E. 水斗的材料最好为塑料

6. 各根着墨辊对印版滚筒的压力应为_____。

A. 相同　　　　　　　　　　　　B. 前两根压力大，后两根压力小

C. 前两根压力小，后两根压力大　D. 各根压力大小均不相同

7. 着墨部分的作用是_____。

A. 将油墨传给匀墨辊　　　　　　B. 将油墨涂敷在印版上

C. 将油墨变成薄而匀的膜层　　　D. 储存油墨

8. 串水辊为了达到匀水目的，它具有_____。

A. 旋转运动　　　B. 摆动　　　C. 轴向串动　D. 间歇运动

E. 偏心转动

9. 墨辊之间产生必要的压力是保持_____的需要。

A. 正常的摩擦传动　　　　　　　B. 齿轮传动

C. 碾匀油墨　　　　　　　　　　D. 传墨辊摆动

E. 轴向移动

10. 传墨辊的旋转运动是通过_____带动的。

A. 墨斗辊的摩擦　　　　　　　　B. 墨斗辊的齿轮

C. 串墨辊的摩擦　　　　　　　　D. 串墨辊的齿轮

E. 墨斗辊的链轮

11. 选择软质墨辊材料时，硬度不能过高，否则将造成_____现象。

A. 墨色不匀　　　　　　　　　　B. 网点不清晰

C. 耐热性差　　　　　　　　　　D. 易造成墨杠

E. 对油的亲和力差

12. 输墨装置中墨辊的排列应为_____。

A. 软硬相间　　　B. 先软后硬　　C. 先硬后软　D. 任意安排

13. 刷辊给水润湿装置具有_____特点。

A. 连续给水　　　B. 间歇给水　　C. 给水均匀　D. 能够控制水量

E. 水液不会倒流

14. 任何润湿装置组成中都有_____。

A. 水斗辊　　B. 传水辊　　　C. 串水辊　　D. 重辊　E. 着水辊

15. 传墨辊在摆动时与_____相接触。

A. 墨斗辊　　B. 串墨辊　　　C. 匀墨辊　　D. 重辊　E. 着墨辊

16. 胶印机串水辊的作用是_____。

A. 提供润湿液　　　　　　　　　B. 均匀润湿液

C. 给印版着水　　　　　　　　　D. 调节润湿量

17. 在达格伦润湿装置中，着墨辊担负着_____作用。

A. 着水　　B. 匀水　　　C. 着墨　　　D. 匀墨　E. 断水

三、判断题

（　　）1. 输墨装置由供墨部分、匀墨部分和着墨部分三部分组成。

（　　）2. 储墨系数越大，自动调节墨量的性能越好，难以保证一批印品墨色深浅一致。

（　　）3. 匀墨系数越大，则匀墨性能越好，所以可以无限增大匀墨部分墨辊直径来增大匀墨系数。

（　　）4. 所有单色机的墨辊数量应该一样多。

（　　）5. 墨辊排列是软硬相间排列的。串墨辊、墨斗辊、重辊是硬的，其余是软的。

（　　）6. 墨辊排列都是以串墨辊为中心的三级排列形式。

（　　）7. 自动上水器主要为真空式、水泵式、风动式和酒精润湿液集中循环控制系统。

（　　）8. 在水中加适量的酒精可增大水的表面张力，从而与固体表面接触面积大，润湿效果越好。

（　　）9. 任何胶印机都是先经过水辊上水，后经过墨辊上墨。

（　　）10. 在 J4104 胶印机上传水辊、着水辊上套上绒布套的原因是由于水具有毛细管作用，有利于水的传递。

（　　）11. 酒精润湿液集中循环控制系统酒精的浓度一般设定为 12.5%，温度设定一般为 10℃。润湿液的 pH 为 5~6。

（　　）12. 为了使各水辊接触良好安排时要使软辊与硬辊相间排列。

四、简答题

如图 1-5-8 所示为海德堡墨斗简图，试说明局部与整体出墨量大小调节的工作原理。

项目六　印刷装置的调节与操作

背景：印刷装置是印刷机的核心，主要解决印刷色数及单双面印刷、滚筒结构、滚筒的离合压与压力调节等问题。变换滚筒的排列形式就可实现印刷色数及单或双面印刷；根据滚筒的功能不同设置相应的机构，印版滚筒有印版装卡和套准调节机构，橡皮滚筒有橡皮布装卡机构，压印滚筒和传纸滚筒有咬牙机构；为了实现滚筒的离合压和压力调节，滚筒上安装有调压机构何离合压机构。同一功能机构有不同的类型，如离合压机构有三点悬浮式和偏心轴承式。

应知：滚筒体的基本结构、压印滚筒咬牙分类及工作原理、离合压执行机构、离合压传动机构的工作原理、橡皮滚筒和压印滚筒清洗装置、滚筒包衬的材料和作用、滚筒包衬的术语、滚筒包衬的计算、借滚筒机构、印版滚筒周向和轴向位置调节机构的原理。

应会：印刷压力检测与调节、印版及橡皮布的拆装。

任务一 能力训练

一、印刷压力检测与调节

1. 任务解读

目前，胶印机滚筒包衬按其材料软硬程度，基本可划分为软包衬、中性包衬和硬包衬三类，国产胶印机属软包衬，进口胶印机属中性包衬，而商业表格印刷机由于橡皮布直接粘贴在滚筒表面，橡皮布下无衬纸属硬包衬。它们所需的印刷压力分别为 0.2～0.25 mm、0.05～0.15 mm（常取0.1）、0.04～0.08 mm，以上参数值是印刷压力调节的基本依据。

改变滚筒中心距调节印刷压力（包衬不变）。以 J4104 机为例：

已知：滚筒体尺寸为：P：ϕ 249.2   B：ϕ 243.5   I：ϕ 250

滚枕尺寸为：P：ϕ 249.8   B：ϕ 249.7   I：ϕ 249.4

橡皮布及其衬垫总厚为 3.25 mm（橡皮布＋呢子＋衬纸），印版及其衬垫总厚为0.65 mm（印版＋衬纸）印刷纸张厚度为0.1 mm。

（1）计算印版滚筒与橡皮滚筒的肩铁间隙

中心距 ＝（249.2＋243.5）／2 ＋3.25＋0.65－0.2 ＝250.05（mm）

滚枕间隙＝250.05－（249.8＋249.7）／2＝0.3（mm）

（2）用同样的办法计算得到，橡皮滚筒和压印滚筒的肩铁间隙为0.35 mm。

印刷压力调节时，直接能方便测量的是滚枕间隙，所以压力调节实际上是调节滚枕间隙。

2. 设备、材料及工具准备

（1）设备 国产单色或多色胶印机3台。

（2）材料 塞规、保险丝、少量黄油。

（3）工具 钳子1把、螺旋测微器（千分尺）、拨棍（盘车用）、专用扳手等操作工具1套。

3. 课堂组织

分组，4人一组，实行组长负责制；每人领取一份实训报告，调节结束时，教师根据学生调节过程及走纸效果进行点评；现场按评分标准在报告单上评分。如机器数量有限，可由教师一边示范调节一边讲解。

4. 调节步骤

原则：先调橡皮滚筒与压印滚筒之间压力，再调橡皮滚筒与印版之间压力。

第一步：在停机状态下机器合压。

第二步：（粗调）用0.35mm厚的塞规（厚、薄规）塞入两滚枕之间，调节使松紧适宜。

第三步：抽出塞规，在两滚枕之间插入保险丝，点动或盘车进行挤压。

第四步：（精调）取出保险丝，用螺旋测微器（千分尺）测量保险丝厚度是否为0.35 mm。

第五步：如有偏差，反复重新调节，直到准确。

注意：用同样的方法可调节橡皮滚筒和压印滚筒之间的压力。

二、印版及橡皮布的拆装

1．任务解读

印版的拆装包括手动装版和自动装版，橡皮布拆装包括橡皮布的更换。

2．设备、材料及工具准备

（1）设备 单色或多色胶印机3台。

（2）材料 印版、橡皮布、橡皮布夹。

（3）工具 扳手等操作工具1套。

3．课堂组织

分组，2人一组，实行组长负责制；每人领取一份实训报告，调节结束时，教师根据学生调节过程及走纸效果进行点评；现场按评分标准在报告单上评分。如机器数量有限，可由教师一边示范调节一边讲解。

4．调节步骤

（1）手动印版的装拆（如图1-6-1所示）

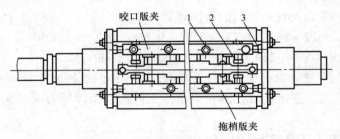

图1-6-1 印版滚筒装版机构图

1—版夹螺钉 2—周向拉版螺钉 3—轴向拉版螺钉

①装版：（先装咬口）

a. 调整上下版夹位置。咬口版夹放松，退回2mm左右，拖梢版夹退到底靠住滚筒体。左右居中两端标尺一致。

b. 将印版咬口插进咬口版夹并夹紧。

c. 把衬垫纸的咬口端小心插入滚筒与印版之间，正点车至印版拖梢处停。

d. 将印版拖梢边杆入拖梢版夹，并夹紧。

e. 漫漫旋转拖梢版夹螺钉2，使印版拉紧。

f. 然后再转至上版夹处，用同样方法拉紧（注意转扳手的力的大小去感觉是否已拉紧）。

②拆版（从咬口边入手）

a. 松开咬口夹版，将印版从版夹中取出。

b. 手拉印版和衬垫纸边，顺转机器至拖梢处。

c. 将印版从拖梢版夹中取出。

（2）自动装版机构的装拆（如图1-6-2所示）

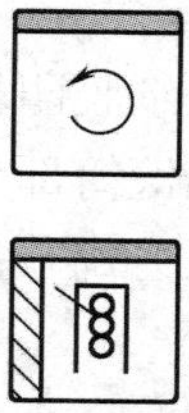

①按动操作侧上的"定位"按钮1，印版滚筒转到换版位。

②按装版按钮2，版夹自动打开。

③将印版咬口边插入印版版夹中。

④按动按钮2，咬口版夹夹紧印版。

⑤按动按钮1，印刷机自动低速旋转至印版拖梢处。

⑥待印版拖梢自动被压辊推入版尾版夹，装版完成。

图1-6-2 拆装印版键
1—定位按钮 2—夹紧按钮

（3）更换橡皮布

①对新橡皮布载切时，要注意橡皮布丝缕方向。橡皮布背面用标号（一根红线或绿线或一圆型图章的箭头）来表示橡皮布径向（直丝）。

②手拉橡皮布，变形小的为径向，变形大的为纬向（横丝）。裁剪时，必须把径向作为橡皮滚筒的周向，因为这样对橡皮布的伸张率、坚固性和使用寿命更有利些。

③裁剪橡皮布：在橡皮布背面画好尺寸进行裁切。

④冲定位孔眼：把橡皮布咬口和拖梢侧重叠对齐，以铁版夹为样板，用铅笔尖按版夹上的螺孔画卷，用冲头从中央开始向两端按顺序冲孔。注意：自动装版机构不需此步。

⑤装铁版夹：从中间的两边逐个拧紧螺钉，每个螺钉凭手感使松紧程度要相同。有些机型采用铝板条夹固。

（4）安装橡皮布

①咬口侧卷入沟槽里（注意哪头是咬口，哪头是拖梢处）。

②装衬垫，将衬垫压在橡皮布下折边20~30 mm，一边用于按，一边缓慢地正转机器。

③待转至拖梢处使橡皮布拖梢版夹装入拉紧轴槽内，再转四方杆，拉紧橡皮布。

④再转至咬口处，转动四方杆进一步拉紧。

⑤使机器合压低速空转1 min后。离压停机后。再次转动四方杆进一步张紧橡皮布。

注意：海德堡机器，装橡皮布时要用小撬棒专用工具检查，以防没装好。

（5）橡皮布的拆除（从拖梢边入手）

①转至拖梢处。用铅笔在橡皮布和滚枕上画一直线记号，作为重新装此橡皮布时的参考，达前后张力一致。

②转动四方杆头松开橡皮布，把橡皮布版夹从槽中取出。

③倒转至咬口，将橡皮布及衬垫一起取出。

任务二　知识拓展

一、印刷装置的作用及组成

1. 作用

印刷装置是印刷机的主要组成部分，是直接完成图像转移的职能部分。因此，它是胶印机的核心部件。只有结构合理、调节得当、处于良好工作状态的印刷部件，才能印出高质量的印品。

2．组成

单张纸胶印机的印刷装置由印版滚筒、橡皮滚筒、压印滚筒及相关辅助装置组成。另外，在滚筒部件上，还有印版的装卡机构、橡皮布夹紧机构、咬纸牙安装与调节机构、滚筒间压力调节机构等。

二、滚筒的排列形式及特点

1．单面胶印机

（1）三滚筒型胶印机

①排列的形式。三滚筒型胶印机是指完成一色印刷需由印版滚筒、橡皮滚筒和压印滚筒三个滚筒完成，构成一个机组。三滚筒型的多色胶印机采用机组串联的方式，机组之间用传纸滚筒传纸。图 1－6－3 所示为几种三滚筒型的多色平版印刷机的滚筒排列形式。

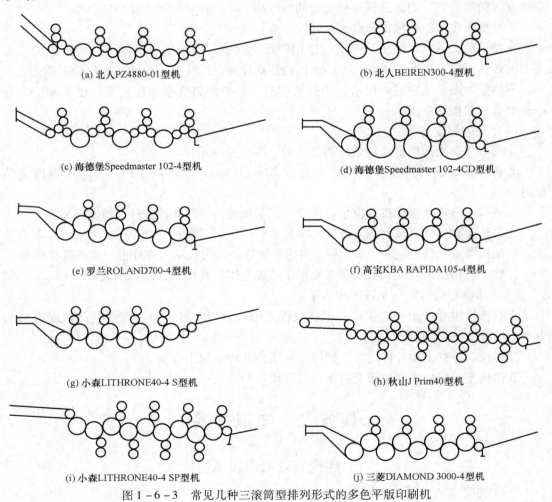

(a) 北人PZ4880-01型机 　　(b) 北人BEIREN300-4型机

(c) 海德堡Speedmaster 102-4型机 　　(d) 海德堡Speedmaster 102-4CD型机

(e) 罗兰ROLAND700-4型机 　　(f) 高宝KBA RAPIDA105-4型机

(g) 小森LITHRONE40-4 S型机 　　(h) 秋山J Prim40型机

(i) 小森LITHRONE40-4 SP型机 　　(j) 三菱DIAMOND 3000-4型机

图 1－6－3　常见几种三滚筒型排列形式的多色平版印刷机

②排列的特点。图中（a）、（c）、（h）为三滚筒直径相等型，其余为双倍径压印滚筒。采用双倍径压印滚筒具有以下特点：橡皮布滚筒和压印滚筒之间压印线接触宽度较

大，有利于油墨转移；在机组之间只需一个传纸滚筒传纸。

（2）五滚筒型胶印机 如图1-6-4所示为罗兰某机型及北人J2203型和J2205型双色胶印机印刷滚筒的排列形式。印刷机组中有一个公共压印滚筒，另配两个色组的印版滚筒和橡皮布滚筒，这样一个印刷机组就由五个印刷滚筒组成，构成一个单面双色平版印刷机，这样的印刷机被称为五滚筒印刷机，或称为半卫星型平版印刷机。由两个或多个这种印刷机组就可构成四色印刷机或六色、八色等平版印刷机。

（3）卫星型平版印刷机 如图1-6-5所示为海德堡DI46-4型机（也称数字印刷机或无水胶印机）的印刷滚筒排列形式。一个压印滚筒圆周上分布四个色组，构成四色印刷机，压印滚筒的直径是印版滚筒和橡皮布滚筒的四倍，有四个压印面和四组咬牙排。咬牙咬住纸张后连续完成四色印刷，套印准确。一般我们把在压印滚筒上分布四个或四个以上印刷色组的橡皮布滚筒和印版滚筒的印刷机称为卫星式胶印机。通常这种印刷滚筒排列一般用于卷筒纸平版印刷机，单张纸平版胶印机较少采用。目前单张纸平版印刷机印刷滚筒排列朝着三滚筒排列形式方向发展。

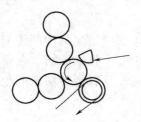

图1-6-4 五滚筒型排列的双色印刷机

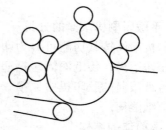

图1-6-5 卫星式印刷机滚筒排列图

2. 双面印刷机

（1）B-B型印刷机 如图1-6-6所示，没有专用的压印滚筒，两个橡皮布滚筒互为另一色组的压印滚筒，印张经过对滚的两个橡皮布滚筒，正反两面同时完成印刷。由于两个橡皮布滚筒互相对压，所以简称B-B型机。在上橡皮滚筒上装有咬牙，由于一次完成双面印刷，正反面套印准确，效率高，适用于书刊、报纸印刷和商业印刷。

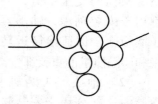

图1-6-6 B-B型单张纸双面平版印刷机滚筒排列图

这类印刷滚筒排列形式，通常以四滚筒型的形式用于卷筒纸平版印刷机。

（2）机组式可翻转双面胶印机 如图1-6-7所示为海德堡Speedmaster 102-4型机的纸张翻转机构，是钳式三滚筒翻转装置。可使纸张翻转而实现双面印刷，当然也可单面印刷。

①实现单面印刷。如图1-6-7（a）所示，传纸滚筒1的咬牙从前一机组的压印滚筒上接过纸张，传给储纸滚筒2，然后由储纸滚筒2把印张交给翻纸滚筒3的钳式咬牙，再由钳式咬牙将印张传给下一机组的压印滚筒，进行下一色印刷。

②变换成双面印刷。如图1-6-7（b）所示，从前一色组压印滚筒1到储纸滚筒2的传纸过程与单面印刷相同。但当储纸滚筒2咬着纸旋转到纸张的拖梢与翻纸滚筒相切位

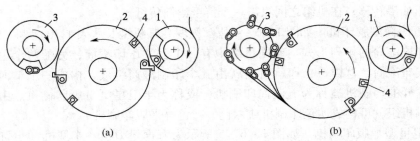

图 1-6-7　钳式咬牙三滚筒翻转装置示意图
1—传纸滚筒　2—储纸滚筒　3—翻纸滚筒　4—吸嘴

置时，一排吸气嘴 4 已吸住纸尾向后和向两侧绷平纸张，翻纸滚筒 3 的钳形咬牙咬住纸张的拖梢，这时储纸滚筒 2 的咬牙及吸嘴放开纸张，把纸张交给翻纸滚筒 3，然后翻纸滚筒 3 上的钳形咬牙逐渐旋转 180°，从而使纸张翻转。

三、滚筒的基本结构

1．平版印刷机滚筒的分类

胶印机滚筒按其功能可分为印刷滚筒和传纸滚筒。而印刷滚筒包括印版滚筒、橡皮滚筒、压印滚筒；传纸滚筒包括递纸滚筒、机组间的传纸滚筒、收纸滚筒。在带翻转装置的三传纸滚筒的胶印机中，第二个传纸滚筒也称储纸滚筒，具有翻转功能的小传纸滚筒也称翻纸滚筒。

2．滚筒体的结构

如图 1-6-8 所示

（1）轴径　3 为轴颈，它是滚筒的支承部分，一般都用于安装轴承，轴承再装于墙板上，保证滚筒运转平稳和印品质量的重要部位。

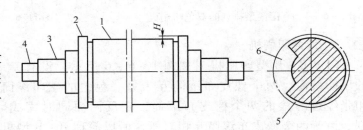

图 1-6-8　滚筒的基本结构示意图
1—滚筒体　2—肩铁（滚枕）　3—轴颈
4—轴头　5—工作面　6—空挡

（2）轴头　4 为轴头，滚筒的该部分用于安装转动齿轮或凸轮，使滚筒得到动力，因此上述两个部位加工精度要求高。

（3）肩铁　2 为肩铁，设置在滚筒两侧，也叫滚枕或叫炮边。其作用一是作为安装调节滚筒的基准；二是作为调节滚筒包衬的基准；三是可以增加印刷机运转的平稳性。通常滚枕的直径和滚筒齿轮的分度圆直径一样（压印滚筒的滚枕略小些）。材料要求耐磨，一般选 40 Cr。

（4）滚筒体　1 为滚筒体，它是直接承担印刷的部位，滚筒体分为：空挡部位和工作面（也称有效表面）。空挡部位根据不同的滚筒用于安装咬纸牙排机构、拉紧橡皮布机构、装卡印版机构。有效表面是用于印刷的部位或支撑承印物。滚筒体的材料一般选用铸铁制造而成。一般铸铁型号为 HT250。

3．滚筒齿轮

（1）齿轮精度　印刷滚筒转印图文是靠齿轮带动旋转的，所以印刷滚筒传动齿轮精度是印刷品质量高低的关键条件，目前胶印机的齿轮精度等级采用 6 - 5 - 5EH，其中：6 表示第Ⅰ公差组的精度等级，即传递运动的准确性；5 表示第Ⅱ公差组的精度等级，即传动的平稳性；5 表示第Ⅲ公差组的精度等级，即载荷分布的均匀性；E 表示齿轮齿厚上偏差；H 表示齿轮齿厚下偏差。上述各精度的偏差均可在有关手册中直接查出。

（2）齿轮的压力角　所谓齿轮的压力角是指齿轮齿廓上任意一点的受力方向和运动方向之间所夹的锐角。通常齿轮的压力角是指齿轮分度圆上的压力角。我国规定标准压力角是 20°，而印刷机滚筒的传动齿轮大多采用 14.5°（进口机）或 15°（国产机）的压力角，是非标准压力角。这是为了增加齿轮传动的重叠系数提高印刷机传动的平稳性，减小齿侧间隙，降低动力消耗及提高印刷品质量。但加工制造成本增加。

（3）齿轮材料及热处理　海德堡、罗兰、意大利等国家生产的滚筒齿轮采用合金耐磨铸铁（HT187 - 228），日本小森机采用球墨铸铁。目前国内生产的滚筒齿轮多采用40Cr 合金钢材料，齿面经淬火处理，使齿面硬度达到 HRC55 ~ 62，从而保持了滚筒齿轮的高精度，提高了齿轮的使用寿命，可达 20 年左右。

四、印版滚筒

印版滚筒结构必须解决两个问题：第一，印版的装卡；第二，印版位置的调整。

1．印版装卡机构

印版装卡机构作用是安装印版。大致有三种类型，即固定式版夹机构、快速版夹机构和自动装版机构。由于固定式版夹机构现在基本上不太使用，故这里只介绍后两种。

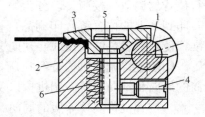

图 1 - 6 - 9　快速版夹机构
1—缺口轴　2—下版夹　3—上版夹
4—紧定螺钉　5—球头螺钉
6—撑簧

（1）快速版夹机构　如图 1 - 6 - 9 所示，将印版插入下版夹 2 和上版夹 3 中间，用拨辊转动缺口轴 1 到图示位置，缺口轴的圆周面顶起上版夹 3 的尾部，由于球头螺钉 5 的作用，上版夹绕球头螺钉 5 转动，使前端钳口部分把印版夹紧。

卸下印版时，只要把缺口轴的平面部位转到与版夹3 尾部相对应的位置，此时由于撑簧 6 的作用，上版夹 3 会自动绕球头螺钉 5 转动而松开印版。

如果印版厚度发生变化，需要改变版夹的夹力时，先松开紧定螺丝 4，然后用螺钉 5 进行调节。调好后，应锁紧紧定螺钉。

（2）自动装版机构　如图1 - 6 - 10所示。

首先，夹紧印版咬口边。上版夹 5 固定在印版滚筒上，下版夹 4 是由气缸 3 控制支杆 2 而上下移动的。汽缸 3 加压时控制支杆 2 下移而压缩弹簧 1，下版夹 4 也下移，这样上下版夹就打开一个间隙 X，可以插入印版咬口边。然后，气缸 3 卸压，依靠弹簧 1 的弹力使下版夹上移将印版夹紧。

其次，夹紧印版拖梢边。气缸10加压（箭头方向），下版夹8绕支点 A 逆时针转动，压缩弹簧9。由于上下版夹依靠扇形齿轮相啮合，所以上版夹7绕 B 支点顺时针转动而压缩弹簧6，使上版夹7和下版夹8之间张开一个间隙 Y，将印版拖梢边插入间隙中。然后，气缸卸压，上版夹7和下版夹8分别在弹簧6、9的弹簧力作用下，夹紧印版拖梢边。

随后，张紧印版。由于汽缸10已卸压，整个拖梢边版夹在弹簧9的弹簧力作用下，绕 A 支点顺时针转动，使印版被张紧在印版滚筒上。

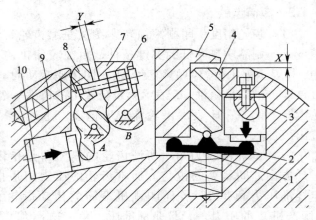

图1－6－10　自动装版机构

1、6、9—压缩弹簧　2—支杆　3、10—汽缸
4—下版夹　5—咬口上版夹　7—拖梢上版夹
8—拖梢下版夹　X—咬口张开间隙
Y—拖梢张开间隙

注意：装印版时先装咬口，拆印版时先拆拖梢。

2. 印版位置调整机构

印版位置的调整，俗称校版，目的是使滚筒上所装印版，能够根据套印的要求而进行位置的调节。校版又区分为第一色校版和多色套印校版。第一色校版的目的是使图文转印到纸上的位置符合印刷品规格、工艺设计要求。而多色套印校版是以第一色印迹为准，使其他各色的规矩线必须同这一色的规矩线重叠，达到图文套印准确。

印版位置调整机构分为拉版机构、印版滚筒周向位置调节机构、多色机各个印版滚筒的周向和轴向位置微调机构以及斜向微调机构。

①拉版机构实现印版的周向、轴向及斜向拉版（串版）。如图1－6－1所示的快速版夹结构，周向拉版时，松开拖梢版夹螺钉2，再旋紧咬口版夹螺钉2，使印版向咬口方向移动，印张的咬口就减少，俗称"拉低"；反之，松开咬口版夹螺钉2，再旋紧拖梢版夹螺钉2，使印版向拖梢方向移动，印张的咬口就增加，俗称"拉高"。

轴向拉版时，首先放松咬口和拖梢版夹的螺钉2，松开咬口和拖梢版夹左端螺钉3，再旋转右端螺钉3，由于滚枕挡住了螺钉3，迫使版夹带着印版向左端移动；反之，

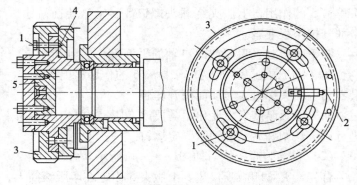

图1－6－11　印版滚筒周向位置调节（借滚筒）机构

1—螺钉　2—刻度尺　3—齿轮　4—齿轮座　5—滚筒轴

迫使版夹带着印版向右端移动，实现轴向拉版。

斜向拉版时，可以通过调节版夹左端或右端螺钉 2，实现印版的斜向拉版。斜向拉版也称串版工艺。

印版位置的调节量可在"前后"刻度和"左右"刻度上读出。

②印版滚筒周向位置粗调机构（借滚筒机构）。印版滚筒周向位置粗调俗称借滚筒，就是通过改变印版滚筒传动齿轮与印版滚筒的连接位置，使印张上咬口位置改变。适合于制版过程处理不当而造成咬口尺寸过大误差的情况。

如图 1-6-11 所示为 J2108 型机印版滚筒周向位置调节机构。印版滚筒齿轮 3 通过四只螺钉 1 和齿轮座 4 相固定，齿轮座 4 又和滚筒轴 5 固定在一起。因齿轮 3 上的螺孔为长槽形孔，若松开四个螺钉 1，用人工盘动或点动机器，就可以改变齿轮与滚筒的相对周向位置，改变的数值可从固定在齿轮上的刻度尺 2 读出。由于印版滚筒齿轮与橡皮布滚筒齿轮的啮合关系没有改变，所以刻度值的变化，反映了借动量的大小。

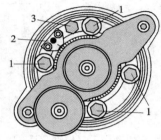

图 1-6-12 借滚筒机构
1—锁紧螺钉 2—刻度尺
3—调节螺钉

如图 1-6-12 为海德堡胶印机的借滚筒机构。借滚筒时先松开四个锁紧螺钉 1，用内六角套筒扳手转动调节螺钉 3，使滚筒轴转动一个位置，调节量可从刻度尺 2 上读出。

③印版滚筒周向和轴向位置的微调机构。如果印张两边规线的误差一致且误差较少，在全自动的印刷机上，周向和轴向套准是通过步进电机带动印版滚筒周向和轴向位置微调机构，使印版滚筒的周向和轴向位置得到调整。

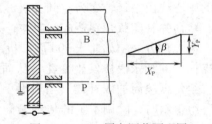

图 1-6-13 周向调节原理图
X_P、Y_P—印版滚筒齿轮轴向和周向移动量

周向位置的调节。如图 1-6-13 所示。可通过拉动印版滚筒齿轮作轴向移动来调节。即利用斜齿轮的螺旋角 β 作用，必定使印版滚筒齿轮转过一定的角度，从而带动印版滚筒转过一定角度，实现印版、橡皮两滚筒的微量相对转动，完成周向微量调节。印版滚筒齿轮在圆周方向相对于橡皮滚筒转动的弧长：$Y_p = X_p \cdot \tan\beta$。式中：$X_p$ 为印版滚筒齿轮轴向移动量，β 为斜齿轮的螺旋角。图 1-6-14 所示为典型 PZ4880 型印版滚筒周向和轴向位置的微调机构原理图，周向微调时使电机 2 旋转，通过齿轮 3 带动双连螺纹齿轮 4 旋转，由于其外螺纹与机架内螺纹相旋合，迫使 4 在周向旋转的同时也做轴向移动，通过环槽 6 带动齿轮 5 轴向移动，由于印版滚筒齿轮 5 和橡皮滚筒齿轮 7 均为斜齿轮，齿轮 5 在轴向移动时，相对于橡皮滚筒齿轮周向旋转了一个角度，齿轮 5 通过印版滚筒弯轴带动印版滚筒也旋转同样的角度，即实现了周向微调。

轴向位置的调节。调节时，使电机 13 旋转，通过齿轮 12 带动双连螺纹齿轮 10 旋转，由于其外螺纹与机架内螺纹相旋合，迫使齿轮 10 在周向旋转的同时也做轴向移动，通过印版滚筒轴上的挡环，带动印版滚筒轴向移动，而使印版滚筒轴向位置得到调节。

④斜向微调机构。斜向微调机构也称对角线微调机构。

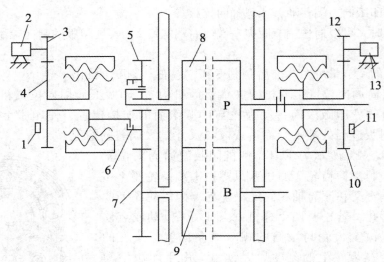

图 1 - 6 - 14　周向和轴向位置微调

1、11—电位器　2、13—周向和轴向调节电机　3、12—齿轮　4、10—双连螺纹齿轮
5—印版滚筒齿轮　6—环槽　7—橡皮滚筒齿轮　8—印版滚筒　9—橡皮滚筒

第一种方法：如海德堡胶印机的斜向微调机构，是在印版滚筒轴端安装了另一个伺服电机及其传动机构，当需要调整时电机旋转，带动印版滚筒运动使其中心线与橡皮滚筒的中心线由平行转变为空间交叉，从而印版与橡皮布轴向上各点在周向的相对位移不等，从而弥补印版歪斜造成的误差，并由此实现斜向套准。

第二种方法：如北人 300 胶印机的斜向微调机构，是将传纸滚筒轴线调斜，使传动侧与操作侧的纸张快慢发生变化，从而弥补印版歪斜造成的误差。当第一组歪斜时，须调第二组传纸滚筒加以补偿。当最后一组歪斜时，仅调最后一组的传纸滚筒补偿。当中间任一组歪斜时，除调本组的传纸滚筒补偿外，还须调整其次组的传纸滚筒进行反向校正补偿（即歪斜复位），最大调整量 < ±0.17 mm。

采用这些方法，由于两滚筒不平行对印版滚筒轴承是极为不利的，因此这种方法调节范围只能 ≤ ±0.2 mm。

五、橡皮布滚筒

橡皮布滚筒的基本结构就是要满足可靠、方便地装拆橡皮布的需求。安装橡皮布需要两个步骤，首先是安装橡皮布，其次把橡皮布张紧在滚筒表面。

1. 橡皮布的安装

橡皮布安装时先装咬口，后装拖梢。拆卸时，先拆拖梢，后拆咬口。

如图 1 - 6 - 15（a）所示，橡皮布咬口和拖梢的上下夹板 1 和 2 上设有齿牙，拧紧固定螺钉 3 时，上下夹板把橡皮布夹紧。橡皮布安装时，先松开卡板 4，使夹板 1 上的凸出面嵌入张紧轴 5 的凹槽内，并把橡皮布夹板用力压向张紧轴 5 的配合平面，卡板 4 在压簧 6 的作用下自动钩住夹板 1。卸下橡皮布时，则只要推开卡板 4，即可取出夹板。滚筒咬口部分的压簧 7 和夹板 8 是纸张等衬垫材料的夹紧装置。

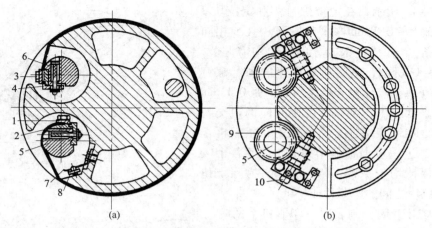

图 1 - 6 - 15　单张纸平版印刷机橡皮布装卡及张紧机构

1—上下夹板　2—橡皮布　3—固定螺钉　4—卡板　5—张紧轴　6、7—压簧

8—夹板　9—蜗轮　10—蜗杆

2．橡皮布的张紧

先张紧拖梢，再张紧咬口。

橡皮布滚筒体右端面（靠操作面一边）上有张紧机构如图 1 - 6 - 15（b）所示，张紧轴 5 上装有蜗轮 9 蜗杆 10，蜗杆轴的轴端为方头，通过专用套筒扳手可以转动蜗杆，使张紧轴 5 转动，从而张紧或松开橡皮布。

六、压印滚筒

压印滚筒是带纸印刷的，其上必须有咬牙机构；同时，也要有控制咬牙张开与闭合的咬牙开闭控制装置。

（1）滚筒咬牙结构

①滚筒咬牙的分类。根据产生咬力的方式可分为弹簧加压式咬牙和凸轮加压式咬牙。

②压印滚筒咬牙的结构。如图 1 - 6 - 16 所示为某单张纸平版印刷机压印滚筒咬牙结构，由牙片 1、牙体 2、牙座 3、压簧 4 以及螺钉等组成。牙体 2 活套在咬纸牙轴 5 上，牙片 1 通过螺钉 6 和 7 与牙体 2 固定，松开这两个螺钉，可以调节牙片的前后位置。而牙座 3 用螺钉 11 紧固在咬牙轴上，当它被牙轴带动朝顺时针方向转动时，经过压簧 4 和调节螺钉 8，使牙体 2 同向转动，牙片 1 与牙垫 10 处于闭合咬纸状态。咬力大小取决于撑簧 4 的压缩量，故咬力微调可转动螺钉 8 改变撑簧 4 的压力进行调节。但此时在螺钉 6 与牙座 3 之间一般应有 0.2 mm 的间隙，如果没有间隙存在，就会失去调节作用。

③滚筒咬牙咬力大小调节。先将机器转动到咬牙咬纸位置，即牙轴摆杆上的滚子与控制咬牙开闭的凸轮脱离接触。

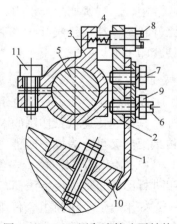

图 1 - 6 - 16　压印滚筒咬牙结构

1—牙片　2—牙体　3—牙座

4—压簧　5—咬牙轴

6、7、11—螺钉　8—调节螺钉

9—螺母　10—牙垫

如图 1-6-17 所示，在定位螺钉 4 和定位块 2
之间垫入0.25~0.3 mm厚度的厚薄片（或相同
厚度的纸条）。如果全部咬牙的咬力均需调节，
如图1-6-16所示，则将所有牙座的固定螺钉
11 松开，在每个咬牙和牙垫之间放一张 0.1 mm
厚与牙同宽度的牛皮纸条，由中间向两边交替
逐个用手给咬牙片施加合适的咬力，然后再拧
紧螺钉 11。进一步通过调节螺钉 8，使各个咬
牙的咬力保持均匀一致。调节完毕，撤除定位
螺钉和定位块之间的厚薄片或垫纸。

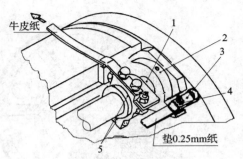

图 1-6-17　滚筒咬牙咬纸力调节
1—咬牙轴　2—咬牙轴定位块　3—螺钉支架
4—定位螺钉　5—牙座

（2）咬牙开闭控制装置　印刷机上的咬
牙开闭控制装置一般均采用凸轮机构，根据
凸轮控制咬牙张开还是闭合的状况，分为高
点闭牙和低点闭牙两种形式。

①高点闭牙。高点闭牙则是指咬牙轴摆
杆的滚子与凸轮高面（远休止弧）部分接触
时（凸轮不动），咬牙闭合，咬住纸张，凸
轮产生咬纸力；而咬牙轴摆杆的滚子与凸轮
低面（近休止弧）部分接触时，咬牙张开，
放开纸张。如图 1-6-18 所示，当滚子进入

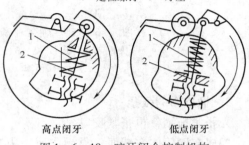

高点闭牙　　　　　低点闭牙
图 1-6-18　咬牙闭合控制机构
1—弹簧　2—撑杆

凸轮的小面时，由于弹簧 1 的作用，推动撑杆 2，使咬牙张开。高点闭牙的特点是可以增
大咬力，但对凸轮廓线精度和耐磨性有较高要求。

②低点闭牙。低点闭牙是指牙轴摆杆上的滚子进入凸轮低面（近休止弧）部分后，
咬牙闭合，弹簧产生咬纸力；而滚子在凸轮的高面（远休止弧）部分移动时，咬牙处于
张开状态。特点是咬牙力靠弹簧控制，咬纸不够牢固，在印刷中有时会发生纸张位移，
使套印不准。

七、其他滚筒

胶印机中，除了每个色组三个基本滚筒（即印版滚筒、橡皮布滚筒和压印滚筒）之
外，其他起传递纸张作用的滚筒都应该属于传纸滚筒。但按照传纸滚筒的安装部位不同，
传纸滚筒又可分为以下四种。

（1）传纸滚筒　位于多色机的各个机组之间，把前一机组印好的纸张传送给后一机
组进行印刷，称为传纸滚筒，它通常为一个或三个滚筒组合进行传纸。

如果是三个滚筒组合传纸的翻转装置，则最前面的滚筒为传纸滚筒，中间的双倍径
滚筒称为储纸滚筒，最后的滚筒称为翻纸滚筒。

（2）递纸滚筒　位于输纸台和第一印刷机组之间，把定位好的纸张传送到印刷机组。
若是下摆式递纸，需经一个传纸滚筒（辅助滚筒）再传送到印刷机组。这一部分，称为
递纸滚筒。

（3）收纸滚筒　位于最后一个印刷（或上光）机组压印滚筒的旁边，它传动收纸链

条咬牙从压印滚筒上接取纸张，最后由这个滚筒的链条上咬牙排把纸张送到收纸堆上，这个滚筒称为收纸滚筒。

八、滚筒的离合压和调压机构

滚筒有离压与合压两种情况。印刷时，印版滚筒与橡皮布滚筒、橡皮布滚筒与压印滚筒相互接触，并产生一定的印刷压力，这种状态称为合压。如果输纸系统停止给纸或发生输纸故障以及进行准备作业时，印版滚筒与橡皮布滚筒、橡皮布滚筒与压印滚筒必须及时脱开，印刷压力消失并留一定的间隙，这种状态称为离压。

滚筒离合压和调压的实现是依靠改变两滚筒中心距来获得的。离合压中心距变化大，调节印刷压力时中心距只做微量的变动，依靠两个独立的动作来完成。离合压与调压机构一般也是利用偏心轴承来实现的。

实现滚筒的离合压主要由离合压执行机构和离合压传动机构（简称离合压机构）完成。

1. 偏心轴承工作原理

如图 1-6-19 所示偏心轴承，将一个轴偏心地置于偏心轴承的内孔中，轴心 O_1 和偏心轴承的转动中心 O 的偏心距为 e。当偏心轴承绕其转动中心 O 转动一个角度 α 时，则轴心 O_1 的位置就会相应变动。现举例如下：

为了方便论述建立 xoy 坐标系，如图 1-6-19（a），轴心 O_1 与轴承的转动中心 O 在横坐标轴 x 上，当轴心 O_1 绕转动

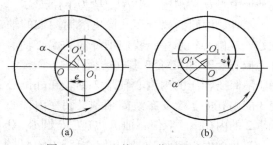

(a)　　　　　　(b)

图 1-6-19　偏心工作的基本原理

中心 O 转动一个角度 α 时，O_1 纵坐标 y 方向的位移变化量 $y = e\sin\alpha$，轴心 O_1 横坐标方向的位移变化量 $x = e(1-\cos\alpha)$，因为 $y > x$，说明纵坐标方向的位移变化量明显大于横坐标方向的位移变化量。

在图 1-6-19（b）中，轴心 O_1 与轴承的转动中心 O 在纵坐标 y 上，当轴心 O_1 绕转动中心 O 转动一个角度时，轴心 O_1 横坐标 x 方向的位移变化量 $x = e\sin\alpha$，轴心 O_1 纵坐标 y 方向的位移变化量 $y = e(1-\cos\alpha)$，因为 $x > y$，说明纵坐标方向的位移变化量明显大于横坐标方向的位移变化量。

说明轴心 O_1 在纵横方向的位移变化量不仅与转角和偏心距有关，而且与轴心 O_1 和偏心轴承转动中心 O 的周向相对位置有关。因此，偏心轴承在墙板孔中的位置不是随便排列的。

2. 离合压执行机构

（1）偏心轴承式离合压执行机构　如图 1-6-20 所示，压印滚筒的中心是固定的，所以压印滚筒轴颈装标准轴承。印版滚筒轴颈装偏心轴承，用来调节印版滚筒与橡皮滚筒的中心距（即调节压力）；橡皮滚筒轴颈装双偏心轴承，外偏心轴承用来调节橡皮滚筒与压印滚筒的中心距（即调节压力），内偏心轴承用来实现印刷滚筒的离合压。调压顺序是先调橡皮滚筒与压印滚筒间的压力，再调印版滚筒与橡皮滚筒

的压力。

①印版滚筒与橡皮滚筒的压力调节。印版滚筒两端的轴颈装在偏心轴承 1 内孔中，偏心轴承的外圆与墙板孔配合，即偏心轴承的外圆圆心与墙板孔心 O_1 是同心，偏心轴承的内圆圆心与印版滚筒中心 O_P 是同心。根据偏心轴承的工作原理，对偏心轴承的排列位置要求应该是：偏心轴承中心 O_1 与印版滚筒轴心 O_P 的连线（即偏心距 e）应垂直于两滚筒中心连线 O_PO_B，使偏心轴承的微量转动能较多地改变印版滚筒与橡皮布滚筒的中心距。

调节时，旋转调节螺母 5，通过螺纹拉杆 4 使偏心轴承 1 旋转，使得印版滚筒轴心 O_P 以偏心轴承中心 O_1 为中心，以 O_1O_P 为半径转动。

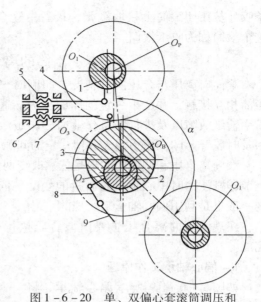

图 1 - 6 - 20 单、双偏心套滚筒调压和
离合压机构原理
1、2—偏心轴承 3—偏心套 4、7—螺纹拉杆
5、6—调节螺母 8—连杆
9—摇杆（随离合压机构摆动）

②印刷滚筒的离合压。橡皮滚筒两端的轴颈处于双偏心轴承中，我们把外面的偏心轴承称为偏心套 3，偏心套 3 装在墙板孔内，而控制印刷滚筒离合压的内偏心轴承 2 则装在外偏心套 3 的内孔中，橡皮布滚筒轴颈又装在内偏心轴承 2 的内孔中。双偏心轴承共有三个圆心，O_B 为内偏心轴承 2 内孔和橡皮布滚筒轴颈的圆心，O_2 为内偏心轴承 2 外圆和偏心套 3 内孔的圆心，O_3 为外偏心套 3 外圆和墙板孔的圆心。

对内偏心轴承 2 和外偏心套 3 的排列位置要求是：旋转内偏心轴承 2 时，应使得橡皮滚筒轴心 O_B 在合压和离压过程中沿着滚筒排列角 $\angle O_PO_BO_1$ 的角平分线上或附近移动，保证橡皮布滚筒与其他两个滚筒在离压时有一定的相近的离压量；外偏心套 3 外圆圆心 O_3 的位置应在或靠近印版滚筒圆心 O_P 与橡皮布滚筒圆心 O_B 的中心连线 O_PO_B 上，以保证在调整橡皮布滚筒与压印滚筒中心距时，印版滚筒与橡皮布滚筒的中心距几乎不改变或改变很少。

离合时，离合压机构带动摇杆 9 摆动时，通过连杆 8 使偏心轴承 2 旋转一定角度，由于偏心套 3 不动，从而橡皮滚筒轴颈的圆心 O_B 绕内偏心轴承 2 的外圆圆心 O_2 转动，实现离合压。

③橡皮滚筒与压印滚筒的压力调节。调节时，首先，将滚筒置于合压位置，旋转调节手柄 6，通过螺纹拉杆 7 使偏心轴承 3 旋转，此时 O_2 点围绕固定的 O_3 点转动（O_3 近似与 O_PO_2 共线），O_3O_2CD 形成一个四杆机构，O_2C 为连杆，O_B 为连杆上一点，O_B 点的运动轨迹为形状复杂的平面曲线，而使橡皮滚筒和压印滚筒中心距改变，实现印刷压力的调节。

特点：结构简单、调节方便、准确可靠，但加工困难。国产机以及日本三菱、德国米勒胶印机均采用此机构。

（2）三点悬浮式离合压机构

①印刷滚筒的离合压。如图 1 - 6 - 21 所示，橡皮布滚筒两端带曲线轴套（直套）被

三个滚子支承着，滚子 3、8 为偏心滚子，支承着曲线钢套。图示位置为合压位置。滚子 5 为用压缩弹簧 6 支撑，无论在离压或合压时滚子 5 始终顶着钢套。离压时，由离合压机构带动曲线钢套 4 逆时针旋转，由于弹簧 6 的作用，曲线钢套上平面 A 位置先与滚子 3 接触，即橡皮布滚筒与压印滚筒先离压，然后才是曲线钢套上 C 凹槽位置与滚子 8 接触，即橡皮布滚筒与印版滚筒后离压。同理，合压时，曲线钢套顺时针旋转，橡皮布滚筒与印版滚筒先合压，然后才橡皮布滚筒与压印滚筒合压。

　　②三滚筒印刷压力调节是如何实现的？旋转手柄 1，通过螺纹拉杆 2 而使偏心滚子 3 转动，可调节橡皮滚筒与压印滚筒之间的压力；旋转手柄 9，通过螺纹拉杆 7 而使偏心滚子 8 转动，可调节橡皮滚筒与印版滚筒之间的压力。

　　这种离合压机构降低了加工要求，装配调试也很方便。德国海德堡胶印机均采用此机构。

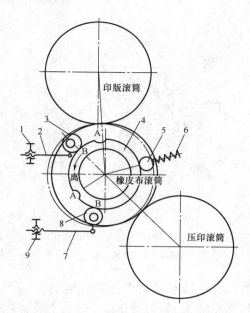

图 1-6-21　三点悬浮式离合压和调压机构原理

1、9—螺母　2、7—螺纹拉杆　3、8—偏心滚子
4—曲线钢套　5—滚子　6—压簧

3. 离合压传动机构

　　滚筒离合压是依靠离合压执行机构（如偏心轴承式和三点悬浮式）实现的，而离合压执行机构动作的动力来源于离合压传动机构。

　　一般平版印刷机离合压传动机构有机械式、气动式两种。下面介绍机械式离合压传动机构。

　　（1）偏心套式离合压机构的传动机构

　　①合压。如图 1-6-22 所示，当需要合压时，控制电路接通，电磁铁 6 通电，其铁芯轴顶出，推动双头推爪 11 绕支点顺时针摆过一个角度，双头推爪 11 的上端爪头正好对准合压顶块 9（滚子 3 装在 9 上），当合压凸轮 1 由低面转到高面时，推动滚子 3 而使合压顶块 9 逆时针摆动，合压顶块 9 推动双头推爪 11（11 装在双臂摆杆 8 上），使双臂摆杆 8 逆时针转过一个角度，经连杆 5 带动偏心套轴承 4 转至合压（图示位置）。

　　②离压。如图 1-6-22 所示，当输纸出现故障或其他原因需要离压时，控制电路断电。电磁铁 6 断电时，双头推爪 11 在小拉簧 10 的作用下逆时针摆动一个角度，推爪 11 的下端爪头顶住离压顶块 12（滚子 13 装在 12 上），在离压凸轮 2 推动滚子 13 时，离压顶块 12 推动双头推爪 11（11 装在双臂摆杆 8 上），使双臂摆杆 8 顺时针摆动，经连杆 5 带动偏心轴承 4 转至离压位置。

　　另外，摆杆 8 与离合压轴 O 做固定连接，通过轴 O 以及转动面的摆杆和连杆，带动传动面的偏心轴承一起转动。两根撑簧 7 的作用是使滚子 13 与离压凸轮 2 以及滚子 3 与合压凸轮 1 始终保持接触状态的。

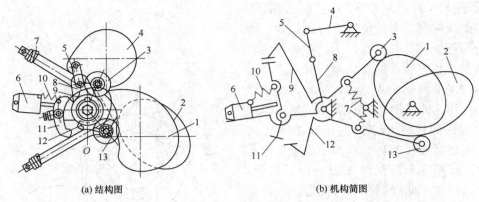

(a) 结构图　　　　　　　　　　　　　　(b) 机构简图

图 1−6−22　偏心套式离合压机构的传动机构

1—合压凸轮　2—离压凸轮　3、13—滚子　4—偏心轴承（偏心套）　5—连杆
6—电磁铁　7—压簧　8—摆杆　9—合压顶块　10—小拉簧　11—双头推爪　12—离压顶块

（2）三点悬浮式离合压机构的传动机构　如图 1−6−23 所示，每个色组设有一根离合压凸轮轴 3，靠近操作面的轴头上装有合压凸轮 1 和离压凸轮 2，传动面轴头上的齿轮11，使其与压印滚筒齿轮啮合获得转动。

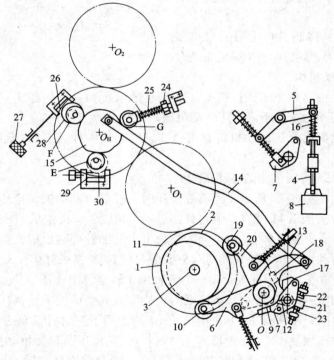

图 1−6−23　三点悬浮式离合压机构的传动机构

1—合压凸轮　2—离压凸轮　3—离合压凸轮轴　4—螺杆　5、6、12、20—摆杆
7、17—棘爪　8—电磁铁　9、18—撑牙　10、19—滚子　11—齿轮　13—摆臂
14—拉杆　15—曲线钢套　16、25—弹簧　21—定位块　22、23—定位螺钉　24—螺母
26、29—蜗杆　27—调压器　28、30—蜗轮　E、F、G—滚子

①合压。电磁铁8得电吸合，通过螺杆4和摆杆5，使棘爪7顺时针转动，它的端面与摆杆6的撑牙9配合。当合压凸轮1推动滚子10，使套在离合轴O上的摆杆6摆动，撑牙9推动棘爪7，由于装棘爪的摆杆12与离合轴固定，离合轴逆时针转动，经过摆臂13、拉杆14，传动橡皮滚筒的曲线钢套15。同时通过离合轴以及另一面的摆臂和拉杆，带动传动面的曲线钢套一起进入合压位置。

②离压。电磁铁断电，在弹簧16的配合下，摆杆5推动棘爪7脱开撑牙9，而另一个棘爪17的端面与撑牙18配合。当离压凸轮2推动滚子19时，使套在离合轴上的摆杆20摆动，撑牙18推动棘爪17，离合轴反向转动相同角度，经摆臂13，拉杆14，传动曲线钢套15转回离压位置。

为了保证橡皮滚筒每次离合时有确定的工作位置，棘爪摆杆上的定位块21在滚筒合压时，应靠住定位螺钉22，离压时应靠住定位螺钉23。

4. 离合压时间和离合压类型

（1）离合压时间应遵循的原则　滚筒合压及离压时间必须适当，否则会出现废品。如图1-6-24所示，假如橡皮滚筒咬口部分与印版滚筒咬口部分已通过两滚筒接触点A后才合压，则印版上有一分图文（AC′）印不到橡皮布上，第一张印品就是"半彩半白"的，而且后面几张印品是"半浓半淡"的；假如橡皮滚筒拖梢部分与压印滚筒拖梢部分尚未通过两滚筒接触点B就合压，则橡皮滚筒就有一部分（已有的图文BD）会印在无纸的压印滚筒（BD′）上，这时就使以后几张印品背面沾污。如果橡皮滚筒在咬口通过接触点A后离压，则橡皮布上AC段图文的墨色比别处的深，会影响以后的印品质量半浓半淡。如果橡皮滚筒与压印滚筒在拖梢尚未通过接触点B就离压，则最后一张印品有一段（BD′）印不上图文印品半白半彩，而橡皮滚筒上的相应部分（BD）留下较浓的墨色。

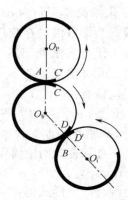

图1-6-24　离合压时间

显然，为避免出现废品，离合压的动作必须在橡皮滚筒与印版滚筒及压印滚筒的空挡相遇期间完成。

（2）离合压类型

①同时离合压。橡皮滚筒与其余两滚筒同时合压或同时离压。如图1-6-25所示。

沿着橡皮滚筒的旋转方向，从橡皮滚筒与印版滚筒接触点A至橡皮滚筒与压印滚筒接触点B，两条滚筒连心线间的夹角，称为滚筒排列角。滚筒排列角α可以小于180°，称为正三角排列。滚筒排列角α也可以大于180°，称为反三角排列。

由于必须保证滚筒在空挡相遇期间同时离、合压，应当使滚筒空挡角α_γ大于滚筒排

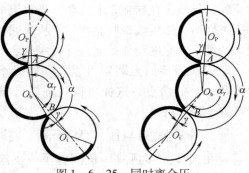

图1-6-25　同时离合压

列角 α，即：$\alpha_\gamma > \alpha$ 或：$\alpha_\gamma \geqslant \alpha + 2\gamma$

式中：γ 为合压提前角，即橡皮滚筒与印版滚筒合压位置在接触点 A 之前 γ 角。γ 常为 $5° \sim 10°$，显然滚筒排列角越大则滚筒空挡角也越大，而滚筒表面利用系数越小，现已逐渐淘汰。

②顺序离合压。橡皮滚筒与印版滚筒先合压，然后再与压印滚筒合压，离压的顺序则相反，这种就称为顺序离、合压。如图 1-6-26 所示。

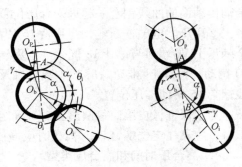

图 1-6-26 顺序离合压

显然，假设从橡皮滚筒与印版滚筒合压到橡皮滚筒与压印滚筒合压所经过的时间间隔相当于滚筒转角 θ_i，橡皮滚筒与印版滚筒合压提前角为 γ，滚筒排列角为 α，滚筒空挡角为 α_γ，设橡皮滚筒与印版滚筒在咬口到达接触点 A 前合压，则为了使橡皮滚筒与压印滚筒拖梢在通过接触点 B 之后才合压。

应该有：$\theta_i > \alpha + \gamma - \alpha_\gamma$

显然，θ_i 值取得大些有利于保证橡皮滚筒与压印滚筒拖梢在通过接触点 B 之后合压。但是，θ_i 值也不能太大，否则可能发生橡皮滚筒与压印滚筒的咬口通过 B 点后才合压，这样仍不能保证此两滚筒在空挡相遇时合压。所以，应当有：

$$\theta_i < \alpha + \gamma$$

综合以上两式得：

$$\alpha + \gamma > \theta_i > \alpha + \gamma - \alpha_\gamma$$

九、印版滚筒擦白点装置

擦白点装置也称为打墨皮装置。在印刷时由于绒毛和纸毛粘在印版上，遮盖并影响到图文的完整性和清晰度，在印刷品上表现缺少色数而影响印刷品质量。为了去掉印版上的绒毛和纸毛，常采用印版滚筒擦白点装置。

如图 1-6-27 所示，导板 2 横跨在两墙板之间，并有滑尺数码，数码与墨斗墨区是完全对应的。导块 3 在导板 2 上滑动。当手把 1 压向印版滚筒时，用耐油橡胶制作的铲块 5 就铲刮印版上的纸毛，它的动作是通过导杆 4 来实现的。

印版滚筒擦白点装置可以在印刷时不停机去除印版上的白点，这样可以提高生产效率和生产安全性。

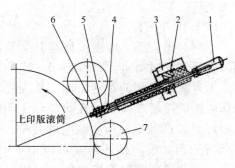

图 1-6-27 擦白点装置
1—手把 2—导板 3—导块 4—导杆
5—铲块 6—压板 7—着水辊

十、橡皮滚筒与压印滚筒清洗装置

现在大多数多色胶印机配备了橡皮滚筒与压印滚筒清洗装置。目前清洗装置的形式很多，现简单介绍海德堡 SM52-4 胶印机的橡皮滚筒与压印滚筒清洗装置。

1. 清洗橡皮滚筒

如图 1 – 6 – 28 所示，首先通过 CP 窗中央控制台预先选择好清洗程序及清洗剂和清水的比例，在清洗过程中，清洗液和水按照设置状况被喷到清洗布 2 上，在清洗时，清洗装置上的压布机构 1 将清洗布压到滚筒表面上去；然后压布机构缩回，由清洗布输送机构把干净清洗布输送给压布机构，同时清洗布卷轴 4 和脏布卷轴 6 相应卷过一定角度，再次由压布机构压向滚筒表面。按预先设定好的程序清洗完成。

2. 清洗压印滚筒

如图 1 – 6 – 28 所示，当需要清洗压印滚筒时，压布头 3 向下倾斜一定角度，对准压印滚筒。按预先设定的清洗程序，以清洗橡皮滚筒相同的方法对压印滚筒进行清洗。

3. 清洗剂供给系统

在橡皮布滚筒与压印滚筒清洗装置中，配备有清洗剂和清水自动供给系统。清洗剂主要用于清洗油墨，水主要用于清洗纸粉和纸毛及胶质物等。清洗剂和清水是交替间隔喷射的，清洗剂和清水喷射量的多少可在 CP2000 系统上进行设置。

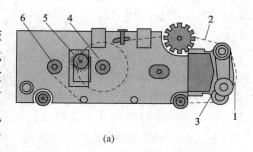

(a)

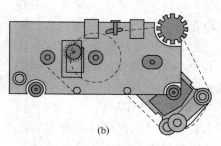

(b)

图 1 – 6 – 28　SM52 – 4 橡皮滚筒与
压印滚筒清洗装置

1—压布机构　2—清洗布　3—清洗头
4—清洗布卷轴　5—清洗布输送机构
6—脏布卷轴

十一、滚筒包衬

在印刷过程中，印版滚筒体表面包裹印版和衬垫；橡皮滚筒体表面包裹橡皮布和衬垫；压印滚筒体表面覆盖承印物。这种在滚筒的金属表面所加装的覆盖物，称为滚筒包衬。

1. 滚筒包衬的作用

（1）抵消印刷装置及所选用的印版、橡皮布、纸张等印刷材料的厚度给印刷压力带来的各种偏差，保证压印面良好接触。

（2）吸收在动载荷作用下产生于印刷装置压印接触区的震动和冲击。

（3）改变压缩变形量以调节印刷压力。

（4）完成图文的传递和转印。

滚筒包衬可分为印版滚筒包衬和橡皮布滚筒包衬两种。印版滚筒包衬主要由印版及衬垫组成；橡皮布滚筒包衬主要由橡皮布及衬垫材料组成。

2. 有关滚筒包衬的术语和功能

如图 1 – 6 – 29 所示。

（1）滚筒齿轮　分别装在印版滚筒、橡皮布滚筒、压印滚筒的各个侧面并互相啮合带动滚筒旋转。三滚筒的传动齿轮的分度圆直径相等，它们在标准安装时其节圆直径等于其分度圆直径。滚筒之间中心距的调节是利用了渐开线齿轮中心距的可分性。

（2）滚枕 目前胶印机按滚枕接触与否分为两种印刷方式：一种是滚枕接触进行印刷（走肩铁）；另一种是滚枕不接触进行印刷（不走肩铁）。

① "走肩铁" 的胶印机。即合压印刷时，印版滚筒滚枕与橡皮布滚筒滚枕相接触，其中心距不可调节；而橡皮布滚筒滚枕与压印滚筒滚枕不接触，其中心距可调节，以便适应不同的纸张厚度。

"走肩铁" 的印刷机，运转平稳、压印力均匀，可以保证印品质量，但缺乏适应各种不同印刷工艺条件的灵活性。

② "不走肩铁" 的胶印机。即在合压印刷时，各滚筒滚枕都不接触。每对滚筒的中心距均可调节。

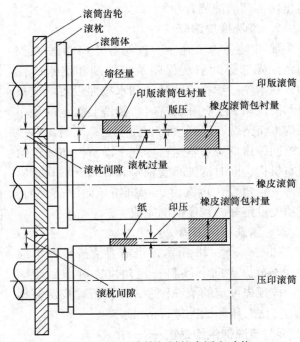

图 1 - 6 - 29 滚筒包衬的术语和功能

"不走肩铁" 的印刷机，在印刷过程中，每当滚筒转至空挡时，会产生震动，影响印品的质量，严重的可产生条杠。

目前，国产的胶印机以及英国、日本的胶印机都采用 "不走肩铁" 的结构。而德国、美国大都采用 "走肩铁" 的结构。

（3）缩径量 滚筒体与滚枕的半径差称为缩径量。通常印版滚筒和橡皮布滚筒的滚筒体低于其滚枕，而压印滚筒体则高出滚枕（计算时，滚筒体高出滚枕时取负值，低于滚枕时取正值）。

（4）滚枕过量 当印版滚筒和橡皮滚筒加上包衬后即高出滚枕，此时与滚枕之差称为滚枕过量。

（5）滚枕间隙 各滚筒的滚枕与滚枕之间的间隙，可用厚薄规测定。

（6）压印线宽度 如图 1 - 6 - 30 所示。各滚筒间在承受印刷压力的状态下，橡皮布被压缩而变形，滚筒相互之间形成的接触宽度称为压印线宽度（也叫辊压），橡皮布被压缩的量，叫做辊间接触压力。单位用 mm 表示。

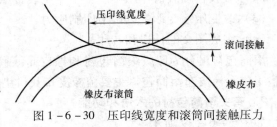

图 1 - 6 - 30 压印线宽度和滚筒间接触压力

用压缩量 λ 来表示印刷压力既直观又简便，印版滚筒和橡皮滚筒的压缩量，

用 λ_{pb} 表示；橡皮滚筒与压印滚筒间的压缩量，用 λ_{bi} 表示。

3. 包衬尺寸的确定

关于包衬尺寸，目前都按异径滚筒配置法来确定。各印刷机在其使用说明书中都会对包衬尺寸做出说明，可按其执行。

除此之外，还可按下面方法进行计算：

$$滚枕过量 = 包衬量 - 缩径量$$
$$包衬完成后的滚筒直径 = 滚枕过量 \times 2 + 滚枕直径$$
$$印版滚筒底衬量 = 印版滚筒包衬量 - 版材厚度$$
$$橡皮布滚筒衬垫量 = 橡皮布滚筒包衬量 - 橡皮布厚度$$

印版滚筒与橡皮滚筒之间的滚筒接触压力为：

$$\lambda_{pb} = 印版滚筒滚枕过量 + 橡皮布滚筒滚枕过量 - 印版滚筒与橡皮布滚筒滚枕间隙$$

橡皮滚筒与压印滚筒之间的滚筒接触压力为：

$$\lambda_{bi} = 橡皮滚筒滚枕过量 + 压印滚筒滚枕过量 - 橡皮滚筒与压印滚筒滚枕间隙$$

例题：已知某 B – B 型胶印机印版滚筒与橡皮滚筒的滚枕直径均为 299.8 mm，合压后滚枕间隙为 $\Delta = 0.2$ mm，印版滚筒滚枕过量为 0.17 mm，橡皮滚筒滚枕过量为 0.14 mm，求印版滚筒与橡皮滚筒及两橡皮滚筒之间的压缩变形量 λ_{pb}、λ_{bb} 各是多少？

如果印版滚筒包衬厚度为 0.57 mm，橡皮滚筒包衬厚度为 0.14 mm，试计算印版滚筒和橡皮滚筒包衬后的直径 D_p、D_b、滚筒体直径 d_p、d_b 及中心距 A 各是多少？

解：λ_{pb} = 印版滚筒滚枕过量 + 橡皮滚筒滚枕过量 $- \Delta = 0.17 + 0.14 - 0.2 = 0.11$（mm）

λ_{bb} = 橡皮布滚筒滚枕过量 $\times 2 - \Delta = 0.14 \times 2 - 0.2 = 0.08$（mm）

D_p = 印版滚筒滚枕过量 $\times 2 +$ 滚枕直径 $= 0.17 \times 2 + 299.8 = 300.14$（mm）

D_b = 橡皮滚筒滚枕过量 $\times 2 +$ 滚枕直径 $= 0.14 \times 2 + 299.8 = 300.08$（mm）

印版滚筒缩径量 = 包衬量—滚枕过量 $= 0.57 - 0.17 = 0.4$（mm）

橡皮滚筒缩径量 = 包衬量—滚枕过量 $= 2.04 - 0.14 = 1.9$（mm）

d_p = 滚枕直径 $-$ 缩径量 $\times 2 = 299.8 - 0.4 \times 2 = 299$（mm）

d_b = 滚枕直径 $-$ 缩径量 $\times 2 = 299.8 - 1.9 \times 2 = 296$（mm）

$A = (D_p + D_b) \times 0.5 - 0.11 = 300$（mm）　　　或 $A = (D_b + D_b) \times 0.5 - 0.08 = 300$（mm）

4. 滚筒包衬材料

（1）印版滚筒的包衬材料　印版滚筒的包衬，通常由印版加底衬组成。底衬材料有牛皮纸、机制板纸、塑料薄膜。根据需要选取一定的厚度。厚度使用千分尺测量。

（2）橡皮滚筒的包衬材料　橡皮布滚筒的包衬为橡皮布加衬垫。橡皮布通常有 1.65 mm、1.8 mm、1.9 mm、2.1 mm 等不同的厚度，应根据规定的包衬量决定橡皮布和衬垫厚度。胶印机橡皮布滚筒的包衬分为硬包衬、中性包衬和软包衬。其区别在于橡皮布下面的衬垫。

（3）各种包衬的特点及所需的印刷压力

包衬种类	组成	压缩量 λ /mm	特点
软包衬	一张橡皮布＋毛呢＋纸	0.2～0.25	网点易变形，不易出现墨杠
中性包衬	一张橡皮布＋夹橡皮布＋纸 或两张橡皮布＋纸	0.05～0.15	
硬包衬	一张橡皮布＋纸（或尼龙布）	0.04～0.08	网点清晰，易出现墨杠

练习与测试 6

一、填空题

1. 单面多色胶印机滚筒排列的形式有_____、_____、_____，海德堡机组式单张纸单面多色胶印机的滚筒排列形式为_____。

2. 双面印刷胶印机根据滚筒排列形式可分为_____、_____。

3. 离合压类型可分为_____和_____；现代胶印机离合压类型基本上是_____。

4. 橡皮布厚度通常有____、____、____、____等规格。胶印机橡皮布厚度大多为____。

5. 橡皮滚筒包衬可分为____、____、____三种。其印刷压力分别为____、____、____。

6. 印刷时，相互滚压的两个滚筒的表面速度_____。

二、选择题

1. 下列说法正确的是_____。
   A. 印版滚筒上的印版装卡机构有：固定式版夹机构、快速版夹机构、自动装版机构
   B. 快速版夹机构无法调节印版的轴向位置和周向位置
   C. 自动装版机构实现印版轴向和周向位置微调，实际是印版滚筒轴向和周向位置改变
   D. 印版滚筒周向位置大量调节，俗称为借滚筒
   E. 在 J4104 印版装卡机构中，印版轴向调节常称轴向拉版；周向调节常称周向拉版

2. 下列说法正确的是_____。
   A. 海德堡胶印机 SM52－4 能自动实现印版滚筒轴向位置和周向位置微调
   B. 橡皮滚筒橡皮布装卡中，橡皮布的张紧是依靠蜗轮蜗杆机构实现的
   C. 海德堡胶印机 SM52－4 橡皮滚筒的离压和合压是依靠偏心轴承来实现的
   D. J4104 机橡皮滚筒与印版滚筒、压印滚筒压力调节也是依靠转动偏心轴承来完成的
   E. 收纸链条咬牙在压印滚筒处咬纸和收纸台放纸时间早晚不能调节

3. 滚筒的利用系数为 0.6，表示_____。
   A. 滚筒的工作部分占整个滚筒的 6/10
   B. 滚筒的工作部分占整个滚筒的 4/10
   C. 滚筒的工作部分占滚筒的空挡部分的 6/10

　　D. 滚筒的工作部分占滚筒的空挡部分的 4/10

4. 胶印机滚筒两侧滚枕的作用是_____。

　　A. 测量滚筒轴线平行　　　　　　　　B. 测量滚筒中心距和包衬厚度

　　C. 测量印刷压力　　　　　　　　　　D. 测量齿轮啮合程度

　　E. 以上答案都不对

5. 当橡皮滚筒与其余两滚筒同时离合压时，应保证_____。

　　A. 滚筒的空挡角大于滚筒的排列角　　B. 滚筒的空挡角小于滚筒的排列角

　　C. 滚筒的空挡角等于滚筒的排列角　　D. 滚筒的空挡角与滚筒的排列角无关

6. 采用双倍径压印滚筒的印刷机，其压印滚筒上有_____咬纸牙排。

　　A. 1 套　　　　　　　B. 2 套　　　　　　　C. 3 套　　　　　　　D. 以上答案都不对

7. 单张纸胶印机，采用三滚筒等径的印刷装置时，三滚筒传动齿轮的传动比 $i =$ ___。

　　A. $i = 1$　　　　　　B. $i = 2$　　　　　　C. $i = 3$　　　　　　D. 以上答案都不是

8. 单张纸印刷时，在印版和纸张等承印物前端留出的空白边称为咬口。通常情况下，印版的咬口尺寸为_____。

　　A. 7 mm 左右　　　　B. 30 mm 左右　　　C. 60 mm 左右　　　D. 以上都不对

9. 我们通常所说的"借滚筒"是指_____。

　　A. 印版位置的调节　　　　　　　　　B. 印版滚筒的周向大量调节

　　C. 印版滚筒的轴向调节　　　　　　　D. 以上答案都不对

10. 手动装版机构中，我们通常所说的"校版或拉版"是指_____。

　　A. 印版位置的调节　　　　　　　　　B. 印版滚筒的周向调节

　　C. 印版滚筒的轴向调节　　　　　　　D. 以上答案都不对

11. 下列哪些滚筒是没有调压机构：_____。

　　A. 印版滚筒　　　　B. 橡皮滚筒　　　　C. 压印滚筒　　　　D. 传纸滚筒

12. 下列哪些滚筒的空挡装有咬牙排：_____。

　　A. 印版滚筒　　　　B. 橡皮滚筒　　　　C. 压印滚筒　　　　D. 传纸滚筒

13. 三滚筒型平版胶印机的三滚筒指的是_____。

　　A. 印版滚筒　　　　B. 橡皮滚筒　　　　C. 压印滚筒　　　　D. 传纸滚筒

　　E. 收纸滚筒　　　　F. 翻纸滚筒

三、判断题

（　　）1. 机组式多色胶印机均为三滚筒直径相等。

（　　）2. 机组式双面胶印机纸张在传送过程中，各滚筒咬纸牙总是咬着纸张的咬口。

（　　）3. 印版滚筒周向位置（大量）调节，俗称借滚筒，是通过改变印版滚筒和橡皮滚筒在圆周方向的相对位置，从而改变图文印在纸上的位置。

（　　）4. 在单张纸多色胶印机色组之间的传纸形式中，公共压印滚筒咬牙传纸较传纸滚筒咬牙传纸的传纸时间长，有利于提高印品质量。

（　　）5. 在"走肩铁"的印刷机印刷压力调节过程中，应该先调节橡皮滚筒与压印滚筒的中心距，然后再调节印版滚筒与橡皮滚筒的中心距。

（　　）6. 保证相同的印刷压力，软包衬的压缩量应该比硬包衬压缩量大。

（　）7. 顺序离合压滚筒的空挡角必须大于滚筒的排列角。

（　）8. 走肩铁的胶印机三滚筒中心距均不可调。

（　）9. 不走肩铁的胶印机三滚筒中心距均可调。

四、简答题

如图 1 - 6 - 14 所示为某机型印版滚筒周向和轴向微调机构。试说明其周向及轴向微调工作原理。

五、计算题

已知：J 2108 胶印机的印版滚筒肩铁直径 299.8 mm，筒体直径 299 mm，印版 0.3 mm，衬垫 0.4 mm，橡皮滚筒肩铁直径 300 mm，筒体直径 293.5 mm，橡皮布和衬垫总厚度 3.35 mm，压印滚筒肩铁直径 299.5 mm，筒体直径 300 mm，印刷纸张厚度取 0.1 mm，合压时的肩铁间隙 $C_{P·B} = C_{B·I} = 0.2$ mm。

1. 求：合压时，橡皮滚筒与压印滚筒的最大压缩量 λ_{BI}，橡皮滚筒与印版滚筒的最大压缩量 λ_{PB}。

2. 在保持上述印刷压力不变的条件下，印刷纸张厚度为 0.15 mm 时，求滚筒的中心距 A_{PB}、A_{BI}。

项目七　收纸装置调节与操作

背景： 收纸是印刷机完成一个印刷过程的最后一道工序。把纸张从压印滚筒咬牙接过来，输送到收纸台上，并理齐和堆积成垛的装置称为收纸装置。现在主要采用链条收纸装置。纸张交接是单张纸胶印机工作的主要任务，同学们通过纸张交接时间测试能正确理解交接时间的概念和重要性；"咬牙咬纸力调节"是胶印机操作与维修人员必备的技能。

应知： 收纸滚筒的作用、种类及结构；收纸链条与导轨的要求、结构、安装方法；收纸链条咬牙排咬纸牙开闭凸轮的结构；收纸链条松紧调节的方法；纸张制动机构的原理和结构；气垫、喷粉、干燥、平整等装置的原理；纸张交接时间。

应会： 收纸链条咬牙咬纸力调节。

任务一　能力训练

一、纸张交接时间测试

1. 任务解读

印刷部分完成一件印品所需的时间称为工作循环周期，滚筒旋转一周构成一个工作循环时间，这样，一个工作周期正好为 360°，用横坐标标出滚筒旋转的角度，纵坐标表示机构运动位置，再用斜线表示执行机构的运动状态，坐标中的水平线表示执行机构的停留状态，就可得到各机构的工作循环特性图。此项目应做出前规、侧规、递纸、压印滚筒咬牙、收纸链条咬牙等机构的运动循环图，并说明纸张交接时间。

2．设备、材料及工具准备

（1）设备 国产单色或多色胶印机 3 台。

（2）材料 已裁切好的纸张 50 张。

（3）工具 扳手 3 套，其他常用操作工具 1 套。

3．课堂组织

分组，5 人一组，实行组长负责制；每人领取一份实训报告，调节结束时，教师根据学生调节过程及效果进行点评；现场按评分标准在报告单上评分。

4．调节步骤

第一步：手动盘车，让前规刚返回输送台板定位处，让磁性吸盘指针对准刻度盘 0°位置，作为运动循环图坐标系的原点。

第二步：放置一张纸于前规定位。

第三步：慢慢手动盘车，观察纸张，当侧规刚开始拉纸时，读取指针刻度值。

第四步：继续慢慢手动盘车，用手能轻轻转动递纸机构操作面的开牙轴承时，说明递纸机构咬住纸张，读取指针刻度值，此时也是递纸机构带纸开始运动时间。

第五步：继续慢慢手动盘车带纸前进，用手能轻轻转动压印滚筒开牙轴承时，读取指针刻度值，此时为压印滚筒咬纸时间。

第六步：继续慢慢手动盘车，用手不能转动递纸机构发动面的开牙轴承时，读取指针刻度值，此时为递纸机构放纸时间。

第七步：继续慢慢手动盘车带纸前进接近收纸链条咬牙，用手能轻轻转动收纸链条咬牙开牙轴承时，读取指针刻度值，此时为收纸链条咬牙咬纸时间。

第八步：继续慢慢手动盘车带纸前进，用手不能转动压印滚筒的开牙轴承时，读取指针刻度值，此时为压印滚筒咬牙放纸时间。

二、收纸链条咬牙咬纸力调节

1．任务解读

如图 1-7-1 所示为 J2108 型机收纸链条咬牙排结构。每一个链排由两根轴 1、2 支撑着，收纸咬牙轴 2 上面装有 12 个收纸咬牙，该轴在杆 10、滚子 9、凸轮控制下做往复转动，从而使咬牙张开和闭合，牙排固定轴 1 是空心管子用销钉分别固定在传动侧和操作侧轴座 3 上。两端轴座 3 是用销轴 8 和两边的链条连接的，其中上销轴 8 直接连在轴座 3 上，下销轴 8 上装有滑块，滑块是浮放在轴座槽内的，在链轮上转向时使滑块在轴座槽内有微量的滑动。工作时，通过凸轮与滚子 9，传动咬牙轴 2，使咬牙张闭。

收纸链排的发展。控制咬牙咬力的弹簧改为扭簧；咬牙轴改为空心钢管，减轻了重量；收纸牙排咬牙牙垫材料改由耐磨塑料制成。

2．设备、材料及工具准备

（1）设备 国产单色或多色胶印机 3 台。

（2）材料 已裁切好的纸张 50 张。

（3）工具 扳手 3 套，其他常用操作工具 1 套。

3．课堂组织

分组，5 人一组，实行组长负责制；每人领取一份实训报告，调节结束时，教师根据

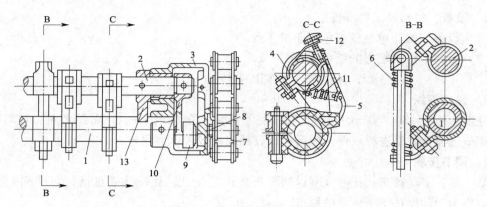

图 1 - 7 - 1 收纸链条咬牙排

1—牙排固定轴 2—收纸咬牙轴 3—轴座 4—座 5—收纸咬牙片 6—压簧
7—收纸链条 8—销轴 9—滚子 10—杆 11—拉簧 12—螺钉 13—靠刹定位块

学生调节过程及效果进行点评；现场按评分标准在报告单上评分。

4. 调节步骤

第一步：收纸咬牙轴 2 是靠两根压簧 6 撑着，收纸咬牙力大小取决于压簧 6 的压缩量，调节时先调节压簧 6 的压缩量，保证压簧 6 有一定的撑力，使靠刹定位块就紧压在轴 1 上。

第二步：在靠刹定位块 13 与轴之间插入 0.3 mm 厚度纸的预紧力。

第三步：在一排牙上让每个收纸咬牙都夹上 0.08 ~ 0.1 mm 纸片。

第四步：调节螺钉 12 使这些纸条都要带着劲才能拉出。

第五步：调节完后取出靠刹定位块 13 与轴 1 之间的 0.3 mm 厚度的纸垫。

第六步：再检验每个咬牙咬力是否一致。

任务二 知识拓展

一、收纸装置的构成

收纸是印刷机完成一个印刷过程的最后一道工序。把纸张从压印滚筒咬牙接过来，输送到收纸台上，并理齐和堆积成垛的装置称为收纸装置。现在主要采用链条收纸装置。

链条收纸装置有低台链条咬牙收纸和高台链条咬牙收纸两种形式。低台链条收纸的收纸台设置在压印滚筒下方，其收纸堆高度一般不超过 600 mm。主要优点是占地面积小，

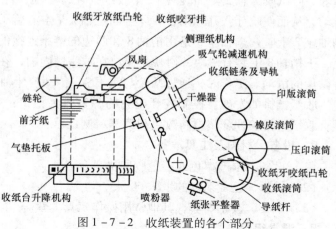

图 1 - 7 - 2 收纸装置的各个部分

机器结构简单；其缺点是停机换纸台次数多，取样不便，需蹲下操作。

高台链条收纸的收纸台，收纸堆高度可达900 mm以上，为了不停机操作，有的机器上还装有副收纸板等副收纸装置。

无论哪一种链条咬牙收纸装置，都主要由收纸滚筒、导纸杆、收纸链条咬牙咬纸凸轮、收纸链条及导轨（包括链轮及链条松紧调节机构）、收纸咬牙排、理纸机构（侧理纸和前齐纸机构）、收纸链条咬牙放纸凸轮、吸气轮减速机构、收纸台升降机构和其他辅助装置（纸张平整器、喷粉器、风扇、干燥器和气垫托板）等组成。如图1-7-2所示。

二、收纸滚筒

1. 收纸滚筒的作用及种类

通过收纸链条咬牙，把印张从压印滚筒咬牙上接过来，并防止印品蹭脏。

收纸滚筒目前主要有星形轮收纸滚筒和按键式支承轮收纸滚筒等。

2. 星形轮收纸滚筒

如图1-7-3所示为海德堡SM52-4收纸滚筒结构图。朝着机器操作面顶住弹簧3推动星形滚轮杆1，取出传动面的孔内的星形滚轮杆，并且将其从支撑盘2的凹槽内将这些星形滚轮杆取出，再取下星形轮6。

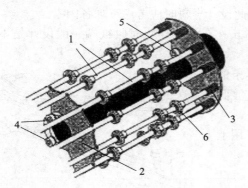

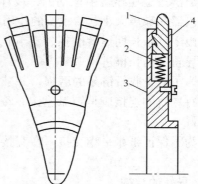

图1-7-3 海德堡SM52-4收纸滚筒
主要结构
1—星形滚轮杆 2—星形滚轮杆支撑盘
3—弹簧 4、5—固定螺栓 6—星形轮

图1-7-4 按键式支承轮
1—凸块 2—弹簧 3—支承轮体
4—塑料薄片

松开固定螺栓4、5可将中间及两侧的支撑盘取出来。

3. 按键式支承轮收纸滚筒

如图1-7-4所示，凸块1受到弹簧2向上的撑力，它在伸出时受到支承轮体3的外轮圈的限制。当撳下凸块1时，凸块1与支承轮体上的斜面间产生相对滑动，弹簧2受压缩，凸块1下移到其上的小凸起被支承轮体上另一凸起轮圈所限制为止。具有弹性的塑料薄片4能向外退让，如需使撳下的凸块1伸出，可将凸块1向塑料片4一方扳动，凸块4的凸起便离开支承轮的凸起轮圈，在弹簧的作用下伸出至正常位置。

这种收纸滚筒既可以移动支承轮在轴上的位置，以便使支承轮的表面与印张上没有图文或图文很少的某一窄长区接触，还可按下某些凸块，使印张周向上有较厚油墨的地方，不接触到支承轮的表面。

三、收纸咬牙咬纸凸轮机构

1. 收纸牙咬纸凸轮机构

如图 1 - 7 - 5 所示，收纸牙咬纸凸轮 3 被支承在凸轮支架 2 上，支架 2 空套在收纸滚筒轴 1 上。当收纸滚筒轴 1 旋转时，支架 2 相对静止不动，凸轮 3 用螺钉紧固在支架 2 上。凸轮 3 上长孔可用于调节闭牙时间的早晚。

2. 收纸咬牙咬纸时间调节

调节时，盘车让收纸链条咬牙处在压印滚筒和收纸滚筒中心连线前 1.5°左右，此时控制咬牙张闭的咬牙轴端滚子应脱离凸轮 3。

四、收纸链条及导轨

1. 对导轨的要求

收纸链条是在导轨中运动的，设计导轨结构的优劣对机器的噪声大小起着重要的作用，因此设计导轨时应考虑下列各因素。

①由于链条长期运转磨损，链节长度增长，在设计导轨时收纸端一般设计是不封闭的，由导轨上的长槽进行调节。

②为了减少收纸链条的磨损，并减少链条的噪声，所有导轨的连接应是圆弧连接。希望过渡圆弧越大越好。

③为了保证纸张平稳交接，在交接处采用上下导轨。

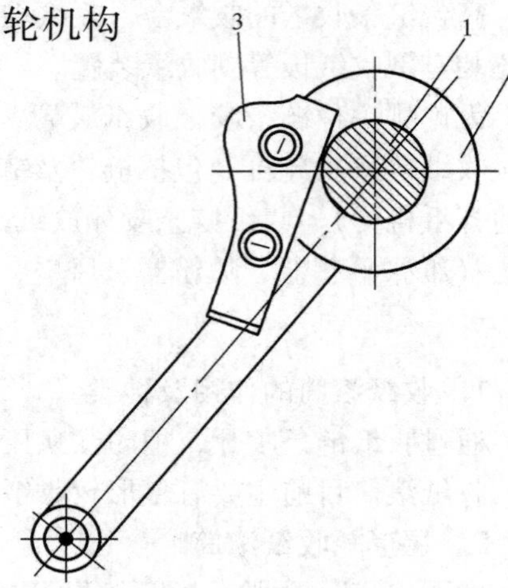

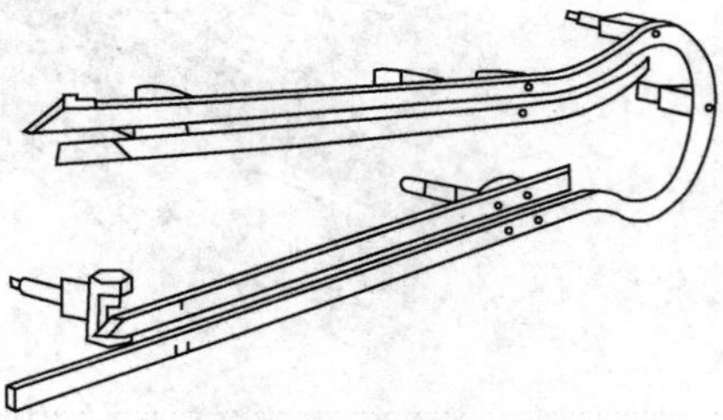

图 1 - 7 - 5　收纸咬牙咬纸凸轮机构
1—收纸滚筒轴　2—支架　3—凸轮

2. 导轨的结构

导轨的结构型式常见的有封闭式导轨和非封闭式导轨。如图 1 - 7 - 6 所示。

导轨与导轨的接口一般有对接和搭接两种形式。如图 1 - 7 - 7 所示，其中（a）为导轨对接形式，（b）为导轨搭接型式。图（b）的结构形式在安装精度高的情况下能减少噪声。

图 1 - 7 - 6　非封闭式低台收纸导轨

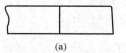（a）　　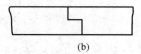（b）

图 1 - 7 - 7　导轨接口

3. 导轨的材料和安装

（1）材料。导轨材料一般用 45 号钢制作而成，海德堡胶印机上面 1 根导轨是用夹布胶木材料制作的，这样能减少噪声。

（2）导轨的安装尺寸。在全部循环导轨中，导轨实际的尺寸与链条相比是有旷量的，以 J2108、J2203 型为例，链条的滚子直径为 $\phi16$，而两导轨的距离用安装工具

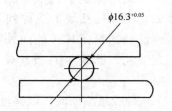

$\phi16.3^{+0.05}$

图 1 - 7 - 8　导轨安装检查工具

检查两导轨是否平行并全部通过，工具柱的尺寸为 $\phi 16.3^{+0.05}$，如图 1 - 7 - 8 所示。

导轨是成型钢制成的，厚度为 $13_{-0.2}$ mm，而链条内链板宽度为 15.5 mm，旷量为 2.5 mm。

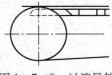

为了保证导轨和链轮接口处反转也能平滑通过，要求有过渡导轨伸入链轮中，反转时挑起链条，如图 1 - 7 - 9 所示。

图 1 - 7 - 9　过渡导轨

五、链条松紧的调节

1. 收纸链条

收纸咬牙排的两端，铰接在两根套筒滚子链上，分别由固定于收纸滚筒轴的两个链轮传动。收纸链条的长度取决于收纸线路的长短，收纸路线的长度与收纸咬牙排的数量有关。

设链条节距为 t，链条的节距决定于载荷大小，如 J2108 型机链条的节距为 25.4 mm；z 是收纸链轮的齿数，则每两排咬牙之间的距离至少为：$z \cdot t$，同时还要考虑，两排咬牙之间的距离必须大于最大纸张长度 50 ~ 100 mm，以保证纸张在收纸台上堆积时，不发生碰撞和依次顺利地完成堆积。再根据机器的尺寸确定链条咬牙的排数 k，则链条长度 $L = k[zt + (50 ~ 100)]$。

收纸链条运行一段时间后会有松动，这就必须重新调整，否则，会出现噪声，甚至出现收纸故障。

2. 链条松紧调节的结构

如图 1 - 7 - 10 所示，收纸台上方的从动链轮 6 的轴心位置是可调节的。轴装于滑块 2 的孔内，滑块 2 装在机架 3 的长槽内，可在槽内移动，可通过固定螺母 1，与机架相固定。拉杆 7 右端和滑块 4 固定。左端有螺纹，与调节螺母 8 相连。

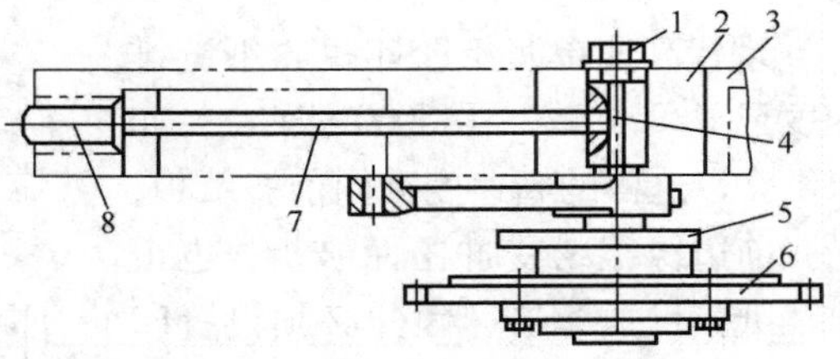

图 1 - 7 - 10　链条松紧的调节
1—固定螺母　2—滑块　3—机架　4—链轮轴
5—链轮座　6—链轮　7—拉杆　8—调节螺母

3. 链条松紧调节

如图 1 - 7 - 10 所示，松固定螺母 1，转动调节螺母 8，通过拉杆 7 的移动带动滑块 2 在机架槽内移动，链轮也随之移动，使得两链轮之间的中心距改变，链条松紧得到调节。对于没有上导轨的收纸链条装置，在链条中间部位，能用人力提起 8 ~ 15 mm 为合适。最后，必须拧紧固定螺母 1，将轴 4 牢牢地与机架固定。两侧各有链条松紧的调节机构，要求两根链条的松紧一致。

六、收纸咬牙放纸凸轮机构

印刷机在不同的生产速度下，收纸咬牙运动速度是不同的。速度越高，咬牙放纸后，纸张惯性越大，越难收齐纸张。因此，印速高时，收纸咬牙应早放纸；反之，应迟放纸。而放纸的早晚是由收纸咬牙放纸凸轮控制的。

1. 放纸凸轮的位置实现放纸早晚

如图 1 - 7 - 11 所示为胶印机收纸咬牙放纸凸轮机构，又叫跟踪开牙板机构。当三相异步电机 1 以 1 400 r/min 旋转时（60 W），电机上齿轮 2 齿数为 22，齿轮 3 和齿轮 2 齿数是相同的，丝杆的螺纹 M16×2，螺距 $t=2$ mm，收纸咬牙放纸凸轮的移动速度为：

$$v = n \times \frac{t}{60} = 1400 \times \frac{2}{60} = 46.67 \quad (\text{mm/s})$$

由于收纸开牙板（凸轮）的位置得到改变，从而改变了放纸的早晚。移动时支承在花键轴 6 上，花键轴 6 是支承导轨又是导向导轨。为了增加收纸开牙板的稳定性，在收纸开牙板上增设了一个导块 7，导向导块是固定不动的。

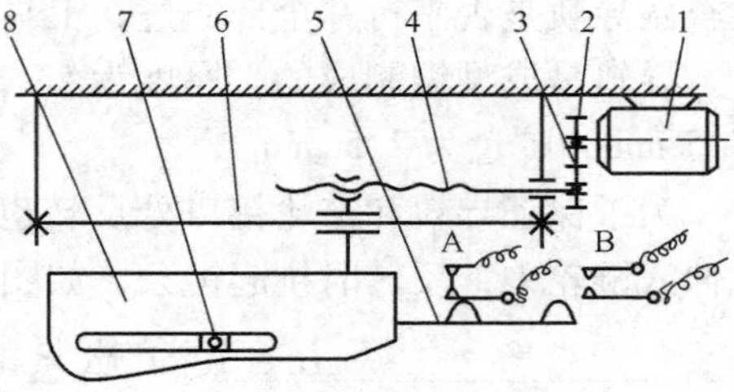

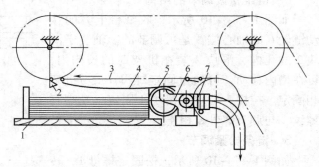

图 1-7-11　跟踪开牙板原理

1—电机　2、3—齿轮　4—丝杆　5—碰块
6—花键轴　7—导块　8—收纸开牙板（凸轮）

2. 放纸凸轮实现自动跟踪

自动跟踪就是在电器按钮盒上就可以自动地控制收纸开牙板的位置，低速运转时，碰块在 A 位置，开牙晚；按"定速"按钮，碰块在 B 位置，从而实现收纸开牙板具有速度跟踪的自动动作。

机器在运转速度时，即收纸开牙板的碰块处在"运转" A 位置上，晚开牙；当正常印刷时，按"定速"按钮，由于电器联锁，自动接通电源，电机 1 反转，通过齿轮 2、3 及丝杆 6，收纸开牙板 8 及碰块反向移动，当碰块碰压行程开关 B 时，经电器联锁，电机 1 停止转动。由此可见，调节碰块的相对位置，可使收纸开牙板处于所需要的位置。

七、纸张减速机构

现代高速单张纸胶印机收纸链排速度已达 3.4 m/s（15000 张/h），如果纸张以这样的高速度冲向前齐纸板，纸张前边缘很易受冲击而皱折，也很难让纸张堆放整齐，因此必须设置印张减速器。现主要介绍吸气轮减速机构和橡胶圈纸张制动器。

1. 吸气轮减速机构

如图 1-7-12 所示，吸气轮 5 不断地以较慢的速度（设计时保证其线速度在 1 m/s 以下）与纸张运动同向转动，吸气嘴装在风管 6 上

图 1-7-12　吸气轮减速工作原理

1—收纸台　2—咬牙　3—收纸链条　4—纸张
5—吸气轮　6—风管　7—风量调节阀

是固定不动的，为防止磨损吸气嘴通常采用夹布胶木，而吸气轮用黄铜或塑料做成，吸气轮表面钻有许多小孔，当吸气轮转动时，对着吸气嘴上面的小孔就吸气而吸住纸张，其余小孔不吸纸。

当咬牙 2 带着纸张 4 经过吸气轮 5 的上部并放纸时，便吸住纸张尾部，使其减速，同时把纸张与收纸台 1 上的纸堆之间的空气抽掉一部分，使纸张平稳地落在纸堆上。

国产印刷机大都采用这种吸气轮减速机构。

2. 吸气板式纸张减速器

如图 1-7-13 所示为海德堡 SM52-4 胶印机橡胶圈纸张制动器。在吸气元件 2 上有许多小孔与吸气气管相通。在吸气元件 2 上有一槽口 3 用于装导纸杆 4 和尼龙导纸线 5。

导纸线 5 两端吊一铁砣 6，以便使尼龙导纸线带 5 绷紧。橡胶圈 1 由旋转轴 7 带动而与纸张同方向运动。

收纸链条咬牙带着纸张从尼龙导纸线 5、导纸杆 4、吸气元件 2 上经过，当收纸咬牙到达输纸台而放纸时，由吸气元件吸住纸张尾部，把纸张收齐在收纸台上。

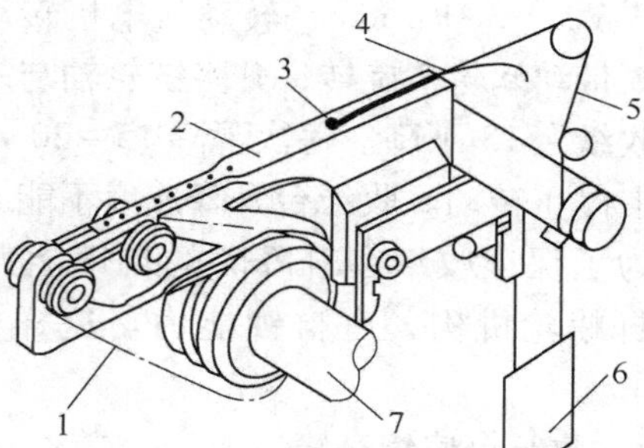

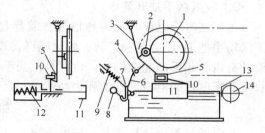

图 1 - 7 - 13　SM52 - 4 胶印机吸气板纸张制动器
1—橡胶圈　2—吸气元件　3—吸气元件槽口
（低于表面）　4—导纸杆　5—尼龙导纸线
6—铁砣　7—旋转轴

八、理纸机构

理纸机构也称齐纸机构。经减速后的纸张，落在纸堆上，依靠设在收纸台前后和两侧的理纸机构理齐，才能整齐地堆积于收纸台上。如图 1 - 7 - 14 所示为 J2108 和 PZ4880 型等胶印机的理纸机构。一块固定侧齐纸板，一块活动侧齐纸板 11，后齐纸板 13 固定在吸气轮纸张制动机构 14 的座架上，前齐纸板 7 做小幅度摆动。

1. 前齐纸机构

在链轮旁，有一个凸轮 1，经滚子 2 使摆杆 3 摆动。摆杆 3 上的滚子 4 推动挡杆 6，使前齐纸板 7 前后摆动，对张纸进行整齐。压簧 9 使挡杆 6 与滚子 4 保持接触。手柄 8 下转时，可使前齐纸板倾倒，便于操作人员从纸台上取样检查。

2. 活动侧齐纸板理齐纸张

图 1 - 7 - 14　齐纸机构结构
1—凸轮　2、4、10—滚子　3—摆杆　5—斜块
6—挡杆　7—前齐纸板　8—手柄　9—压簧
11—侧齐纸板　12—撑簧　13—后齐纸板
14—吸气轮

侧齐纸板 11 的撑簧 12，使滚子 10 靠在斜块 5 上。因此，摆杆 3 上的斜块 5 摆动时，推动滚子 10，使侧齐纸板 11 往复运动。两侧齐纸板的位置，可根据纸张宽度进行调节。后齐纸板 13 的位置，根据纸张长度与吸气轮 14 一起调节。

九、收纸台升降机构

在印刷过程中，收纸堆纸张高度不断增加，为了保持收纸堆高度位置不变，收纸台应能自动升降。收纸台升降机构一般分为两种：电动式、机械式。现代单张纸印刷机采用电动式。这里只介绍电动式收纸台升降机构。如图 1 - 7 - 15 所示。

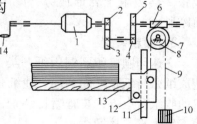

图 1 - 7 - 15　收纸台升降原理
1—电机　2、3、4、5—齿轮　6—蜗杆
7—蜗轮　8—链轮　9—链条　10—重物
11—导轨　12—滚子　13—收纸台
14—手柄

1. 收纸台自动下降

自动下降依靠侧齐纸板上的微动开关控制，当收纸堆收到一定高度后，收纸堆的上面部分刚堆集起来的纸张侧面在侧理纸板往里推动理纸时触到其上的微动开关，接通继电器，使收纸台升降三相电机 1

（0.6 kW，1 380 r/min）转动，电机转动时带动齿轮 2、3、4 及齿轮 5，使蜗杆 6 旋转，蜗杆 6 带动蜗轮 7 旋转，升降链轮轴与蜗轮轴是同一根轴，通过链轮 8 使收纸升降链条 9 带动收纸台 13 下降。每次下降 15～20 mm。当收纸台下降后，微动开关停止触动时，电机马上停止转动。收纸台升降速度不能太快，在 1.8 m/min 上下为适宜，由设计保证。

为了保证收纸台升降时的自锁能力，在收纸台升降机构传动系统中设计有一对单头蜗杆蜗轮机构，有自锁能力。这样，无论收纸台上有多少纸，收纸台也不会自动下降。

2. 收纸台连续升降

收纸台收满纸垛后要更换纸台，需将收纸台连续升到所需高度或连续降到地面。在收纸操纵按钮上设计有点动升或点动降按钮，如果按着点动钮，收纸台就连续升或连续降。点动按钮和侧齐纸的微动开关路线串联在一起，都可触动电机旋转，而且是相同的传动系统。

3. 收纸台手摇升降

工厂临时停电或其他特殊情况，需要收纸台降下来，把收纸堆拉走，此时可以用人工摇动手把 14 使电机轴旋转，此时同样带动齿轮 2、3、4、5 旋转，为了手摇安全起见，设计有机动和手动互锁机构，也就是说当手摇把 14 插入孔中时，此时电路就自动切断了收纸升降电机的电源，机动和手动就起到互锁作用。

十、辅助装置

在收纸过程中还需要其他辅助装置。

1. 气垫装置

纸张由收纸咬牙传送至收纸台的过程中，其背面与托纸板接触，容易使纸的背面蹭脏，气垫装置的主要作用是防止纸张飘动而使纸张背面蹭脏。现代印刷机将托纸板改为气垫托板，如图 1-7-16 所示，在纸张的传送路线下方，设置数排气垫托板。从进气口 1 通入压缩空气，经狭窄的出气口 3 吹出高速气流，气流方向与纸张运动方向相反。翼形板 4 与纸张之间形成气垫。根据流体力学原理，

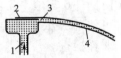

图 1-7-16　气垫托板
1—进气口　2—纸张
3—出气口　4—翼形板

纸张 2 会吸附于翼形板旁，既不会随意飘动，又不会与翼形板接触，以避免纸张背面蹭脏。

2. 喷粉装置

高速印刷机印刷铜版纸一类产品时，纸张进入收纸台时油墨尚未干燥，一经堆积，造成纸张与纸张之间粘连，使纸张画面损坏或纸张背面粘脏。为此，一些多色平版印刷机的收纸台上方，装有喷粉装置，在纸张表面喷上一层极薄的粉末，使油墨与印刷品背面不发生直接接触。

（1）喷粉器的喷粉过程　如图 1-7-17 所示，通常由气泵、喷粉管、喷粉料斗等组成。在喷粉料斗内放入粉末，它和压缩空气一起从喷嘴喷出，散在印张上。这种方法是使用多个可以调节角度的喷嘴。为了提高喷粉效果，还装有粉末加热装置。缺点是粉末会飞散到收纸部分和印刷机周围，喷嘴调节不当，粉末常易形成条状喷出。

（2）喷粉的种类 喷粉有矿物质和淀粉质两种。淀粉质喷粉，不易留在橡皮布上，但是会因湿气而堵塞喷嘴。矿物质的喷粉，对防止背面蹭脏效果很好，然而在印第二色时，就容易粘在橡皮布上。喷粉粒子有细有粗，一般情况下，使用细粒子粉末；印刷纸板和厚纸时使用粗粒子粉末，但要注意使用粗粒子喷粉，在后加工需进行上光覆膜时容易发生故障，最好在后加工工序前进行除粉。

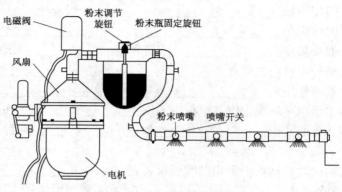

图 1 - 7 - 17　喷粉装置结构

3. 干燥装置

用喷粉方法解决粘脏，给印刷机的维护保养和清洁工作带来许多不利因素。所以最理想的办法还是在纸张到达收纸台之前，使油墨基本凝固。如采用紫外线干燥（UV）油墨、电子束干燥油墨，并在纸张送往收纸台的路线上，设置紫外线干燥装置或电子束干燥装置，就能在极短的时间内使油墨干固，收纸台可多收一些纸张。有些新型胶印机采用此系统替代喷粉。如前面的图 1 - 7 - 2 所示是海德堡胶印机红外线干燥器的安装位置。

4. 纸张平整器

要使纸张整齐地堆积，要求纸张本身平整，否则，最好的齐纸机构也难理齐。在印刷过程中，经过滚压，纸张由压印滚筒咬牙从橡皮布滚筒上揭下来时，形成曲率很大的弯折圆角，引起弯曲变形，当变形后的不平整的纸张落在收纸台上时，使纸台中央凸起，不易齐整。为此，现代高速平版印刷机在收纸咬牙传送纸张的路线中，设置纸张平整器。

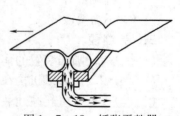

图 1 - 7 - 18　纸张平整器

如图 1 - 7 - 18 所示，纸张平整器是利用强吸风把纸张拉向一个开口（两圆辊之间形成的开口），使纸张在运动过程中被拉直理平，消除原有的内应力。纸张平整器安装在收纸滚筒的下方，当纸张将要由收纸链条咬牙排带其进入直线运动时，将纸张吸住拉直。这样，纸张在收纸台上放下时是平直的，使收纸台上的纸堆平整。

5. 导纸杆

在传纸滚筒和收纸滚筒上都安装有三个导纸杆，给纸张运动起一个导向作用。可以沿横向位置移动，还可以从传动侧拆下来。如图 1 - 7 - 19 所示。

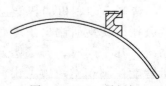

图 1 - 7 - 19　导纸杆

6. 风扇和吹风管

如前面图 1 - 7 - 2 所示，胶印机收纸台上方还装有风扇和吹风管，目的是帮助把纸吹向收纸台上堆齐。

练习与测试7

一、填空题

1. 气垫装置的作用是＿＿＿＿＿＿＿＿＿＿＿＿＿＿＿＿＿＿＿＿。
2. 喷粉装置的作用是＿＿＿＿＿＿＿＿＿＿＿＿＿＿＿＿＿＿＿＿。
3. 导纸杆一般安装在＿＿＿＿＿＿＿滚筒和＿＿＿＿＿＿＿滚筒上。
4. 收纸滚筒的种类目前主要有＿＿＿＿＿＿和＿＿＿＿＿＿＿两种。
5. 印张平整器的作用是＿＿＿＿＿＿＿＿＿＿＿＿＿＿＿＿＿＿＿＿。
6. 齐纸机构主要由一块固定侧齐纸板、一块＿＿＿＿＿、＿＿＿＿＿和后齐纸机构。
7. 印张的减速器通常为＿＿＿＿＿＿＿＿和＿＿＿＿＿＿＿两种形式。

二、选择题

1. 在某些机器的收纸部件中采用副收纸板装置，可以＿＿＿＿＿＿＿。
   A. 使印刷质量提高   B. 在不停机时收纸
   C. 调节收纸台的位置   D. 提高印刷速度
2. 下列＿＿＿＿＿＿需要使用吹气。
   A. 防粘装置（喷粉）   B. 吸气轮减速机构
   C. 印张平整器   D. 收纸台自动升降机构
3. 低台收纸方式的单张纸单色平版胶印机一般共有＿＿＿＿＿咬牙排。
   A. 1 套   B. 2 套   C. 3 套   D. 以上答案都不是
4. 印刷速度降低，链条咬牙放纸时刻应＿＿＿＿＿＿。
   A. 提早开牙   B. 延迟开牙
   C. 不需要改变   D. 以上答案都不对

三、判断题

（　　）1. 喷粉装置的作用是为了让纸张平整。
（　　）2. 侧齐纸机构在齐纸过程中是固定不动的。
（　　）3. 吸气轮减速装置的作用是当收纸咬牙排放纸时对纸张有一个吸力，而使纸张减速。

项目八　智能控制系统设置及印刷操作

背景： 印刷机的智能控制技术最早可以追溯到 20 世纪 70 年代。1972 年德国罗兰公司成功地研制出了多色胶印机遥控装置，几年后又研制了印品质量计算机控制系统。几乎同时，海德堡公司推出了 CPC 印刷遥控系统。经过 20 多年的发展，印刷机智能控制技术经历了由起初的仅仅对油墨及套准的控制，发展到全数字化的对整个印刷机工作状态的全面控制，以及通过网络技术的应用，实现了对印前、印刷和印后全部工作过程乃至印刷厂的全部工作。如物流、计价、印件跟踪、发票、采购等所有环节的整体控制。

目前印刷设备市场中，主要有：海德堡公司的 CPC、CP – Tronic 以及 CP2000 系统；罗兰公司的 RCI、CCI 和 PECOM 系统；高宝公司的 Colortronic、Scantronic 和 Opera系统；日本三菱公司的 APIS2 和 M axnet 系统；日本小森公司的 PAI、DoNet 系统等等。

应知：印刷机智能控制系统的发展；智能控制系统的类型及名称；CPC 系统的定义及组成；CP2000 系统组成及控制台功能；CP2000 系统触摸屏符号及操作方法。

应会：智能控制系统设置及四色印刷操作。

任务一　能力训练

智能控制系统设置及四色印刷训练

1. 任务解读

智能控制系统设置及四色印刷训练的任务包含印刷前在计算机触摸屏上进行智能控制系统设置及在已调节好的四色印刷机上进行四色印刷。具体工作内容大致为：在给机器墨斗内盛墨、给纸堆台板上纸；智能控制系统设置；装印版、预打墨；四色印刷（反复抽样检测、套准、调色）；印刷后清洗油墨及机器保养。

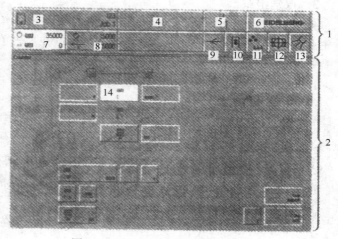

图 1 – 8 – 1　CP2000 显示屏操作界面

如图 1 – 8 – 1 所示 CP2000 控制系统显示触摸屏。其中 1 为菜单栏，2 为单项操作区。按印刷工程单要求依次设置菜单栏和单项操作区内容。

在菜单栏 1 中，3 为印刷工作任务文件操作键；4 为印刷机状态显示键；5 为印刷机错误信息显示键；6 为操作、帮助功能选择键；7 为计数器设置操作键；8 为速度设置操作键；9 为走纸设置操作键；10 为印刷功能设置操作键；11 为上墨/润版设置操作键；12 为套准设置操作键；13 为清洗设置操作键。

在单项操作区 2 中。按下菜单栏上的不同按键，会出现不同的页面。如图 1 – 8 – 2所示页面是按计数器设置操作键 7 后弹出的界面。例如设置印数时，依次按数字 8、2 时，显示屏上将在 1 处显示数值 82。若要删除输入内容，按下 CANCEL（取消）键 3，显示屏上数值变为 0，可输入新数值。当操作者认为输入数值正确，按下 OK 键 4，视窗关闭，输入的数值传送至 CP2000。若要放弃整个操作过程，可按下 Delet（删除）键 5，视窗关闭。

显示屏有三种不同的背景颜色：灰色、紫色、绿色。灰色表示和现在工作有关的所有指令和设置，按下某一按键，印刷机会立即执行指令或为现在的工作设置数值；紫色表示在预设下一工作状态，印刷中可进行这一工作；绿色表示通过 HEIDELBERG 按键可打开"帮助"功能。

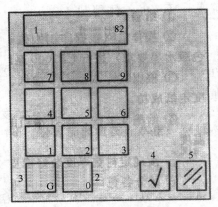

图 1 - 8 - 2　数字输入界面

2. 设备、材料及工具准备

（1）设备　带智能控制系统的海德堡或其他公司的单张纸胶印机 1 台。

（2）材料　已裁切好的纸张每组 10 000 张、四色油墨 1 套、四色印版 1 套、洁版剂 1 瓶、洗车水 1 桶、擦印版用的海绵及擦橡皮布的抹布等。

（3）工具　扳手 3 套，其他常用操作工具 1 套。

3. 课堂组织

分组，6 人一组，实行组长负责制；每人领取一份实训报告，调节结束时，教师根据学生调节过程及效果进行点评；现场按评分标准在报告单上评分。

4. 操作步骤

以海得堡 SM52 - 4 胶印机为例：

第一步：给输纸机堆纸。

第二步：操作前（根据印刷纸张幅面及厚度、色序、印刷压力、各色版水墨要求）进行 CP2000 系统设置。

第三步：根据具体纸张调节输纸、收纸、规矩等部件，并按规定速度走纸成功。

第四步：给墨斗上墨，配好水箱的水，并设置好酒精的比例及水的温度。

第五步：按规定衬垫厚度装好橡皮布。

第六步：区分各色印版，根据印版图文分布情况在 CP2000 系统初步设置各色的水墨量。

第七步：在弯版机上弯好各色印版并装好各色印版。

第八步：试印刷。

①先按"运行键"开启主机，让各色着水辊上水。走纸当纸张到达前规时，按"生产键"印刷几张。

②检查纸张咬口尺寸：靠身朝外是否一致（保持 5 ~ 10 mm）。误差较大时则借滚筒。

③检查四脚线：四角线需全部印出，检查中间十字线是否在纸的中间（对折纸张），否则调节侧规及纸堆轴向位置。

④检查套印线：使十字线误差控制在 0.05 范围内，否则使用轴向、周向、斜拉等功能。

⑤检查图文墨迹是否鲜艳、均匀，层次是否清楚。

⑥校对图文内容是否正确，修掉脏点和不必要的规矩线。

⑦再印刷几张印品进行检查，直至符合要求为止。

第九步：正式印刷。

①计数器清零并处计数状态。

②开机印刷。

③观察样张（经常抽样，注意水墨变化、背面蹭脏、重影、套印等问题并及时排除）。

④必要时注意擦版（用润湿液），擦橡皮布（用洗车水或汽油粉）。

⑤确认印数。

第十步：印后结束工作。

①印张处理：标明产品用途、印刷机编号、印毕日期、用乙烯薄膜盖住。

②填写报表。

③印版处理：如印版要保护好，用清洗液清洗、水洗、刷保护胶。

第十一步：机器清洗。

①清洗墨斗。铲出剩余油墨装进墨罐。

②使用自动清洗墨辊、水辊功能进行清洗。

③使用自动清洗橡皮布、压印滚筒功能进行清洗。

④如水辊上还有残余墨迹可拆下用洗车水或汽油、润湿液等擦干净。

⑤再翻起墨斗，把残余油墨擦洗干净。

任务二 知识拓展

一、CPC 控制系统

1. 定义和组成

（1）CPC 控制系统定义 海德堡公司的计算机印刷控制系统即 CPC（Computer Printing Control）系统，是海德堡应用于平版印刷机上，用来预调给墨量、遥控给墨、遥控套准以及监控印刷质量的一种可扩展式的系统。

（2）CPC 控制系统的组成 该系统由墨量和套准控制装置 CPC1、印刷质量控制装置 CPC2、印版图像阅读装置 CPC3、套准控制装置 CPC4、数据管理系统 CPC5 和自动检测与控制系统 CP – Tronic（CP 窗）等组成。如图 1 – 8 – 3 所示。

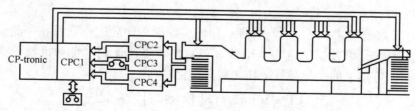

图 1 – 8 – 3 海德堡印刷机的 CPC 和 CP – Tronic 控制系统

2. CPC 控制系统功能介绍

（1）CPC1 印刷控制装置 它由遥控给墨装置和遥控套准装置组成，具有几种不同的型号（CPC1 – 01、CPC1 – 02、CPC1 – 03、CPC1 – 04），代表几个不同的扩散级数。

①CPC1 – 01。这是基本的给墨和套准装置。该装置通过控制台上的按键对墨斗微电机进行控制实现墨量整体和局部调节；对套准电机进行控制实现多色印刷套准。

②CPC1 – 02。它除了具有 CPC1 – 01 所有功能外，还增加了盒式磁带装置、光笔、墨膜厚度分布存储器和处理机等。使用光笔在墨量显示器上划过，就可以把当前的墨膜厚度分布情况以数据形式记录并存储到存储器中，需要时只要调出就可直接使用。盒式磁带装置可以调出由 CPC3 印版阅读装置提供的预调数据。

③CPC1 – 03。在 CPC1 – 02 功能的基础上，可以通过数据线与 CPC2 印刷质量控制装置相连，以便达到更准确的预调。

④CPC1 – 04。为海德堡印刷机的另一种新型墨量及套准遥控系统，兼容了 CPC1 – 01 ~ 03 的所有功能，功能强大，控制方便。

（2）CPC2 质量控制装置　这是一种利用印刷质量控制条来确定印刷品质量标准的测量装置。印刷质量控制条可以放置在印刷品的咬口或拖梢处，也可以放置在两侧。该装置的同步测量头可在几秒钟内对印刷质量控制条的全部色阶进行扫描。在一张印刷品上可以测量六种不同的颜色（实地色阶和加网色阶），然后确定诸如色密度、容限偏差、网点增大、相对印刷反差、模糊和重影、叠印率、色调偏差和灰色度等特性参数值，并将这些数据与预调参考值相比较。再手动调节，或通过数据线与 CPC1 连接达到自动调节。它有 CPC21、CPC22、CPC23、CPC24 等几种。

（3）CPC3 印版图像阅读装置　CPC3 印版图像阅读装置是一种通过测量印版上网点区域所占的百分比从而确定给墨量的装置。与 CPC1 对应，CPC3 也是将图像分为若干个区域，测量时单独计算每个墨区的墨量。

CPC3 印版图像阅读装置通常放置在制版室内，在印版曝光和涂胶以后，可以立即只用几秒钟的时间阅读一个印版，在阅读过程中，传感器均采用与欲阅读印版相类似的校准条进行校正。在非图像部分校准至 0，在实地部分校准至 100%。CPC3 测量的数据可通过盒式磁带读入 CPC1 而控制印刷机。

（4）CPC4 套准控制装置　CPC4 是一个无电缆的红外遥控装置，是一个专门用来测套准的控制器，可以用来测量纵、横两个方向的套准误差值。

CPC4 装置置于 CPC1 控制台的控制板上方，按动按钮就可以通过红外传输方式将数据传送给 CPC1，而通过 CPC1 的遥控装置驱动步进电机调整印版位置，完成必要的校正。常用的有 CPC42。

（5）CPC5 数据管理系统　它与管理、印前、印刷和印后运作联系在一起。这个复杂的印刷厂管理系统是以数据网络为基础的。它对高效生产计划、自动机器预置以及有效生产数据的获取等信息的变化进行最佳化和自动化处理。

二、CP – tronic 自动检测与控制系统

CP 窗（CP – tronic）是海德堡印刷机在 CPC 控制系统的基础上，又配备了全面控制、检测和诊断印刷机的全数字化电子显示系统，是一个模块化的集中控制、监测和诊断系统。如预选值和实际值用数字输入，并能重新存储或重新显示。是除 CPC 系统功能以外的机器本身的一些控制。它包括 CP 窗控制功能（CP 窗中央控制台、控制台一般操作程序、操作台故障操作程序、中央润滑系统操作程序）和 CP 窗的自动调整功能（自动更换

印版装置、CPC 与 CP 窗的连接）。

<h1 style="text-align:center">三、CP2000 控制系统</h1>

CP2000 型新一代胶印机以 CP2000 为核心，以海德堡公司传统的速霸胶印机为基础，形成完美的机电组合。它具有现代化设计的控制台，控制台上方有一个 TFT 彩色显示大屏幕触摸屏，任何操作都能在触摸屏上轻易完成，所有重要的功能都能在触摸屏上预设和调整，所有的作业信息和机器设定数据都能从屏幕上存储和读取。就其控制系统而言，CP2000 控制系统秉承了 CP 窗（CP – tronic）和油墨遥控系统 CPC1 – 04、CPC24 的所有功能，并增加了如色彩实时控制、触摸屏操作等一些加强功能，使得整套中央控制系统日趋完善。此外有自动化纸张控制、清洗、维修等控制。可根据客户的需要选择模块。

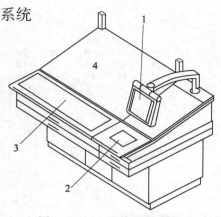

图 1 – 8 – 4　CP2000 控制台

1. CP2000 控制台介绍

如图 1 – 8 – 4 所示为 CP2000 控制台简图。1 为触摸屏，2 为启动面板，3 为墨区调节及套准调节面板，4 为放置样张平台。

（1）启动面板上的控制按键　如图 1 – 8 – 5 所示。1 为印刷键，具有输纸和合压等系列功能（按键呈绿色）；2 为停车键（按键呈红色）；3 为废纸计数器开/关键（开启时，按键灯亮）；4 为印刷增速键；5 为印刷减速键；6 为启动运行键；7 为飞

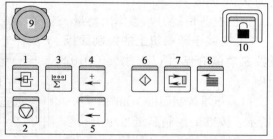

图 1 – 8 – 5　CP2000 控制台上的启动面板按键

达打开/关闭键（打开时，按键灯亮）；8 为走纸键（打开时，按键灯亮）；9 为紧急停车键；10 为锁死控制面键（锁死后，按键灯亮），锁死后，按键功能不能使用。

（2）墨区调节及套准调节面板

①局部出墨量调节。如图 1 – 8 – 6 所示，对开机设有控制微电机的 32 组调节按键 7，分别对应于 32 个墨区。每组有两个按键，上面的按键为加墨按键，下面的按键为减墨按键。按键的上方为墨量显示器，与调节按键一样也有 32 组，分别对应着 32 墨区，并且每一组显示器都由 16 个发光二极管组成，用于显示该区域墨膜的厚度，调节的范围在 0 ~ 0.52mm 内，每一小格代表 0.01 mm。

②整体出墨量的调节。如图 1 – 8 – 6 所示，操作按键 3 改变墨斗辊的间歇回转角度的大小来实现。墨斗辊回转角度的调节也是通过微电机控制的，回转角度的大小可以在按键 3 上方的显示器 2 上显示，这时显示的数值为实际回转角度与最大回转角度的百分数，如显示"45"表示墨斗辊的实际回转角度为最大转角的 45%，调节精度为最大回转角度的 1%。

③机组选择。如图 1 – 8 – 6 所示，5 为机组选择键，在多色印刷时用于选择参与印刷的机组。1 为总开关，操作时需要首先打开机器的总开关 1，然后再按下机组选择键 5，

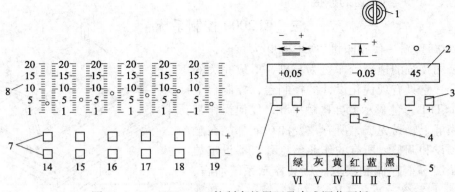

图 1 – 8 – 6　CPC1 – 01 控制台的墨区及套准调节面板

方能进行控制工作。

　　④套准的控制。如图 1 – 8 – 6 所示中，按键 4、6 用于控制印版滚筒轴向和周向位置微调机构来实现套准。同样，控制调整的数值可以在各自按键的上方显示出来，调节精度为 0.01 mm。

　　目前有些机器，其整体出墨量、套准控制及机组选择均在触摸屏上进行。

　　2．安装于印刷机上的控制面板及按钮功能介绍（以海德堡 CD102 为例）

　　（1）纸堆控制面板　如图 1 – 8 – 7 所示。按键 1 控制副纸堆上升；按键 2 控制副纸堆下降；按键 3 控制副纸堆开/关；按键 4 控制主纸堆上升；按键 5 控制主纸堆下降；按键 6 控制主纸堆停止；按键 7 是用来调节吹风速度补偿的；按键 8 是调节吸气头高度，即可根据纸堆情况调节吸气头高

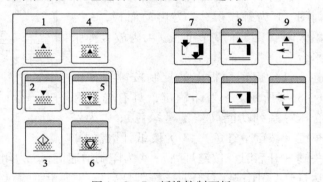

图 1 – 8 – 7　纸堆控制面板

低；按键 9 调节纸堆左右位置，以适应侧拉规拉纸。

　　（2）输纸机飞达控制台　如图 1 – 8 – 8 所示，按键 1 为印刷机信息显示器（MID）。在机器运转过程中，显示印刷机数据（印数、机速、进纸监测等，并显示一般输纸错误信息）。按键 2 为生产控制键，当机器在运转状态时，按下此键飞达输纸，生产开始。当机器停止时，按下此键先报警，然后机器启动，再按此键，机器自动进入印刷生产状态。按键 3 为停止键，按下此键，关闭与机器生产有关的所有功能。按键 4 为增速键。按键 5 为减速键。按键 6 为正转点动机器。按键 7 为安全开关，按下此键机器才能点动操作，再按此键，功能解除。按键 8 为紧急停机按钮，并有锁定功能。按键 9 为运转控制键。按键 10 为飞达开关键。按键 11 控制走纸开关键。按键 12 风泵开关键。按键 13 靠版水辊离/合控制键。按键 14 为解除故障纸张键，按下此键可从输纸台板上抽出纸张。按键 15 为红灯错误显示，表示机器出现故障，不能操作。按键 16 为蓝灯错误显示，表示飞达出现故障。按键 17 为扩音器。按键 18 为麦克风。按键 19 为音量调节。按键 20 为内部通话系统（如收纸处与飞达处对话）。

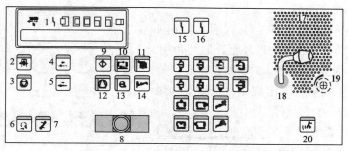

图 1 - 8 - 8 输纸机飞达控制台

（3）印刷机组操作面控制面板 如图 1 - 8 - 9 所示。按键 1 为正转点动键；按键 2 为安全开关，按下此键才能点动机器；按键 3 为反转点动键；按键 4 为爬行速度开关，机器以 5 转/h 的速度运行；按键 5 为靠版墨辊离/合开关；按键 6 为错误显示，表示本单元有故障；按键 7 为传墨离/合开关；按键 8 为定位开关，按下此键机器爬行至拆版位置后机器停，按键 9 为装版/拆版开关；按键 10 为生产键；按键 11 为停止键；按键 12 为紧急停机按钮。

（4）印刷机组传动面控制面板 如图 1 - 8 - 10（a）所示。按键 1 为正转点动键；按键 2 为安全开关，按下此键，才能点动机器；按键 3 为反转点动键；按键 4 为紧急停机按钮。

（5）上光面板上部分按键 如图 1 - 8 - 10（b）所示。按键 1 为上光辊离/合控制键；按键 2 为错误显示；按键 3 为合压键；按键 4 为上光槽辊停止键。

（6）润版系统控制面板 如图 1 - 8 - 10（c）所示。按键 1 为清洗润版辊开关键；按键 2 为为靠上润版辊控制键，此时润版辊和计量辊靠上，水斗辊不转动（用于润版辊调整）。

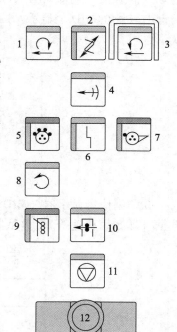

图 1 - 8 - 9 印刷机组操作
面控制面板

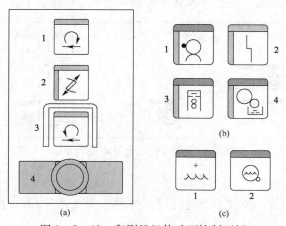

(a)   (b)

          (c)

图 1 - 8 - 10 印刷机组传动面控制面板

（7）收纸控制台面板

①收纸控制。如图 1-8-11 所示。旋钮 1 为风扇速度控制旋钮；按钮 2 为加长收纸吹风控制键；旋钮 3 为烘干器热风量输出旋钮；旋钮 4 为烘干器红外线热量输出旋钮；按键 5 为烘干器开/关键；按键 6 为故障显示键。

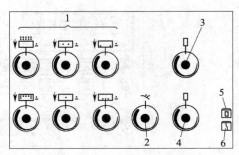

图 1-8-11　收纸控制面板

②输水控制。如图 1-8-12 所示。按键 1 为增加润版液（可按印刷单元选择）键；按键 3 为减少润版液（可按印刷单元选择）键，以上两键增减量在 MID 上显示。按键 2 为抽取样张控制键，可使收纸板插入收纸装置，或更换纸台用。

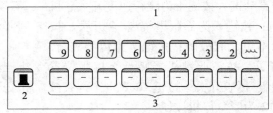

图 1-8-12　输水控制面板

③印刷信息显示器（MID）。如图 1-8-13 所示。印刷信息显示器可显示当前印刷机数据（印数、机速等），进纸监测和一般错误信息等。

图 1-8-13　印刷信息显示器

④收纸台升降控制面板。如图 1-8-14 所示。按键 1 为副收纸堆上升键；按键 2 为主收纸堆上升键；按键 3 为副收纸堆下降键；按键 4 为主收纸堆下降键；按键 5 为抽取样张控制键；按键 6 为纸台架开键，适用于板式不停机收纸装置；按键 7 为纸堆停止运动控制键。

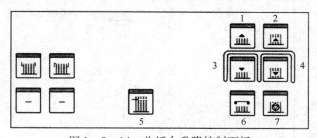

图 1-8-14　收纸台升降控制面板

⑤机器运行控制面板。

如图 1-8-15 所示。按键 1 为运行键；按键 2 为飞达开/关；按键 3 为走纸控制键；

按键 4 为空压机开/关控制键；按键 5 为紧急停机按钮；6 为红色故障信号；7 为蓝色收纸台故障信号。

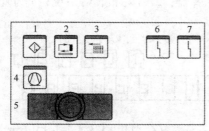

图 1 - 8 - 15　机器运行控制面板（一）

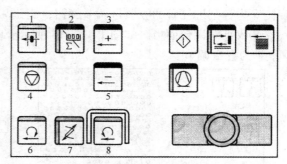

图 1 - 8 - 16　机器运行控制面板（二）

如图 1 - 8 - 16 所示。按键 1 为生产键；按键 2 为计数器开/关；按键 3 为增速键；按键 4 为停止键，按下此键，与印刷生产有关的功能停，机器仍可运转；按键 5 为减速键；按键 6 为正转点动键；按键 7 为安全开关；按键 8 为反转点动键。

⑥预设置控制面板。如图 1 - 8 - 17（a）所示，按键 1 为纸张制动器控制幅面大小的设定键；按键 2 为纸张制动器速度控制键；按键 3、4 为侧齐纸机构移动控制键，以上 4 个键均可作正负方向移动控制。

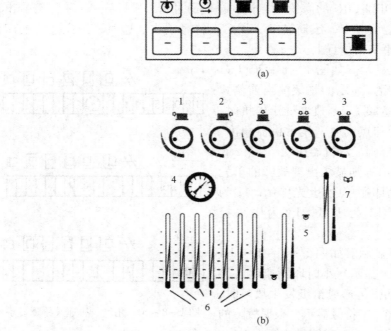

图 1 - 8 - 17　预设置及收纸吹风设定面板

⑦收纸吹风设定面板。如图 1 - 8 - 17（b）所示，旋钮 1 为操作面横向挡纸板吹风量

调节旋钮；旋钮2为传动面横向挡纸板吹风量调节旋钮；旋钮3为纵向吹气管的吹风量调节旋钮；4为压力表，显示纸张制动器吸风量；旋钮5为所有进气管的吸风量调节旋钮；旋钮6为各个进气管的吸风量调节旋钮；旋钮7为纸张平整器的吸风量调节旋钮。

⑧收纸对讲台面板。如图1-8-18所示。1为扩音器；2为内部通话系统；3为麦克风；4为音量调节。

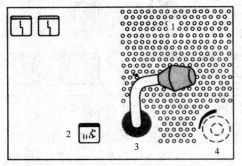

图1-8-18　收纸对讲台面板

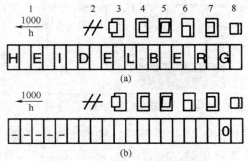

图1-8-19　印刷信息功能及开机显示

（8）印刷信息显示　如图1-8-19（a）所示。1为机器印数/机器角度显示；2为错误信息；3为纸张早到或过头；4为纸张晚到；5为纸张倾斜；6为拉纸过头；7为拉纸拉不到位；8为双张。下方的HEIDELBERG处为功能显示。其显示功能与控制面板上的相关按键配合使用。

①开机后的功能显示。如图1-8-19（b）所示。当合上电源后，机器进行初始化自检，显示屏上出现HEIDELBERG的海德堡标记。自检通过后，"－－－－－"符号出现在机器印刷/机器角度显示屏上，滚筒转动一周后，符号消失。这时，预先选定的印数（例"0"）出现在右边第二格位置上。

②机器度数和错误显示。如图1-8-20（a）所示，当滚筒转动一周后，显示的是滚筒当前位置的角度（例当前是180.5度）。当机器处于停机时、定位转动时、低速爬行和点动时，显示机器角度。而当在生产过程中显示屏则显示机器速度。

如果出现故障，显示屏则显示出现故障的单元代码。代码编号1~8为印刷单元/上光单元，11为飞达（如图中显示），12为吸纸，13为中央控制台。

③机速及纸张检测显示。如图1-8-20（b）所示，当在印刷状态时，显示每小时印刷速度（显示数值×1000）。如果纸张传递或给纸发生故障时，在相应的标符下面有一个#字符号显示。根据故障的类型，机器除发出报警信号外，或使飞达停止工作，或使机器停止运转。

④纸张倾斜显示。如图1-8-20（c）所示，在走纸或生产运行过程中，纸张校正控

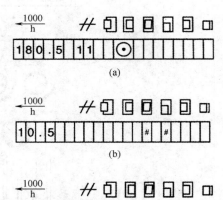

图1-8-20　角度、机速及故障显示

制系统通过传感器确认在前规处出现的歪斜纸张的位置，并通过线条标识符号显示在显示屏上。

⑤计数器显示。如图1-8-21（a）所示。当没有来自纸张检测系统发现的错误信息、没有纸张制动速度和水斗辊速度改变、没有故障显示时，此时飞达处MID显示还有多少印数才能完成工作（反向计数），收纸处MID显示已印完的印数（正向计数）。

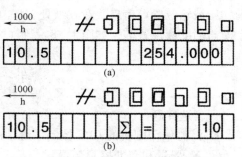

图1-8-21 印数及机内纸张数量显示

如图1-8-21（b）所示，当到达印量时，飞达处MID显示一个总数标志和印刷机中的纸张数量$\Sigma = 10$，此时，飞达处的吹风和吸气关闭，待印刷机中的纸张印完后，飞达停，印刷滚筒离压。

⑥纸张监测显示。如图1-8-22（a）所示，当飞达控制台的安全开关处于安全位置时，显示屏1为纸张早到和过头安全全控制装置；2为纸张定位控制装置；3为拉规监测控制装置；4为歪张监测控制装置。

⑦水斗辊速度显示。如图1-8-22（b）所示，当各印刷单元的润版系统按键被激活时，显示屏显示：1为所选单元号码；2为表示目前速度（一个"="符号表示10%）；3为以百分数显示目前速度。此时可通过相应的水斗按键改变水斗辊速度，每按一下水斗辊以2%的速度变化。

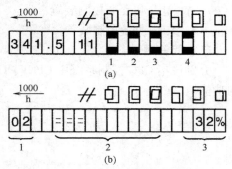

图1-8-22 纸张监测及水斗辊速度显示

⑧纸张制动器速度显示。当按下纸张制动加快或减慢按键［图1-8-23（a）所示中1］时，收纸［图1-8-23（b）所示中1］显示：12＝ ＝ ＝32%，每按一下按键，百分表变化2%，图式变化在10%内的增量，5s后，显示器转换到目前印刷制动数据显示。

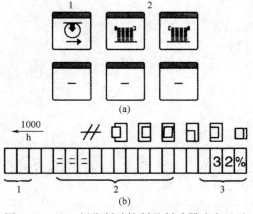

图1-8-23 纸张制动控制及制动器速度显示

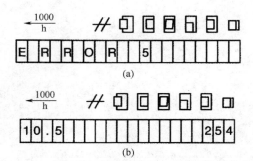

图1-8-24 故障代码及输纸位置显示

⑨维修代码与预设置调节显示。当机器自检发生故障时，显示错误信息代码［如图

1-8-24（a）中显示]。"5"表示错误代码，维修工可根据代码查找故障。

带有预调节装置的印刷机，在飞达处的 MID 上可以看到吸纸头高度、吸纸头大小范围、压纸轮位置等信息。在收纸处 MID 上可显示纸张制动器范围大小、传动面和操作面上横向挡纸板位置等，如图 1-8-24（b）所示。

练习与测试 8

一、选择题

1. 海德堡印刷机的 CPC 控制系统中的 CPC2 是_____。
   A. 墨量和套准控制装置　　　　　　　B. 套准控制装置
   C. 印刷质量控制装置　　　　　　　　D. 印版图像阅读装置

2. 海德堡印刷机的 CPC 控制系统中的 CPC3 是_____。
   A. 墨量和套准控制装置　　　　　　　B. 套准控制装置
   C. 印刷质量控制装置　　　　　　　　D. 印版图像阅读装置

二、简答题

分别说出 CPC 控制系统中 CPC1、CPC2、CPC3、CPC4、CPC5 和 CP-Tronic（CP 窗）的功能。

卷筒纸胶印机是用纸卷以纸带的形式连续供纸，完成印刷及折页等工艺过程的印刷机，它是现代多种印刷、印后机械的结合。在纸带连续供给的印刷过程中，要得到套印准确、裁切和折页整齐、表面光滑平整的印刷品，其输纸装置应能做到快速更换纸卷，在轴向能够正确地安装纸卷，能缓冲及消除纸带震动，保持纸带张力恒定，同时匀速地按所需方向和套准要求把纸带送给印刷装置，纸带经印刷后，由折页装置完成纸带的裁切和折页工作。由于卷筒纸胶印机给纸是连续不断的，印刷后又要裁切成单张，所以卷筒纸胶印机的机构原理和结构跟单张纸相比有其特殊的特点。

项目　卷筒纸胶印机基本过程操作

背景：根据印刷的用途和印品的种类，卷筒纸胶印机大致可以分为三种类型。

①新闻印刷用卷筒纸胶印机。主要用途是印刷报纸。大部分机器使用非热固型油墨，不需要加热使油墨干燥，并采用新闻纸，吸墨性好，故无烘干装置。

②商业印刷用卷筒纸胶印机。主要用途是印刷精美的画报、商业广告、装潢印刷品、挂历等。这种机器大部分使用热固型油墨，并采用胶版纸，故在印刷完后要经过烘干和冷却，使油墨干燥。

③书刊印刷用卷筒纸胶印机。印品质量的要求比新闻印刷机要求高，而比商业印刷机要求低。

应知：卷筒纸胶印机组成、纸架类型、有芯轴安装及无芯轴安装的工作原理、自动接纸系统的原理、张力的产生、影响纸带张力变化的因素、张力自动控制系统、阻尼机构工作原理、过纸辊及调整辊机构的用途与结构、纸带转向装置工作原理、纸卷升降机构及纸卷轴向位置调节机构工作原理、磁粉制动器工作原理、纸带减震装置、送纸辊机构工作原理、印版滚筒调节机构及调节辊装置工作原理、纸带横向位置调节机构工作原理、印刷滚筒的排列方式、印刷机组的排列形式、自动加墨装置原理、水墨冷却系统原理、折页装置的类型、单双三角板折页装置工作原理、三滚筒型夹板式折页装置工作原理、五滚筒型夹板式折页装置原理。

应会：操作工艺流程、印版滚筒及橡皮布滚筒的结构、印版及橡皮布的安装。

任务一　能力训练

卷筒纸胶印机基本过程操作

1．任务解读

由于系统掌握了单张纸各机构调节操作之后，学生也基本掌握了调节卷筒纸各机构的能力，所以这项目的任务就只要训练其基本操作过程，再通过知识拓展学生很容易理解和掌握卷筒纸印刷机。

2．设备、材料及工具准备

（1）设备　卷筒纸胶印机（进口或国产均可）1 台。

（2）材料　卷筒纸、四色油墨 1 套、四色印版 1 套、洁版剂 1 瓶、洗车水 1 桶、擦印版用的海绵及擦橡皮布的抹布等。

（3）工具　常用操作工具 1 套。

3．课堂组织

分组，10 人一组，实行组长负责制；每人领取一份实训报告，调节结束时，教师根据学生调节过程及效果进行点评；现场按评分标准在报告单上评分。

4．操作步骤

第一步：开启机器及做好一切准备工作。

第二步：机器均预先调好、装好纸卷、装好印版及预上墨等工作。

第三步：让机器处于低速印刷及折页。

第四步：观察各主要装置的作用及动作关系。

第五步：关好机器并清理现场。

任务二　知识拓展

一、卷筒纸胶印机的组成

不论哪一种卷筒纸胶印机，它的组成有以下几个基本部分，如图 2 - 1 - 1 所示。

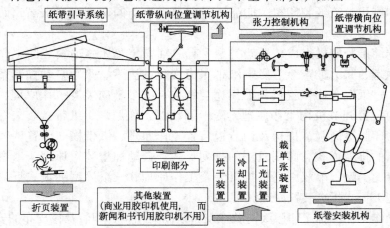

图 2 - 1 - 1　卷筒纸胶印机基本组成

1．传动装置

卷筒纸胶印机由于速度变化范围很大，一般均采用直流电机。随着新技术的使用，现在的卷筒纸胶印机采用无轴传动技术，就是用电子长轴来代替机械长轴。这种传动方式的传动精度高，容易控制和操作。

2．纸卷安装机构

纸卷安装机构包括纸架类型、纸卷卡紧机构、纸卷升降机构、纸卷轴向位置调整机构（初步手动调整机构与自动调整机构）、自动接纸系统。

3．张力控制机构

张力控制机构包括：纸卷制动装置（圆周制动机构和轴制动机构）、张力自动控制系统、纸带减震装置、送纸辊机构（产生拉力）。

4．印刷机组

印刷机组包括：润湿装置、输墨装置、偏心轴承离合压和调压机构原理、印版滚筒轴向和周向（天地）错版机构原理、典型 B－B 型印刷单元常用型式。

5．纸带引导系统

纸带引导系统包括：过纸辊、纸带转向装置、调整辊机构（防止纸带歪斜）、纸带纵向位置调节机构、纸带横向位置调节机构。

6．折页装置

印好的纸带根据要求在折页部分先进行裁切，然后折叠成所需要的各种尺寸报纸和开本。折页机的结构形式也很多，常用的有冲击式折页机和夹板式折页机两大类。

7．收页装置

折页机折好的折帖用收页装置收齐，一堆一堆地推出或打好捆送出。还包括报纸的堆积机、捆扎机、制签放签机等。

8．其他装置

主要是商业用卷筒纸胶印机上使用。

①烘干装置。一般商业印刷用卷筒纸胶印机由于采用热固性油墨印刷，以保证高速印刷时油墨快速干燥，而采用烘干装置（热风式烘干箱）。

②冷却机构。因为纸带在烘干箱内加热，虽然油墨干燥了，但纸带温度上升了，将会在进行折页或裁切成单张纸时带来许多弊病，因而需设置三个或四个冷却辊的冷却机构。

③上光装置。因为油墨经过烘干以后，光泽不如自然干燥好。为了使印刷品光泽好，在印刷一些要求质量很高的印刷品时要设有上光装置。

④裁单张纸装置。如需要裁单张纸时，则将纸带越过折页机而直接进入裁单张纸装置。这样纸带可裁成单张纸并且收齐，就和单张纸胶印机的收纸部分一样。

二、安装纸卷装置

1．纸架类型

（1）按印刷纸带宽度分类

①单幅纸架。一个标准宽度的纸幅。在我国即为 787mm 或 880mm。

②双幅纸架。两个标准宽度的纸幅。在我国为两个 787mm 或两个 880mm（即 1 575mm 或 1 760mm）。

③半窄幅纸架。半个标准宽度的纸幅。在我国为 394mm 或 440mm。这种机器多为商业印刷用卷筒纸胶印机。

（2）按支架安装的纸卷数分类

①单纸卷纸架。如图 2-1-2（c）所示。一个给纸机只能上一个纸卷，等这个纸卷用完以后，停机后上第二个纸卷，上好纸卷以后再开机印刷。

②双纸卷纸架。如图 2-1-2（a）所示。即上面一个纸卷用完以后，可停机人工接纸或不停机自动接纸，待纸接好以后，第二个纸卷转到工作位置使用；图 2-1-2（b）为一个固定架上安装两个纸卷的给纸机。用完一个纸卷在换新纸卷时不用旋转支架，用起吊设备把纸吊起装好。

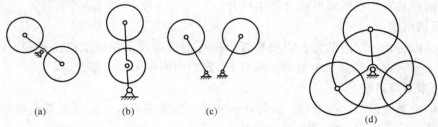

(a)　　　　(b)　　　　(c)　　　　(d)

图 2-1-2　纸架类型

③三纸卷纸架。如图 2-1-2（d）所示。当一个纸卷快要用完时，纸架便转动一个角度，使第二个纸卷进入自动接纸位置，当第一个纸卷即将用完时即自动接纸，接纸后再转动一角度，转到正确的使用位置，这时卸下用完的纸卷的纸芯，再在上面装好一个纸卷备用。该类型给纸机多用于高速的新闻印刷卷筒纸胶印机上。

（3）按接纸方式分类

①手工接纸纸架。用人工办法将新纸带接在正在印刷的纸带上，卸下用完的纸卷的芯轴。这种办法效率低，准备工作时间长，而且在降速停机和开车升速时，印刷质量不能保证，使废品率增加。

②自动接纸纸架。即在不停机的情况下，自动接纸装置将新纸卷的纸带粘接到正在印刷的纸带上，同时切断即将用完的旧纸卷的纸带，转换两个纸卷工作位置。自动接纸要求纸的质量好，拉力好，接头少。

2. 纸卷卡紧机构

在卷筒纸胶印机上，纸卷的卡紧有两种方式：有芯轴安装和无芯轴安装。

（1）有芯轴安装

①锥头式。有芯轴安装又称穿轴式，如图 2-1-3 所示。纸卷 1 中间穿一根光滑的芯轴 2，其上有两个夹紧纸卷用的锥头 5，锥头用锁紧套 7 紧固在芯轴上，并用手轮 6 使其轴向移动而紧纸卷。纸卷夹紧后，连同芯轴一起安装到纸卷架的轴承 4 上。纸卷的轴向移动用手轮 3 完成。

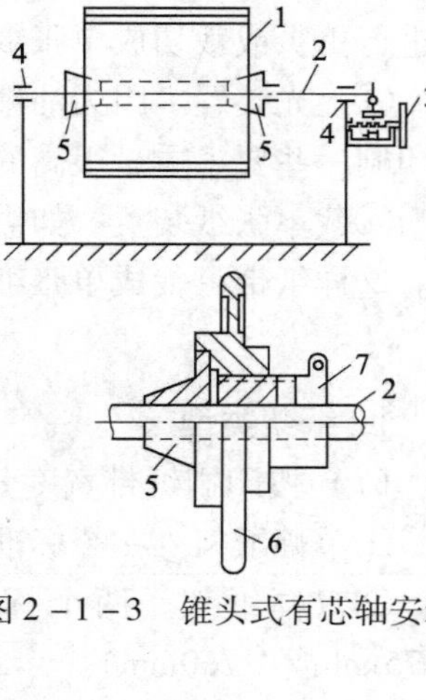

有芯轴的安装和纸卷的更换需要较长时间，工作效率低，现代卷筒纸胶印机上已很少采用。

图 2-1-3　锥头式有芯轴安装

②气涨轴式。而在海德堡 M－600 型以商业印刷为主的卷筒纸印刷机上，纸卷的安装则采用了气涨式。

（2）无芯轴安装　如图 2－1－4 所示为纸卷采用无心轴卡紧安装。这种纸卷安装没有穿纸长轴，而用梅花顶尖卡紧。纸卷卡紧采用电动方式。固定顶尖 15 与磁粉制动器 17 相连，它本身不能轴向移动。

安装纸卷时，先将移动顶尖 16 退回到一定位置，然后让纸卷置于两顶尖之间，将纸卷的芯部对准顶尖 15 和 16，起动电机 19，通过蜗杆 20、蜗轮 21 使丝杠 22 转动，经套（螺母）23 带动移动顶尖 16 左移，将纸卷自动夹紧。限位块 24 与微动开关 25 配合，用以限制移动顶尖 16 的最大移位量。

这种纸卷卡紧方式由于速度快，纸卷卡紧牢固可靠，而且每次卡紧力一致，故在现代高速卷筒纸印刷机上被广泛采用。

3. 纸架升降机构

印刷机纸卷升降方式主要有手动、气动及电动等几种，其中气动和电动升降机构较为普遍，现以电动升降为例。

如图 2－1－4 所示，起动电机 1，带动齿轮 2、3 旋转，通过蜗杆 4 带动蜗轮 5 旋转，蜗杆 6 与蜗轮 5 同轴，从而蜗杆 6 带动蜗轮 7 旋转，通过齿轮 8 带动扇形齿轮 9 旋转，扇形齿轮 9 与轴 10 用键固连，从而轴 10 旋转，而支臂 14 是用螺钉 11 固连在轴 10 上的，所以，轴 10 的旋转带动支臂 14 摆动一个角度，而使纸卷上升到工作位置；反方向启动电机 1，纸卷架下降准备上纸。

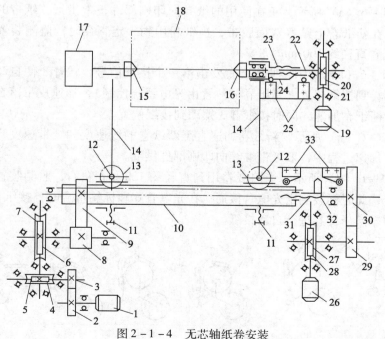

图 2－1－4　无芯轴纸卷安装

1、19、26—电机　　2、3、8、29、30—齿轮　　4、6、20、27—蜗杆　　5、7、21、28—蜗轮

9—扇形齿轮　　10、12—轴　　11—螺钉　　13—小齿轮　　14—支臂　　15、16—顶尖

17—磁粉制动器　　18—纸卷　　22、31—丝杠　　23—套　　24、32—陷位块

25、33—微动开关

4. 纸卷轴向位置调节机构

（1）轴向位置粗调机构 如图 2-1-5 所示。轴 2（相当于图 2-1-4 的轴 10）上镶有齿条 6，与齿轮轴 4 上的齿轮 7 相啮合，套 5 由螺钉固定在上纸臂 1（相当于图 2-1-4 的支臂 14）上。齿轮轴 7 活套在套 5 和上纸臂 1 的孔中。调节时，先松开螺钉 3，转动齿轮轴 4（相当于图 2-1-4 中的轴 12），上纸臂 1 便随轴 4 在图 2-1-4 的轴 10 上移动，从而改变了两个纸臂 1（相当于图 2-1-4 的支臂 14）的间距。调整完成后，再重新拧紧螺钉 3。

（2）纸卷轴向位置微调 纸卷轴向位置的微调如图 2-1-4 所示。电机 26 经蜗杆 27、蜗轮 28 减速带动齿轮 29。齿轮 29 与齿轮 30 啮合使丝杠 31 转动。丝杠 31 与轴 10 的螺纹是啮合的，所以丝杠就可带动轴 10 移动，调节纸卷的轴向位置。限位块 32 与限位开关 33 相配合，控制轴 10 移动时的极限位置。

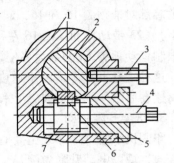

图 2-1-5　纸卷轴向位置粗调机构
1—上纸臂　2—轴　3—螺钉　4—齿轮
轴　5—套　6—齿条　7—齿轮

5. 自动接纸系统

自动接纸的方式有两种基本形式：高速自动接纸和零速自动接纸。

（1）高速自动接纸 如果自动接纸采用降速后自动接纸，接好纸后再升速，这样对印刷质量有影响。而高速自动接纸是新旧纸卷接纸过程中纸带不停，在高速运转下自动接纸，能保证印刷质量。其接纸的过程如下：

如图 2-1-6（a）所示，正在使用的纸卷向印刷部件正常供纸，纸带的线速度与印刷速度相等。在新纸卷上贴好双面胶带，当纸卷用到一定直径时，监测装置发出第一个接纸信号（纸卷直径约 160 mm）。

如图 2-1-6（b）所示，监测装置发出第一个接纸信号，转臂 8 便自动转动一个角度，使新纸卷转到接纸位置（新纸卷的位置由光电系统控制），加速皮带落在新纸卷外表面上，开始给新纸卷加速，同时接纸臂 3 摆动到接纸位置。

如图 2-1-6（c）所示，新纸卷加速直至新纸卷的线速度和纸带速度一致时方可接纸。在新纸卷加速过程中，旧纸带继续向印刷部件供纸。

如图 2-1-6（d）所示，当旧纸卷用到直径约 120 mm 左右，监测装置发出第二个自动接纸信号，此时标签测定光电管接通。在光电管 6 和标签重合时，接纸臂上的压辊 4 或毛刷 4 立即靠向新纸卷进行自动接纸。

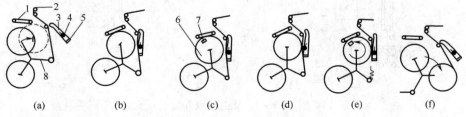

(a)　　　　(b)　　　　(c)　　　　(d)　　　　(e)　　　　(f)

图 2-1-6　三纸卷高速自动接纸系统
1—加速皮带　2—纸带　3—接纸臂　4—压纸辊（或毛刷）　5—切刀
6—标签测定光电管　7—接纸标签　8—转臂

如图2-1-6（e）所示，新的纸卷自动接纸后，转过一定角度，切刀冲击将旧纸卷纸带切断。

如图2-1-6（f）所示，自动接纸完成以后，加速皮带抬起并停止运动，接纸臂复位，新纸卷转动到正常供纸位置，而旧纸卷转到上纸位置，完成一个接纸工作循环。

（2）零速自动接纸　零速自动接纸是指纸卷在接纸的瞬间纸带的速度为零。因而这种接纸比较牢靠。但是这种接纸方式需要有储纸机构，以便在零速接纸时印刷部分可以不降速继续印刷。

如图2-1-7所示。图中浮动辊2为涂黑的辊，固定辊3为未涂黑的辊。工作过程如下：

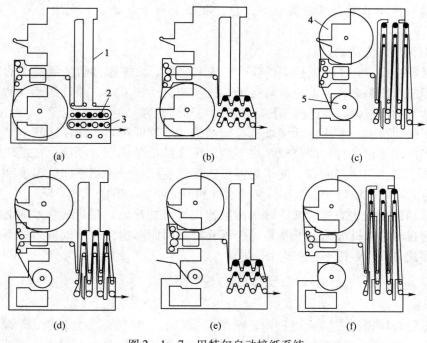

图2-1-7　巴特尔自动接纸系统
1—储纸架　2—浮动辊　3—固定辊　4—新纸卷　5—旧纸卷

图2-1-7（a）为穿纸。所有浮动辊下降，与工作辊形成两排，纸带穿过各辊，形成反"S"形。

图2-1-7（b）为储纸。浮动辊在压缩空气的作用下向上运动，储纸架1开始储纸。纸带的线速度比印刷机纸带速度高。因为除了供给印刷机正常印刷外，还有一部分纸被储存在储存架1上。储纸量的大小决定于浮动辊的数量和浮动辊移动的距离。

图2-1-7（c）为正常供纸。浮动辊达到最高位置，储纸量已经达到最大值。在浮动辊即将到达最高位置时，精密的纸卷制动控制机构，自动地在纸卷轴上施加一个制动力，使纸卷转速降低，最后使纸卷供出纸带的线速度和印刷机印刷速度相同，浮动辊也正好达到最高点。此后纸卷正常向印刷机组供纸，纸带张力达到印刷要求的张力。当旧纸卷用到规定的直径时，光电管便发出信号。上边已经准备好的新纸卷4，开始准备接纸。

图 2-1-7（d）为接纸。上边的纸卷已经做好接纸准备，当纸卷用到应该接纸的直径时，光电管便发出第二个信号。下边的纸卷制动器给纸卷轴施加制动力，使纸卷平稳地停止运动，并且立刻与新纸卷在零速下接纸。在接纸期间浮动辊下降，正常印刷用纸由储纸架 1 供给，印刷速度不变。当储纸架上纸即将耗尽时，自动接纸已经完成，新纸卷开始供纸。

图 2-1-7（e）为再储纸。自动接纸完成后，旧纸卷纸带被切断。新纸卷很快被加速到其纸带的线速度比印刷线速度高的状态。一方面供印刷用纸，另一方面供储纸架浮动辊上升储纸。

图 2-1-7（f）为正常供纸。自动接纸以后，浮动辊又返回到最高位置，旧纸卷完全被新纸卷取代。旧纸卷纸芯被取下，并且准备上一个新纸卷。完成了一个接纸循环过程。

（3）两种接纸方法的比较

①接纸和接头。高速接纸接头的胶带贴成八字形，而零速自动接纸接头的胶带贴成一字形，因此就接头来说，零速自动接纸要比高速自动接纸短。并且零速自动接纸是在静止状态下自动接纸，一般比高速自动接纸的可靠性要高。

②对纸张的影响。零速自动接纸机有储纸架，纸带可在其上储存达几十米长。这样纸带经过多次浮动辊处理，即把纸带在卷绕时形成的纸带内应力消除，使纸带舒展，而且大面积地暴露在印刷车间里，使纸带温度、湿度更接近于印刷车间的温度和湿度，因而，纸带进入印刷机以后变形很小，易于套准和保证印刷品质量。

高速自动接纸机在加速新纸卷时采用加速皮带或加速轮，在新纸卷外圆上靠摩擦加速。而零速自动接纸机加速新纸卷是加速纸卷轴，因而高速自动接纸机易将新纸卷纸带弄坏，而零速自动接纸机不存在这个问题。

三、张力控制机构

1. 概述

卷筒纸轮转印刷机在印刷过程中，纸带必须具有一定的张力才能控制纸带的运动。张力是指卷筒纸印刷机使纸带前进时对纸带形成的拉力。张力太小，会使纸带松卷产生拥纸，而造成横向皱褶、套印不准等问题；而张力过大，又会造成纸张拉伸变形出现印迹不光洁，甚至产生纸带断裂；张力不稳的纸带会发生跳动，以致出现纵向皱褶、重影、套印不准等问题。

（1）纸带张力的产生　由纸卷驱动装置和纸卷制动装置完成，驱动装置包括专用的送纸辊和印刷部件，制动装置有圆周制动器和轴制动器。

（2）影响纸带张力变化的因素　首先，是卷筒纸的形状，理想的卷筒纸应是一个准确的圆柱体，它的旋转轴线与其几何轴线应重合。但由于纸带绕卷不均匀，纸带质量不匀、纸芯偏心，纸卷管理不善等，使纸卷的形状常与理想的形状不符，而变成偏心，外圆不规则，椭圆形或几何轴线与旋转轴线相交等。这样的纸卷在退卷时，必然会使纸带产生跳动或退卷速度不一致。其次，印刷过程中印刷速度的变化，纸卷直径的逐渐变小，以及更换纸卷等，都使纸带张力发生变化。

（3）张力控制机构的种类　主要是纸卷制动装置、张力自动控制系统、纸带减震装置和送纸辊机构。

2. 纸卷制动装置

按照施加制动力的方法，纸卷制动可分为圆周制动和轴制动两大类。制动力作用在纸卷外圆表面称为圆周制动。制动力施加在与纸卷芯部相固联的轴（或制动环）上，则称为轴制动。

（1）圆周制动　如图2-1-8（a）所示1为运动的制动带；图2-1-8（b）所示2为悬挂重物的固定制动带；如图2-1-8（c）所示为固定端采用弹簧3悬挂重物固定带的结构。

由于制动带直接与纸卷外表面接触摩擦，往往会弄脏损坏纸面，同时还会纸带产生静电。弹簧悬挂重物的固定制动带则可较好地稳定偏心纸卷展开时的张力而使纸卷工作更平稳。

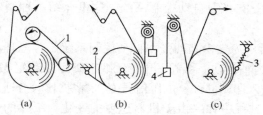
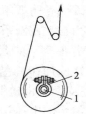

图2-1-8　圆周制动方式
1—运动制动带　2—固定制动带　3—拉簧　4—重物

图2-1-9　轴制动
1—轴　2—闸瓦

如图2-1-8（a）所示的运动制动带的圆周制动，其运动制动带是由单独的电机驱动，或由印刷滚筒转动通过相应齿轮组驱动运动。它的制动原理是利用运动带速度和纸卷速度之差来产生制动力。通常制动带的速度比纸带的速度低2%~5%。由于速差较小，它不像固定带那样易弄脏损坏纸面和产生静电。而且这种制动方式可通过改变制动带的速度和制动带与纸卷的压力，以及制动带与纸卷的包角等各种途径来调整制动力的大小。如果运动带的速度高于纸卷表面速度，它还可以驱动纸卷。因此，这种制动方式目前被广泛地应用于自动接纸系统中，尤其是在高速自动接纸时应用较多。

（2）轴制动　图2-1-9所示为轴制动。轴制动的优点是制动件不与卷筒纸纸面直接接触，因而不会损坏纸面，也不会产生静电，同时其结构也紧凑。但它不能有效地控制偏心纸卷产生的惯性力，特别是在大纸卷时更为明显。而且制动力必须随纸卷直径的减小而不断地调整，否则不能保持纸带张力不变。轴制动可采用在纸卷芯部轴端设置制动块，也可采用设置气动制动器和磁粉制动器。

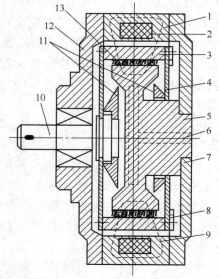

图2-1-10　磁粉制动器结构
1—外定子（磁轭）　2—线圈　3—转子
4—密封环　5—内定子（极靴）　6—冷却水路
7—后端盖　8—风扇叶片　9—磁力线
10—轴　11—迷宫环　12—前端盖　13—磁粉

磁粉制动器工作原理。如图 2 – 1 – 10 所示，它主要由外定子 1、线圈 2、转子 3、内定子 5 和磁粉 13 等部分组成。磁粉填充在内定子和转子之间，为减少制动器工作时升温，在内定子中通有冷却水路 6 系统来使制动器降温，同时，在转于上还设有风扇叶片 8 来进行边工作边风冷却。

当激磁线圈 2 通有电流时，线圈周围就产生磁力线 9，磁粉 13 受到磁力线的作用而磁化，这样，在转子和内定子之间联结成磁链，并使内定子和转子之间有了连接力。由于内定子是不动的，因此正在旋转的转子就被制动。从而使纸卷制动。调节激磁电流的大小，就可改变制动力矩的大小，而且制动力矩基本上与激磁电流成正比。

3. 张力自动控制系统

为了使纸带张力恒定，必须使纸卷制动力能够根据纸带张力波动的情况随机进行调整。为此，现代卷筒纸印刷机上都设置有张力自动控制系统。这里介绍一种用磁粉制动器制动的张力自动控制系统。

（1）工作原理　如图 2 – 1 – 11 所示为磁粉制动张力自动控制系统工作原理。磁粉制动器制动力矩施加在纸卷芯轴上，即为轴制动。纸卷 1 开卷后纸带 2 经浮动辊 3、张力感应辊 4、调整辊 5，由送纸辊机构 6 送入印刷部件。电压信号 U_1 是根据比较合适的印刷部分张力预先给定的电压信号。在印刷过程中如果由于机器速度的变化，纸卷的偏心，纸卷直径的减小或其他原因使纸带张力发生变化时，就会使张力感应辊 4 产生位移离开平衡位置，绕其支点偏转一个角度，而传感器是一绕线滑动电阻，张力感应辊 4 位移时，滑动触点的电压发生变化，并发出改变后的电压信号 U_2，送至综合信号放大器，与给定的电压信号 U_1 相对比，存在电压差 $\Delta U = U_1 - U_2$，ΔU 经电压放大器、功率放大器后，引起通入磁粉制动器的激磁电流发生变化，从而使磁粉制动器作用在纸卷轴上的制动力矩相应的发生改变，纸带张力恢复到给定值。这样张力感应辊 4 也恢复到原来的平衡位置，从而保证走纸张力的稳定。图中所示，控制磁粉制动器的电流有一部分要做反馈，这种反馈电流经电阻 R 的作用，变成电压信号进入比例放大器，这样可加强电路系统的稳定性和控制精度。

（2）调节　如图 2 – 1 – 11 中，开关 K 放在"手动"位置时，传感器和综合信号放大器不起作用，此时张力不能自动调节，就靠手动调节 U_1 的大小来调节张力。调节时根据不同的纸张，选定合适的张力（根据手感来控制），通过电流表指示出来，作为磁粉制动器控制电流的标准值。

"调整"位置的主要作用是检查传感器是否起作用，自动调整系统是否正常。如果正常印刷时，随着纸卷直径减小，电流表指针向减小方向移动，说明自动调整系统工作正常。

"自动"位置时，自动控制系统起作用。

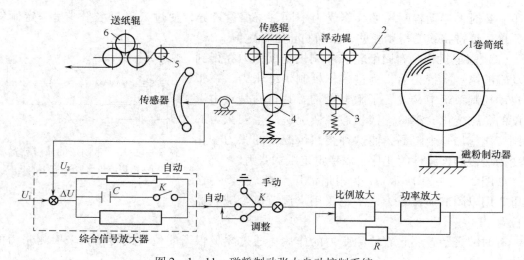

图 2 - 1 - 11　磁粉制动张力自动控制系统

1—纸卷　2—纸带　3—浮动辊　4—张力感应辊　5—调整辊　6—送纸辊

4. 纸带减震装置

卷筒纸印刷机由于前面所述的因素而引起纸带的振动，而这种振动和纸带张力的变化不可能用制动器完全消除。为了进一步减缓和消除纸带振动及保持走纸张力的稳定，在输纸系统中一般都采用减震装置，减震装置主要包括浮动辊机构和阻尼机构。

（1）浮动辊机构　设置在机器走纸张力第一次校正的位置。

①组成。如图 2 - 1 - 12 所示，它主要由浮动辊 3、轴承座 1、弹簧 2、弹簧导向轴 4、调节螺母 5 等部件组成。浮动辊是由轴承支承，它能自由转动，弹簧 2 的压力可通过调节螺母 5 预先调节好。

②工作原理。当纸带张力改变时，浮动辊和活动轴承座 1 上下移动，从而减缓振动。因为在印刷过程中使用的纸不同，所以张力大小也不一样。这就要求能调节弹簧 2 的压力大小，调节螺母 5 可改变弹簧 2 的预压力，从而达到改变弹簧力大小的目

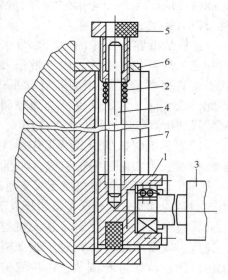

图 2 - 1 - 12　浮动辊机构

1—轴承座　2—弹簧　3—浮动辊
4—导向轴　5—调节螺母　6—固定板
7—滑板

的。弹簧 2 的选用，主要根据常用纸张所需要的张力大小而定。如果纸带张力变化太大，用一种弹簧满足不了要求时，可准备几种不同规格的弹簧以供选用。

③作用。这种浮动辊机构除了由纸卷形状不规则引起的纸带张力变化得到减缓外，同时也不至于因强行控制张力变化而断纸。

另外，浮动辊还可部分起到消除因纸带松紧边引起的纸带跑偏问题。当纸带两边松

紧不一致时，浮动辊两端的弹簧受力不同，压缩量各异，使过纸辊与水平线呈一定倾斜角，松边纸带路线变得稍长些，从而防止纸带跑偏。

（2）阻尼机构　卷筒纸轮转印刷机走纸张力在得到浮动辊的第一次校正后，为进一步控制走纸张力，在张力自动控制系统中又设置了阻尼机构。其目的是对由于速度的急剧变化、滚筒空挡相遇等情况所产生的张力的急剧变化施加一个阻尼，使这种突然情况下的张力变化转变为缓慢的连续性的变化，以稳定走纸的张力。

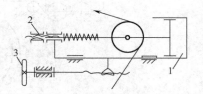

图 2 - 1 - 13　带阻尼的减震装置
1—阻尼液压（或气压）缸
2—螺母　3—手轮

如图 2 - 1 - 13 所示。1 为阻尼液压（或气压）缸，螺母 2 用以调节弹簧撑力，手轮 3 用来调节整个减震器的位置。

有时减震装置还起着检测张力的作用，通过测量辊子的位移或转角，来检测张力的变化。

5. 送纸辊机构

（1）设置位置和作用　送纸辊又称纸带驱动辊或续纸辊，它能强制驱动纸带，同时也能精确地控制进入印刷装置的纸带张力。送纸辊通常安装在印刷装置的前面和印刷装置与折页装置之间。

这样从纸卷上出来的一段纸带张力的波动和进入折页装置前的一段纸带张力的波动就不会直接影响进入印刷装置的纸带张力。因此，送纸辊又起到了更精确地控制进入印刷装置和折页装置纸带张力的作用。

（2）送纸辊机构组成及工作原理　送纸辊机构一般主要由三根辊组成，如图 2 - 1 - 14 所示。驱动辊 2 与电机或无级变速器相连，由于空转的软质橡胶辊 3 把纸带压在驱动辊 1 上面，故它的转速就决定了送入机器的纸带的速度。软质橡胶辊 3 相对于驱动辊 2 的压力可以用定位螺钉 6 调节，定位螺钉 6 在辊轴的两端各有一套，以便使辊的两端压力一致。

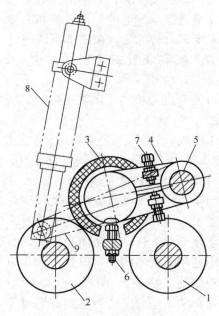

图 2 - 1 - 14　送纸辊机构
1—硬质钢辊　2—驱动辊　3—软质橡胶辊
4、9—摆臂　5—轴　6—定位螺钉
7—调节螺钉　8—汽缸

为了使软质辊 3 的轴线与驱动辊 2 的轴线平行，支持软质橡胶辊 3 左边的摆臂 4 用调节螺钉 7 固定在轴 5 上，而支持软质辊 3 右端的摆臂 4 则空套在轴 5 上并通过卡套（图中未示出）与轴 5 相连。卡套上有两个螺钉顶住右摆臂 4 的筋，调节这两个螺钉就可以使软质辊 3 轴线与驱动辊 2 轴线平行。实际上软质辊 3 与驱动辊 2 两端均匀的压力是依靠同时调节螺钉 7 和定位螺钉 6 而获得的。

压辊 3 可以抬起，以便穿纸。抬起的动作由摆动式气缸 8 完成。当摆动式气缸活塞移动时，带动摆臂 9 摆动，通过轴 5、摆臂 4 使压辊 3 起落。

（3）钢辊 1、2 表面线速度的无级调节　钢辊 1、2 的驱动有些印刷机通过单独的调速电机来驱动，以便调节其转速；有些机器是通过一个无级变速箱（通常为齿链式无级变速器）和主传动系统相连接，使表面速度可进行无级调节。

为了保证进入印刷部件的纸带张力精确稳定，要求送纸辊的线速度略低于印刷滚筒的线速度。

<h2 style="text-align:center">四、纸带引导系统</h2>

卷筒纸轮转印刷机输纸系统是以纸带的形式连续不断地把纸提供给印刷装置和折页装置。为了实现纸带的运动路线和运动方向、完成纸带的翻转工作、使纸带相对于印刷部件产生纵向位移、调整纸带横向位置，卷筒纸印刷机专门设置有纸带引导系统（又称导纸系统）。此系统主要包括过纸辊、纸带转向装置、调整辊机构、纸带纵向位置调节机构和纸带横向位置调节机构等。

1. 过纸辊

为控制纸带运动路线在印刷装置和折页装置之间设置有多根过纸辊（又称方向辊、导纸辊、空转辊）。过纸辊在纸带运动路线中又起支撑纸带的作用。靠与纸带的摩擦力而旋转。

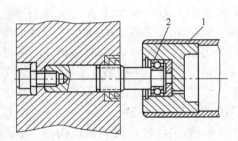

图 2 - 1 - 15　过纸辊机构
1—过纸辊　2—轴承

如图 2 - 1 - 15 所示，过纸辊 1 一般安装在滚动轴承 2 上，轴承座与墙板相固定。为使纸带拉力在宽度上分布均匀，轴承又往往安装在偏心轴套上，而这种偏心轴套主要是为了安装调节过纸辊的歪斜。有些过纸辊，纸带对辊子包角很大时，如超过 120°，为减少摩擦，也采用强制驱动的方式来使其工作。

2. 纸带转向装置

纸带的转向一般是用转向棒来实现，纸带的转向通常有下面几项工作：改变纸带的前进方向，使纸带在自身平面内产生横向位移，使纸带翻转。

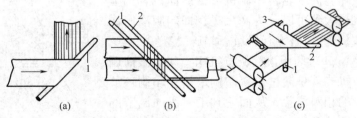

(a)　　　(b)　　　(c)

图 2 - 1 - 16　转向棒作用示意图
1、2、3—转向棒

①如图 2 - 1 - 16 所示为纸带转向的几种情况。图 2 - 1 - 16（a）为用一根转向棒使纸带的运动方向改变了 90°，同时纸带也被翻转了。当然也可按照其他角度改变运动方向。

②图 2 - 1 - 16（b）为纸带纵向切开后用两根转向棒使纸带重叠对齐在一起，而后被送入折页装置。

③图2－1－16（c）为用三根转向棒使纸带翻转而方向不变的情况。纸带从第一印刷装置出来经过转向棒1变为与原方向成直角的运动状态，纸带被翻转一次；利用转向棒3使纸带又翻转一次，由于转向棒2使纸带运动方向又改变了90°，并且进行了纸带第三次翻转，这样纸带通过这三根转向棒的作用就翻转了一面并按原方向进入第二印刷装置。

为避免纸带被转向棒弄脏，转向棒一般是空心的，并且在转向棒上钻有小孔并通入压缩空气，以使纸带与转向棒之间形成气垫。

3. 调整辊机构

纸带在运动过程中由于各种原因会使纸带出现一边松一边紧的情况，导致纸带偏位或套印不准。而卷筒纸印刷机的调整辊则能在纸带出现一边松一边紧的情况下，调节纸带单边的张力和解决纸带跑偏的问题。

如图2－1－17所示为调整辊机构。调整辊一端的轴承安装在轴套1中，轴套1装在墙板支架的长孔中，而在轴套上安装有螺杆4，调整辊的另一端装在墙板固定的轴套内。当纸带出现一边松一边紧的现象时，转动手柄2，通过螺杆4即可调整辊5的上下位置，从而达到调节纸边松紧不一致的目的。并依靠弹簧6的作用，保证调整后的位置不发生变化。

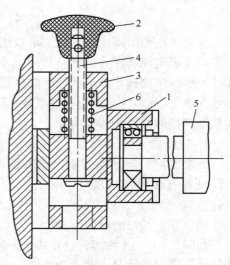

图2－1－17　调整辊机构
1—轴套　2—手柄　3—滑柄
4—螺杆　5—调整辊　6—弹簧

4. 纸带纵向位置调节机构

纸带在印刷过程中会出现伸长，而这种纸带的伸长现象会使套印不准，同时会使纸带折页裁切时准确度受影响。为了补偿纸带的伸长就设置了纸带纵向位置调节机构。

卷筒纸轮转印刷机纸带纵向位置调节机构大致可以分为两大类，即印版滚筒调节机构、在机组间设置调节辊装置。

（1）印版滚筒调节机构　印版滚筒调节机构就是通过改变印刷滚筒在印刷环节中的相对位置，从而达到纸带纵向调节的目的。该机构实际上是给印版滚筒一个附加转速以满足套印准确性的要求。如图2－1－18所示为光电控制式锥齿差动纵向自动调节机构。

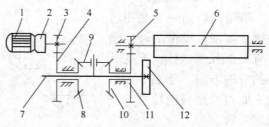

图2－1－18　锥齿差动纵向自动调节机构
1—电机　2—减速器　3、5、12—圆柱齿轮
6—印版滚筒　7—系杆轴　4、8、10、11—双联齿轮
9—锥齿轮

①正常印刷。在多色印刷中，当第一色套印标记与第二色相对位置符合要求时，光电控制器发出停转信号，即电机1、减速器2、齿轮3、4、双联齿轮8固定不动，此时由主传动齿轮12以转速n_{12}经系杆轴7将旋转运动传给行星齿轮9，经双联齿轮10、11带动印版滚筒齿轮5旋转，以实现正常印刷。

②印版滚筒周向位置调节原理。当一、二两色的套印标记相对位置产生错位时（套印不准），也就是发生超前或滞后现象时，由设置在印刷机组间的光电信号对比装置利用在卷筒纸上的套印标记发出超前或滞后信号，从而控制电机 1 正转或反转，并经减速器 2 和齿轮 3、4 使齿轮 8 转动，这时差动机构得到附加的转速 n_8，从而使输出的转速增快或减慢，完成前后位置的调节，使套印准确。

电机 1 除受信号对比装置控制外，也可通过按钮做手动调节。这种调节使印版滚筒圆周方向转动的弧长正好等于纸带的伸长量。在海德堡 M－600 商业用轮转印刷机就设有这种调节机构。

（2）调节辊装置　这种纸带纵向位置调节，是通过调整调节辊的位置，改变纸带在两印刷机组之间路径的长度（即纸带总长度）来实现的。调节辊机构位于两机组之间，当纸带在印刷过程中出现不同的变形时，调节辊位置自动调整位移，使引起走纸路程的变化量正好和纸带变形相等，从而保证机组间的套印准确。

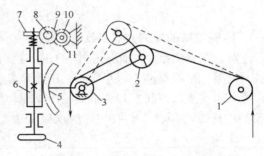

图 2－1－19　纸带路径长度调节机构
1、3—导纸辊　2—调节辊　4—手轮　5—扇形齿轮
6、8—蜗杆　7—蜗轮　9、10—齿轮　11—电机

如图 2－1－19 所示为纸带路径长度调节机构。调节辊 2 转轴可绕导纸辊 3 的支点摆动，这样就可改变两导纸辊 1、3 之间纸带路径的长度，以达到纸带纵向位置调节的目的。调节辊 2 的摆角大小由蜗杆 6 和扇形蜗轮 5 来控制。

手动调节时转动手轮 4 使扇形蜗轮转动即可达到。自动调节时，由光电控制系统得到信号使电机 11 转动，通过齿轮组 10、纠偏架 9 和蜗杆 8 及蜗轮 7 转动，再通过蜗杆 6 使扇形蜗轮转动一定的角度，从而带动调节辊 2 摆动一定角度至虚线所表示的位置，这样纸带在两导纸辊 1 和 3 之间的路径长度就变长了。

5. 纸带横向位置调节机构

正常运动的纸带在横向要比纵向稳定的多。但由于机器调节不当、张力的波动或纸卷及其他因素的影响，常常会使纸带产生横向位移，俗称跑偏现象。除了用浮动辊部分消除纸带跑偏外，通常在必要的工序前设置纸带横向位置调节装置（一般称为纠偏装置）。

四导纸辊纸带横向调节机构。如图 2－1－20 所示，1 是纸带，2、3 是输入和输

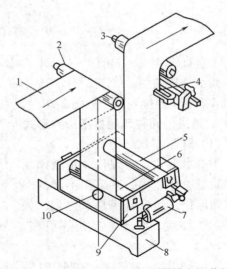

图 2－1－20　气动式四导纸辊纸带横向调节机构
1—纸带　2、3—导纸辊　4—传感器
5、6—调整辊　7—液压缸（或汽缸）
8—机架　9—纠偏架　10—支承轴

出导纸辊，5、6是两个可动调整辊，它们被平行安装在纠偏架9上。纠偏架9用支承轴10与机架8相连接，并可绕支承轴10旋转，纠偏架9又与液（气）压缸7的活塞杆铰接在一起。当纸带边缘在纸边定位传感器4中发生偏移时，信号送给高精度纠偏仪而引起液（气）压的变化，使液（气）压缸7的活塞移动，推动调整纠偏架9绕支承轴10转一个角度，直到纸带回到正常位置。

　　液（气）压缸7还可以用直线运动电机代替。通过传感器或光电检测器检测出材料边缘位置有误差时，输出正负偏差信号，信号经处理后，控制电机做正反转动，带动纠偏架9绕支承轴10转动，实现自动纠偏材料位置的功能。

五、印刷装置

1. 印刷滚筒的排列方式（B－B型）

　　目前，在卷筒纸平版印刷机中，印刷滚筒的排列方式有三滚筒型、B－B型、多滚筒型、卫星型、半卫星型、卫星加B－B型等。而B－B型滚筒的排列是没有压印滚筒，纸带从两个橡皮滚筒中间穿过进行印刷，印刷时是橡皮滚筒对橡皮滚筒进行压印，所以叫B－B型卷筒纸胶印机。B－B型机为双面印刷。而B－B型又主要有三种基本形式，如图2－1－21所示。

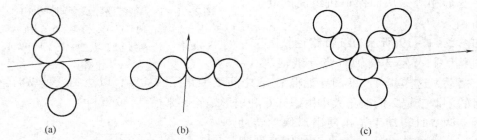

|(a)|(b)|(c)|

图2－1－21　B－B型卷筒纸平版印刷机印刷滚筒排列的基本形式

①垂直排列型。如图2－1－21（a）所示。
②水平排列型。如图2－1－21（b）所示。
③"Y"型排列型。如图2－1－21（c）所示。

2. 常见的几种印刷机组排列形式

（1）H型塔状结构

①基本形式。在现代的报纸印刷用卷筒纸胶印机中，多采用不同的滚筒排列形式，构成H型塔状结构，如海得堡、罗兰、高宝、高斯等机型。如图2－1－22所示。

②不同纸路的安排。在H型塔中，可根据纸路的不同安排，印刷出不同的印品。如果是单纸路，一次可印刷双面四色；如果双纸路，可印刷双面双色；如果有的印版滚

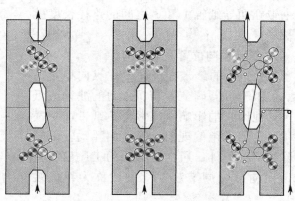

图2－1－22　H型塔状结构

筒不着墨或是多纸路印刷，可以得到不同的印品。这种结构工作灵活，适应面广。如图 2－1－23、图 2－1－24 所示，图中实心 ▲ 表示印刷，灰心 △ 表示没有印刷；实圆表示压印状态，虚圆表示非压印状态。

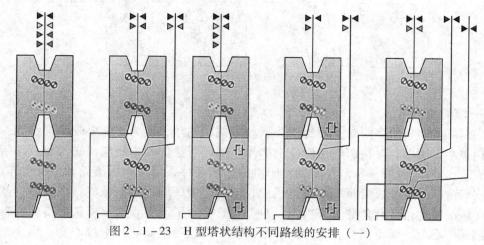

图 2－1－23　H 型塔状结构不同路线的安排（一）

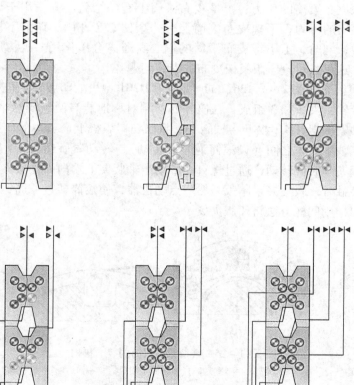

图 2－1－24　H 型塔状结构不同路线的安排（二）

　（2）机组型　在商业印刷的卷筒纸胶印机多采用水平 B－B 型的机组型排列方式，一次走纸可印刷双面四色。也可根据不同的纸路安排，印刷不同的印品。如图 2－1－25 所示。

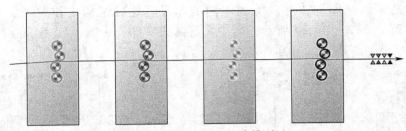

图 2 - 1 - 25　机组式排列

3. 滚筒的结构

卷筒纸胶印机的滚筒结构要比单张纸胶印机的简单，因为不需要咬纸牙结构，滚筒的空挡很小，所以有时我们把它们分别称作窄槽印版滚筒和窄槽橡皮布滚筒，印版和橡皮的安装比较方便。B－B型卷筒纸胶印机的印刷部件是由上印版滚筒和上橡皮布滚筒、下橡皮布滚筒及下印版滚筒四个滚筒组成，上下印版滚筒、上下橡皮布滚筒结构基本相同。印版滚筒上也装有套准调节机构。四个滚筒中除了下印版滚筒外都装有偏心轴套以改变滚筒中心距，满足离、合压和调压的需要。上印版滚筒有一个偏心套，用于调节上印版滚筒与上橡皮布滚筒的压力；上橡皮布滚筒上有一个偏心套，用于调节上橡皮布滚筒与下橡皮布滚筒的压力；下橡皮布滚筒上有一个偏心套，用于调节下橡皮布滚筒与下印版滚筒的压力；同时，上下橡皮布滚筒的偏心套还离合压作用。机构原理与单张纸胶印机基本相同。这里只讨论印版及橡皮布的安装问题。

（1）印版滚筒　如图 2－1－26（a）所示为 JJ201 型机的印版装夹机构，由一块弹性版夹 1 和两支半轴版夹 2 和 3 组成，在筒体的两端对称地装有两组操纵半轴版夹的机件。装版时，先转动紧版螺钉 4，松开半轴版夹，将已在弯版机上弯过边的印版咬口前端插入弹性版夹 1 和半轴版夹 3 之间（设滚筒逆时针转动），转动紧版螺钉 4，使半轴版夹的固定架 5 绕半轴版夹顺时针转动，通过螺钉 6 带动半轴版夹上端向弹性版夹靠拢，当固定架与定位螺钉 7 接触时，版夹夹紧印版。然后点动机器，使滚筒转过一周，把印版拖梢插入另一边的版夹中，用同样方法将印版夹紧。

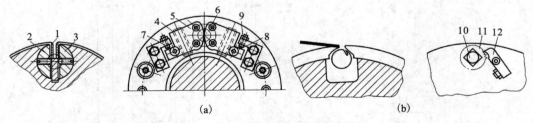

（a）　　　　　　　　　　（b）

图 2 - 1 - 26　窄槽印版滚筒的装卡机构

1—弹性版夹　2、3—半轴版架　4—紧版螺钉　5—固定架　6、8—螺钉　7—定位螺钉　9—螺母

10—卷轴　11—棘齿　12—棘爪

印版夹紧后，应分别拧紧固定架上的锁紧螺钉 8，防止紧版螺钉和印版在印刷过程中松动。

半轴版夹对于印版的夹力要适宜，太小当然卡不住印版，如果太大，虽然印版可夹得紧些，但长时间作用易使弹性版夹失去弹性。为此，规定在没有印版时半轴版夹与弹性版夹之间的间隙为 0.2 mm。这个间隙是通过调节定位螺钉 7 的位置来确定的，方法如下：松开螺母 9，转动定位螺钉 7，使其位置升高，然后转动紧版螺钉 4，使半轴版夹固定架上升，当半轴版夹和弹性版夹的间隙达到规定要求时，将定位螺钉 7 向下拧动，碰到固定架即为合适，最后将螺母 9 锁紧，以防松动。

图 2-1-26 图中（b）所示为另一种形式的印版装卡机构，这里就不介绍了。

（2）橡皮布滚筒　由于卷筒纸平版印刷机承印的材料是卷筒纸，其滚筒空挡很小。橡皮布装夹机构有以下几种形式。

①压板式装夹机构。如图 2-1-27（a）所示，橡皮布装夹机构中橡皮布两边先在机下用夹板夹住，然后将夹板装入筒体的凹槽内，转动螺钉把橡皮布张紧，使它紧贴在筒体表面。这种装夹机构结构简单，但装卸比较费时，而且橡皮布尺寸的裁切要非常准确。

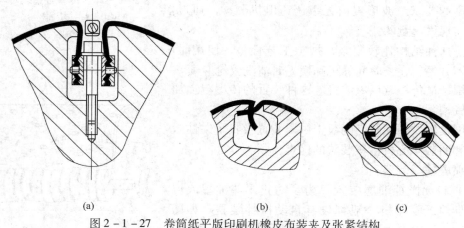

(a)　(b)　(c)

图 2-1-27　卷筒纸平版印刷机橡皮布装夹及张紧结构

②单卷轴式装夹机构。如图 2-1-27（b）所示，在橡皮布装夹机构中先将一边的橡皮布夹板放入筒体的空挡部位，然后点动机器，待滚筒转过一周，把另一边的橡皮布夹板插入卷轴槽内，转动卷轴直到把橡皮布拉紧，并依靠卷轴的圆周表面卡住橡皮布的两端。

③双卷轴式装夹机构。如图 2-1-27（c）所示，在橡皮布装夹机构中将橡皮布两边的夹板分别插入卷轴槽内，卷轴一端装有蜗轮蜗杆机构，通过转动蜗杆，就能拉紧橡皮布。双卷轴式装夹机构的优点是橡皮布从两头拉紧，可以使橡皮布比较平整地紧贴于滚筒表面，但它所占地方较大，故滚筒直径小的机器不用这种装夹机构。

六、输墨和润湿装置

1. 供墨装置

由于卷筒纸胶印机的速度很高，它的供墨装置不是像单张纸那样是间歇供墨，而是连续供墨。为了防止墨斗中油墨表层起皮，卷筒纸胶印机一般都设有自动搅拌油墨装置，还有自动加墨装置。

（1）连续供墨装置的类型

①传墨辊连续转动供墨。传墨辊 2 是连续转动的，靠墨斗辊 1 和第一匀墨辊 3 的旋转

带动，是一个摩擦转动的辊。其作用是消除墨斗辊与匀墨辊之间的速度差。这种装置可根据印刷速度将油墨连续、均匀地传给印版滚筒，如图 2-1-28 所示。

②波形传墨辊供墨。如图 2-1-29 所示，传墨辊轴 1 上有多个可单独转动的小偏心胶轮 2，两个相邻胶轮在波形辊轴上相差 60°，错开形成波形状，称为波形传墨辊。波形辊在推动过程中，每隔一定时间在同一方向的 5 个（按 5 组，每组 6 个小胶轮计）胶轮与墨斗辊接触，取墨之后又与匀墨辊接触传墨，因而在匀墨辊表面上就可以得到波浪形的一个个矩形墨层块 3。这样在匀墨表面得到的是分布均匀的散开的墨层，经周向、轴向辗转和串动，向四周均匀地铺层，便能迅速打匀油墨，适应了高速印刷的要求。波形辊由无级调速电机驱动，通过控制转速实现供墨量的调节。

但是这种结构比较复杂，加工工艺性差，使用时压力调节不方便，在长时间停机和换墨时清洗胶轮麻烦。

③螺旋槽传墨辊供墨装置。这种装置的传墨辊上加工有螺旋槽。

④网纹辊供墨装置。网纹辊供墨装置吸收了柔性版印刷机和凹版印刷机输墨装置的优点。

⑤喷墨输墨装置。

（2）自动搅拌油墨装置　为了防止墨斗油墨表层起皮，卷筒纸胶印机一般都设有自动搅拌装置。如图 2-1-30 所示，自动搅拌装置由搅墨棒 1 和减速机构、往复运动机构组成，搅墨棒 1 在墨斗里往复运动，不断搅拌油墨，避免了墨斗中的油墨起皮，保证了正常供墨。

（3）自动加墨装置　为满足卷筒纸胶印机的印刷速度快消耗量大的要求，先进的卷筒纸胶印机有自动加墨装置，如图 2-1-31 所示为罗兰公司研制的自动加墨装置。油墨通过活塞式油泵 2 从油墨槽 1 中抽出，经墨管 3 输送到墨斗上方的油墨分布管 4 里，经分布管 4 的多个出口流入墨斗中，墨斗中的油墨的高度将由墨斗内的水平调节器 5 的探头控制。同时探头还可以搅拌油墨，防止油墨起皮。当油墨高度低于探头时，发出信号启动油泵给墨斗加墨。图中 7 为墨槽盖板、8 为排气管、9 为支撑泵体的横杆。

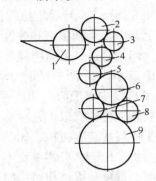

图 2-1-28　传墨辊连续转动供墨
1—墨斗辊　2—传墨辊　3、5—匀墨辊　4、6—串墨辊　7、8—着墨辊
9—印版滚筒

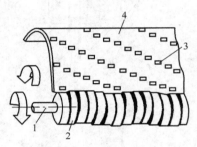

图 2-1-29　波形传墨辊供墨
1—波形传墨辊轴　2—偏心胶轮
3—矩形墨层块
4—均墨表面展开图

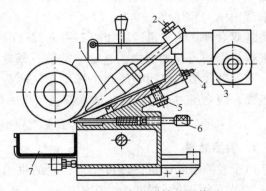

图 2-1-30　自动搅拌油墨装置
1—搅墨棒　2、3—调节螺钉　4—接墨槽　5—墨斗辊
6—墨斗刀片　7—调节手柄

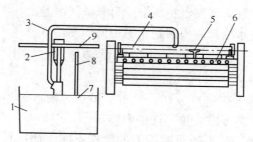

图 2 - 1 - 31　自动加墨装置

1—油墨槽　2—油泵　3—管　4—油墨分布管　5—调节器
6—墨斗　7—墨槽盖板　8—排气管　9—支撑杆

2. 传墨和匀墨装置

传墨装置将油墨从供墨装置传给匀墨装置，常规的传墨和匀墨装置大多有传墨辊、窜墨辊、匀墨辊、重辊等组成，工作原理和结构与单张纸胶印机的传墨装置基本相同。

3. 着墨装置

卷筒纸胶印机的着墨装置包括着墨辊和它的压力调节机构、着墨辊起落机构。工作原理和结构与单张纸胶印机的传墨装置基本相同。

4. 润湿装置

常规的润湿装置由水斗、水斗辊、传水辊、串水辊、着水辊组成，只是大多数的卷筒纸胶印机的润湿装置只有一个着水辊。其工作原理和基本结构与单张纸胶印机的润湿装置基本相同。除了常规的润湿装置，还有连续给水润湿装置、翼片辊润湿装置、刷辊式润湿装置、气流喷雾润湿装置、达格伦润湿装置、酒精润湿装置等。

5. 水墨的冷却系统

匀墨过程中由于碾压、分割以及摩擦作用，会使油墨发热。特别是在高速的卷筒纸机上，这个问题就更显著。由于发热温升势必影响到油墨的流动性，从而破坏水墨平衡，影响着墨性能，影响印刷质量。而且如果采用热固油墨，墨辊温度太高，油墨就可能在墨辊上干燥。为了保持油墨温度不变，现代卷筒纸胶印机在输墨装置中增加了油墨的冷却系统。

冷却系统主要是在一些墨辊中通入循环冷水降低墨辊温度，使印刷过程不受运动时间和高速的影响，以提高印刷质量的稳定性。冷却系统使冷却水保持一定的温度。

冷却系统的水温应保持恒定，可以根据需要进行调温。冷却系统中要设有过滤器，以防止水管及冷却墨辊内有异物沉淀而影响冷却效果。冷却辊表面采用导热性好的金属材料，其直径大小及水流量根据机器速度高低而定，但应保证有效的冷却。

冷却系统的工作原理如图 2 - 1 - 32 所示。水泵 1 将冷却水箱中的冷却水通过进水管 3 打入匀墨系统的某些墨辊中。冷却水通过墨辊，使墨

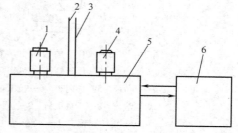

图 2 - 1 - 32　冷却系统的工作原理

1—水泵　2—回水管　3—进水管
4—水泵　5—水箱　6—热交换器

辊降温，然后再通过回水管 2 回到水箱 5 中。为降低回水温度，水泵 4 将回水管流回来的水打入热交换器 6 中，使水冷却后再回到水箱中循环使用。

七、纸带折页装置

1. 折页装置的类型

折页装置的主要是将纸带进行纵切、纵折、横切、横折，并将折切好的单张收集成书帖。不同产品根据其工艺要求安排不同的内容。

（1）按横折方式分类　根据折页时折刀的动作不同，把折页装置分为冲击式折页和夹板式折页。夹板式折页又称滚折式折页，这是采用两种原理不同的横折方式。

冲击式折页是折刀在自身运动中将绷紧的纸带塞入一对相对转动的折页辊中，折页辊夹住纸张，将纸张压出折缝。

夹板式折页是折刀自身不运动，而随折页滚筒的旋转中将绷紧的纸带塞入另一个滚筒的夹板中，夹板夹住纸张，产生折缝。夹板式折页适用于比较低的机速（一般为250～300 次/min），而冲击折页适用于高速（如400～500 次/min）。一般冲击式折页用在报纸横折中，夹板式折页用在书刊横折中。夹板式折页的精度比冲击式折页的精度高。

（2）按纵折方式分类　根据纸带折页时经过三角板数目，把折页装置分为单三角板折页装置和双三角板折页装置。

单三角板折页装置如图 2-1-33 所示。双三角板折页装置如图 2-1-34 所示。双三角板折页比单三角板折页用得更为广泛。它生产率高，可以得到页数更多的报纸产品。

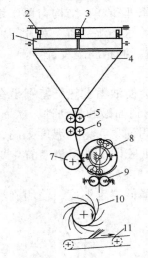

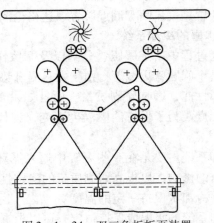

图 2-1-33　单三角板折页装置

图 2-1-34　双三角板折页装置

1—纸带驱动辊　2—压纸轮　3—纵切圆盘刀

4—三角板　5—导向辊　6—拉纸辊

7—裁切滚筒　8—折页滚筒　9—折页辊

10—输帖翼轮　11—输送带

2. 折页装置的工作原理

（1）冲击式折页装置

①冲击式折页装置组成。图 2-1-33 所示为单三角版折页装置，也是冲击式折页装

置。主要由纵折纵切机构（纸带驱动辊 1、压纸轮 2、纵切圆盘刀 3、三角板 4、导向辊 5、拉纸辊 6）和裁切滚筒 7、折页滚筒 8、折页辊 9、输帖翼轮 10 和输送带 11 等组成。

裁切滚筒 7 上开有凹槽，凹槽中安装刀框，锯齿形裁切刀就安装在刀框中。刀框的结构能保证快速地卸下和装上切刀。

折页滚筒 8 上有两排针筒，针筒中装有钢针，钢针用来挑住印张。此外，折页滚筒上还有两把做行星运动的折刀。

折页辊 9 上是一对带网纹的辊子，它们装在行星折刀的下方。折页辊 9 的轴承由弹簧支撑，以保证对所折报纸的压力，同时弹簧起到减震作用。

输帖翼轮 10 一般有 10 个或 12 个叶片。高速折报装置翼轮可少至 5～6 片。

②冲击式折页装置工作原理。已印好双面的纸带进入纸带驱动辊 1。如果是四版的报纸，纵切刀 3 就抬起不起作用。如果是两版的报纸，纵切刀 3 落下并沿纵向把纸带切为两部分。经三角板 4 和导向辊 5 以及拉纸辊 6 一起完成纵折。拉纸辊 6 继续将纸带输送到裁切滚筒 7 和折页滚筒 8 之间，并由折页滚筒 8 上的钢针挑住，当裁切滚筒 7 上的锯齿形裁切刀与折页滚筒上的刀垫相遇时完成纸带横切。此时，折页滚筒 8 上做行星运动的折刀伸出，把报纸的中间送入两折页辊 9 之间而完成横折，这个横折就是冲击式折页。折帖通过输帖翼轮 10 把报纸放在输送带 11 上，将报纸输送出去。

图 2 - 1 - 34 所示为双三角板折页装置，它由两套单三角板折页装置组成。如果纸带为双倍宽度（例 1 575 mm），则纸带在印刷后纵切成两条单宽度（787.5 mm）的纸带，每条纸带可以分别进入各自的三角板在两条输送带上得到四版报纸。

获得多版面报纸的一种方法可借助于转向棒，使纵切开的两条纸带重叠在一起进入一个三角板进行折页加工。

（2）夹板式折页装置　由于其折页精度较高，主要用于书刊折页。夹板式折页装置有三滚筒型和五滚筒型两种方式，能完成 16 开书帖和 32 开双联书帖的折页。一般书刊印刷用纸卷尺寸，宽度为 840 mm，横切后纸张长度为 550 mm，其 16 开尺寸为 210mm × 275 mm，32 开为 137.5mm × 210mm，则：得到 16 开单帖要经过一次纵折、一次横切、一次横折和再一次纵折（附加纵折）就可得到 210mm × 275 mm 的 16 开单帖书贴；得到 32 开双联要经过一次纵折、一次横切、两次横折就可得到 137.5mm × 420 mm 的 32 开双联书帖。

①三滚筒型夹板式折页装置。

a. 16 开单帖书帖折页。如图 2 - 1 - 35

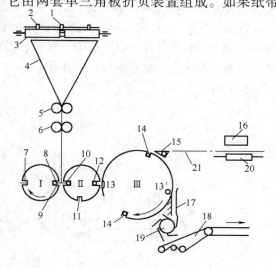

图 2 - 1 - 35　三滚筒折页机装置
1—纵切圆盘刀　2—压纸轮　3—纸带驱动辊
4—三角板　5—导向辊　6—拉纸辊
7、11、16—折刀　8—钢针（在裁切滚筒 I 上）
9—裁刀　10—刀垫　12、14—夹板
13、13′—咬牙　15、17—导纸板
18—32 开输送带　19—输帖翼轮　20—折纸辊
I—裁切滚筒　II—第一折页滚筒
III—第二折页滚筒　21—16 开输送带

所示，纸带经过纸带驱动辊 3、三角板 4、导向辊 5 及拉纸辊 6 完成纵折工作。经过纵折后的纸带被裁切滚筒Ⅰ上的钢针 8 挑住，此时裁切滚筒上的裁刀 9 和第一折页滚筒Ⅱ上的刀垫 10 配合将纸带裁断，完成横切。然后裁切滚筒Ⅰ转过 180°，其上的折刀 7 再与第一折页滚筒Ⅱ上的夹板 12 配合完成第一横折。夹板 12 带书帖又转过 180°与第二折页滚筒Ⅲ的咬牙 13（或 13′）相遇时交给咬牙 13（或 13′），随着折页滚筒Ⅲ的旋转，书贴转到导纸板 15 时其咬牙开牙，书贴进入输送带 21，经定位后，由折刀 16 与折页辊 20 配合完成 16 开书帖的折页，经输送带 18 输出。

b. 32 开双联书帖折页。纸带经过纵折、横切和完成第一横折后（与上述 16 开书帖折页相同），由第一折页滚筒Ⅱ的夹板 12 夹住书帖转过 270°时，第一折页滚筒的折刀 11 和第二折页滚筒Ⅲ上的夹板 14 配合完成第二横折成为 32 开双联书帖。然后由夹板 14 夹住书帖转到导纸板 17 处开牙落入输帖翼轮 19，最后由输送带 18 输出。

②五滚筒型夹板式折页装置。

a. 16 开单帖折页。如图 2 - 1 - 36 所示，纸带由压纸轮 2、纸带驱动辊 1 作用，经三角板 4、导向辊 5 和两套拉纸辊 6 完成纵折（此时圆盘刀 3 抬起。有时为了纵折时容易排除空气也可用花瓣状圆盘刀沿纸带纵折线开出断续的缝隙）。然后纸带被第一折页滚筒 9 上凸轮 11 控制下的钢针 10 挑住，由裁切滚筒 7 上的裁切刀 8 与第一折页滚筒 9 上的橡皮垫相配合完成横切。再由其上的折刀 15 和第二折页滚筒 16 上的凸轮 19 作用的夹板 17 配合进行第一横折，然后随着第二折页滚筒 16 的旋转，折好的书帖由导纸板 31，送入折刀 30 和折页辊 29 之间再一次进行附加纵折，得到 210mm × 275mm 的 16 开书帖，由翼轮 28 接住书帖并将其放到输送带 27 上输出。

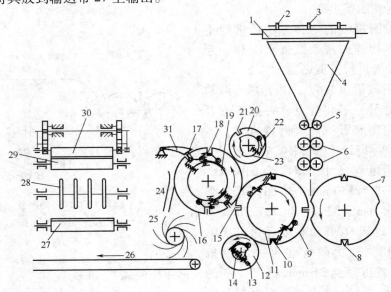

图 2 - 1 - 36　五滚筒折页机装置
1—纸带驱动辊　2—压纸轮　3—纵切圆盘刀　4—三角板　5—导向辊　6—拉纸辊
7—裁切滚筒　8—裁刀　9—第一折页滚筒　10—钢针　11、14、19、23—凸轮
12—存页滚筒　13—钢针　15、21、30—折刀　16—第二折页滚筒　17、18—夹板
20—辅助折页滚筒　22—钩子　24、31—导纸板　25、28—翼轮　26、27—输送带　29—折页辊

b. 16 开套帖折页。当需要 16 开套帖时，由第一折页滚筒 9 上的钢针 10 挑着第一张书贴与存页滚筒 12 上的钢针 13 相遇时，交给存页滚筒钢针 13。当存页滚筒转一周，而第一折页滚筒 9 的第二排钢针挑着的第二纸帖相遇时，存页滚筒钢针缩回，此时两帖纸重叠在第一折页滚筒 9 上的钢针 10 上，当第一折页滚筒折刀 15 与第二折页滚筒 16 的夹板 17 相遇时，完成第一套帖的横折。其他过程与单帖相同。

c. 32 开双联单帖折页。纸带经纸带驱动辊 1、三角板 4、导向辊 5、拉纸辊 6 完成纵折，纵折后的纸带送入到裁切滚筒 7、第一折页滚筒 9、第二折滚筒 16 后完成第一横折，再由辅助折页滚筒（小折页滚筒）20 上的钩子 22 钩住书贴，当折刀 21 与第二折页滚筒的夹板 18 相遇时，完成第二横折，得到 137.5mm × 420mm 的 32 开双联书帖。折好的书帖经导纸板 24、翼轮 25 落到输送带 26 上输出。

d. 32 开双联套帖折页。当需要 32 开套贴时，存页滚筒 12 进行工作，当第一折页滚筒 9 的钢针 10 挑着纸帖运行到与存页滚筒 12 的钢针 13 相遇时，存页滚筒 12 的钢针 13 在凸轮 14 作用下，伸出挑住书贴并旋转一周，与第一折页滚筒 9 上的第二排钢针 10 上的书帖重合在一起，配成双帖。其他与单帖折页过程相同。

注意：当不需要套贴时，可调整存页滚筒 12 上凸轮 14，使滚子与凸轮脱开，钢针 13 缩进；当折 16 开书帖时，辅助滚筒上的钩子抬起不工作。

练习与测试 9

一、填空题

1. 卷筒纸胶印机大致可分为＿＿＿＿＿＿、＿＿＿＿＿＿、＿＿＿＿＿＿三类，其中＿＿＿＿＿＿一般不需烘干装置。

2. 送纸辊机构的作用是＿＿＿＿＿＿；纸卷制动装置的作用是＿＿＿＿＿＿；调整辊机构的作用是＿＿＿＿＿＿＿＿＿＿。

3. 纸带纵向、横向位置调节机构的作用分别是＿＿＿＿＿＿、＿＿＿＿＿＿。

4. 纸架的类型有＿＿＿＿＿＿、＿＿＿＿＿＿、＿＿＿＿＿＿。

5. 纸卷卡紧机构中，有心轴安装可分为＿＿＿＿＿＿、＿＿＿＿＿＿。

6. 自动接纸系统可分为＿＿＿＿＿＿、＿＿＿＿＿＿。

7. 纸卷制动装置可分为＿＿＿＿＿＿、＿＿＿＿＿＿。

8. 浮动辊机构的作用是＿＿＿＿＿＿。

9. 卷筒纸胶印机折页装置的基本类型有＿＿＿＿＿＿、＿＿＿＿＿＿。

10. 卷筒纸的纸带转向装置由＿＿＿＿＿＿组成。

11. 运动制动带是依靠纸卷的表面速度与制动带的速度之差。通过＿＿＿＿产生制动力。

二、选择题

1. 卷筒纸印刷机的纵折机构，包括＿＿＿＿＿＿。

　　A. 三角板　　　　　B. 导向辊　　　　　C. 拉纸辊　　　　　D. 裁切滚筒

2. 卷筒纸印刷机中零速接纸指的是，接纸时＿＿＿＿＿＿。

　　A. 印刷机停止运转　　　　　　　　B. 滚筒转速减慢

C. 被印刷的纸带速度为零　　　　　　　D. 接纸处纸带速度为零

3. 用于卷筒纸横折横切装置为_____。
   A. 行星式折刀　　　B. 三角板　　　　　C. 裁切滚筒　　　D. 圆盘刀
   E. 折页滚筒

4. 卷筒纸折页装置，包括对纸带的_____机构。
   A. 纵切　　　　　B. 纵折　　　　　C. 横切　　　　　D. 横折
   E. 纸帖输出

5. 在机组式的多色卷筒纸轮转机中，逐级增加滚筒包衬，是为了_____。
   A. 提高印刷机的速度　　　　　　　　B. 减轻滚筒空档相遇所产生的振动
   C. 补偿纸带伸长造成的松弛　　　　　D. 使油墨快速干燥

6. 卷筒纸印刷机印刷时，引起纸带张力变化的因素有_____。
   A. 卷筒纸的形状　　　　　　　　　　B. 印刷过程中，纸卷直径变小
   C. 换接纸卷　　　　　　　　　　　　D. 印刷速度的变化
   E. 纸张性质的变化

7. 保证纸带张力恒定主要由下列哪两项装置起作用：_____。
   A. 制动器　　　　　　　　　　　　　B. 印刷滚筒或专门的送纸辊装置
   C. 纸卷轴的长短　　　　　　　　　　D. 纸卷直径大小
   E. 着墨辊

8. 纸带震动的主要原因是下列哪三项：_____。
   A. 纸卷形状不规则　　　　　　　　　B. 印刷滚筒空挡相遇
   C. 机器速度过快　　　　　　　　　　D. 机器速度过慢

9. 卷筒纸双色印刷机中送纸辊的安装位置为_____。
   A. 第一色组印刷装置之前　　　　　　B. 一色组与二色组印刷装置之间
   C. 印刷装置与折页装置之间　　　　　D. 折页装置之后
   E. 任意安排

10. 卷筒纸胶印机印刷滚筒的排列方式有_____。
    A. 垂直排列型　　B. 水平排列型　　C. "Y"型排列型　　D. 以上均不是

11. 印刷机组的排列形式有_____。
    A. H型塔状结构　　B. H型机组式　　C. S型结构　　　D. 以上均不是

三、判断题

（　　）1. 圆周制动是制动带与纸卷外圆不直接接触。

（　　）2. 轴制动是在纸卷芯部轴端设置闸瓦或磁粉制动器。

（　　）3. 磁粉制动器线圈中电流越大，制动力矩越大。

（　　）4. 滚折式折页机一般只适合于低速，而冲击式折页机适合于高速。

（　　）5. 如图2-1-16所示，其中a为纸带仅改变了90°，c使纸带仅翻了面。

（　　）6. 在卷筒纸印刷中，纸卷的无芯轴安装与有芯轴安装相比，纸卷更换时间短。

（　　）7. 卷筒纸的印刷装置可以调节纸带的横向和纵向位置。

（　　）8. 为了使纸带在印刷装置和折页装置之间产生必要的张力，纸带的驱动辊

的线速度应稍大于印刷速度。

（　　）9．纸卷的轴制动能有效控制偏心纸卷产生的惯性力。

（　　）10．送纸辊中的钢辊，其动力可通过一个无级变速箱和主传动系统连接，也可使用单独的调速电机驱动。

（　　）11．过纸辊是使用单独的电机驱动的。

四、简答题

如图 2 - 1 - 36 所示为滚折式折页机的五滚筒型夹板式折页装置原理示意图。

1．说明图中序号名称：1 _____、4 _____、5 _____、6 _____、7 _____、8 _____、9 _____、10 _____、15 _____、16 _____、18 _____。

2．说明 16 开单贴折页输出的工作原理。

学习情境三
印前设备

印刷包括印前处理、印刷、印后加工三大工艺，印前设备是进行印前处理工艺所涉及的设备，主要是彩色桌面出版系统（DTP）、直接制版系统（CTP）。因此，学习情境三安排"彩色桌面出版系统（DTP）的调节与操作""直接制版系统（CTP）的调节与操作"两个项目展开教学。

项目一　彩色桌面出版系统（DTP）的调节与操作

背景：印刷设备是指生产印刷品及完成印刷过程使用的机械、设备、仪器的总称。一般分为印前设备、印刷设备、印后加工设备。彩色桌面出版系统（DTP）属于印前设备，印前设备是为印刷设备制作合格的印版的设备。按照印刷工艺流程，彩色桌面出版系统（DTP）的调节与操作的前导课是印前图像处理、文图制作与排版等课程。由激光照排机出来的整版胶片或是经过拼贴后所形成的大版胶片，不能直接用于印刷，必须把其上图文信息转移到印版上才能上机印刷。对于平版胶印，一般都采用 PS 版，PS 版分为阴图和阳图两种，现以阳图 PS 版晒版操作项目展开彩色桌面出版系统（DTP）的调节与操作教学。

应知：彩色桌面出版系统的组成；激光照排机、辊式传送自动冲洗机、拷贝机、晒版机、PS 版显影机的作用（功能）和分类。

应会：用胶片（菲林片）制作印版。

任务一　能力训练

用胶片（菲林片）制作印版

1. 任务解读

晒版机在印前设备中占有极其重要的地位，其性能优劣直接影响制版质量。晒版质量主要是指晒版过程中各因素的匹配与受控程度，表现为晒版的稳定性、再现性和再加工性。印刷适性是指印版满足使用要求所必须具备的性能，包括印版上网点的还原性和网点质量、印版的稳定性和耐印力以及印版的外观特性等。通过晒制一副对开四色印版掌握晒版机的调节与操作，前提是原版也称底片完全符合晒版要求。可按下述操作流程进行。烤版是为了增加印版的耐印力，可不进行烤版操作。

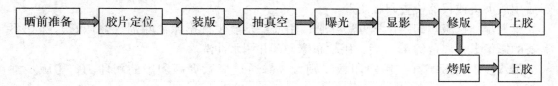

2．设备、材料及工具准备

（1）设备 对开晒版机、显影机各1台，拼版桌1张。

（2）材料 晒版胶片、PS版、清洁剂、透明胶带、显影药水、修版膏、印版保护胶等。

（3）工具 晒版尺、放大镜、剪刀、毛笔等。

3．课堂组织

分组进行，5人一组，实行组长负责制；每人领取一份实训报告，操作结束时，教师根据学生操作过程及效果进行点评；现场按评分标准在报告单上评分。

4．操作步骤

第一步：晒前准备。①清洁版台；②打开晒版机、显影机预热；③清洁片基。

第二步：胶片定位。按照工艺要求先将PS版平放在拼版桌上，应在安全光线下进行，要求感光层面向上。应用晒版尺，晒版尺的长度与版材同长，宽度为叼口距离，尺中心刻度为零依次向两边延伸。定位时，将晒版尺下边缘与PS版前端对齐，再将胶片药膜朝下放在PS版上，使胶片前端针位与尺叼口处重合，前端十字线与零刻度重合，并用胶带将胶片固定在PS版上。粘贴位置要远离图文部分7 mm，取出晒版尺，准备晒版。

第三步：装版。打开晒版机的晒框锁扣手柄，开启晒腔上的晒框。将其上面的玻璃擦拭干净，然后将固定好的PS版用手托入晒腔的橡皮垫上并居中放好，准备晒版。

第四步：抽真空。合上晒框，锁好手柄，拉好帘子。在操作面板上通过"功能选择"键分别选中"真空1"和"真空2"，然后通过"数据"设置按键，分别设置给定的"真空1"和"真空2"的抽气时间，当真空度达到总真空度一半时，真空度就停留在这一压力下，一段时间后再升高，直至最大真空度。抽气总时间一般以30s为宜，不宜过长。抽气所达到的真空压力应不低于80 kPa。

第五步：曝光。曝光分为主曝光和辅曝光（亦称二次曝光），任何胶片都需要主曝光，辅曝光是加散射膜后再进行曝光。只有晒版原版上有两个以上胶片拼贴的胶片才需要辅曝光，目的是进行光学除脏。

在操作面板上通过"功能选择"按键和"数据设置"按键分别将给定的主曝光、辅曝光时间确定。所有参数设置完成后，拉好帘子。单击"启动"按钮，晒版机开始抽真空，而后光源打开，开始晒版。听到报警声曝光结束，开启晒框锁口手柄，打开晒框，取出曝光好的PS版进行显影。

第六步：显影。设置显影液温度，一般在（23±2）℃，显影时间一般在40~60 s，显影车速0.7~1.2 m/min，显影液浓度PS版厂家推荐的显影液配比进行配置。当显影机在待机模式时，版材喂入。当 PS 版被传感器感应后，机器转入"运转"（工作）模式状态，并使 PS 版进入进入机内，依次按设置完成显影、水洗、上胶、烘干的显影过程。显影后用放大镜或仪器检查印版质量。

第七步：修版。即用化学方法除脏，用细毛笔蘸少许影像消除剂（修版膏）涂在不需要的影像上，停留约 45 s 后，用软布擦去，并用水冲洗。

第八步：烤版。有些用户印数特别大，需通过烤版提高印版的耐印力，烤版步骤如下：

（1）用海绵或脱脂纱布将适量的烤版胶均匀涂擦在没有涂保护胶液的整个版面上。

（2）把涂胶后的版放到烤版箱中烘烤，推荐烤版温度为 220 ~ 260℃，烤版时间为 5 ~ 10 min。

第九步：上胶。即涂保护胶液，上胶的目的是使非图文的空白部分的亲水性更加稳定，并保护版面免除脏污。不需要烤版的 PS 版在显影机上自动完成上胶，经过烤版的 PS 版需要用手工或机器上胶。手工上胶时先把胶水倒在版面上，用水泡（海绵）均匀涂擦整个版面。

任务二　知识拓展

一、彩色桌面出版系统的组成

桌面出版系统（Desk Top Publishing System）又称台式出版系统，简称 DTP 出版系统，是由美国人波尔·布纳德（Paul Brainerd）于 1985 年初首先提出来的，这套系统由微型计算机（处理）和输入、输出设备构成。首先在美国得到推广应用，然后波及世界，各国都相继掀起了 DTP 的热潮，并且逐步由办公自动化领域扩大到专业制版印刷领域，现已取代了传统的制版工艺和设备。

彩色桌面出版系统一般由 DTP 的输入设备、DTP 的加工处理设备、DTP 的输出设备组成，如图 3 - 1 - 1 所示。

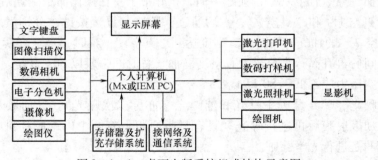

图 3 - 1 - 1　桌面出版系统组成结构示意图

1. DTP 的输入设备

输入设备的基本功能是对原稿进行扫描、分色并输入系统。除文字输入与计算机排版系统相同之外，图像的输入可以采用多种设备，如扫描仪、数码相机、电子分色机、摄像机、绘图仪等。使用较多的是扫描仪。

2．DTP 的加工处理设备

加工处理设备统称为图文工作站。基本功能是对进入系统的原稿数据进行加工处理，例如，校色、修版、拼版和创意制作，并加上文字、符号等，构成完整的图文合一的页面，再传送到输出设备。

3．DTP 的输出设备

输出设备是彩色桌面出版系统生成最终产品的设备。主要由高精度的激光照排机（也叫图文记录仪）和 RIP（光栅图像处理器）两部分组成。激光照排机利用激光，将光束聚集成光点，打到感光材料上使其感光，经显影后成为黑白（或彩色）底片。RIP 接受 PostScript 语言（PostScript 是一个页面描述语言，由 Adobe 公司开发，现被众多人接受，并成为一个标准。）的版面，将其转换成光栅图像，再从照排机输出。RIP 可以由硬件来实现，也可以由软件来实现。硬件 RIP 由一个高性能计算机加上专用芯片组成，软件 RIP 由一台高性能通用微机加上相应的软件组成。为了达到印刷对图像处理的要求，必须考虑激光照排机和 RIP 的输出分辨率、输出重复精度、输出加网结构、输出速度等性能指标。此外，输出设备还应具有标准接口和汉字输出的能力，输出的幅面能达到印刷的要求等。

彩色桌面出版系统的输出设备还有各种彩色打印机，如激光打印机、喷墨打印机、数码打样机，以及各种多媒体载体（绘图机、幻灯片制作机、光盘、录像机）等。

二、激光照排机

照排机又被称为激光图像记录仪，它可以将文字、图形和网目调图像输出到相纸和阴图分色片上，甚至可以直接输出到胶印印版上。激光照排机是 20 世纪 70 年代研制出来的一种新设备，它是利用电子计算机对输入文字符号进行校对，编辑处理，再通过激光扫描技术曝光成像在感光材料上，形成所需的文字图像版面，由于利用激光作为光源，使扫描光束亮度高，经聚焦后得到极细的光束，其扫描分辨力可达 40 线/mm。因此，这种照排机能较好地再现文字字形轮廓和笔锋，照排的文字质量高，排版速度快，已成为文字排版的主力军。经过二十多年的不断发展，技术日益完善，种类众多，从使用激光光源有氦 – 氖（He – Ne）激光，氩离子激光和发光二极管（LED）等，从扫描方式不同来看有棱镜扫描、机械式外滚筒扫描和内圆滚筒扫描等几种主要方式，也有采用振镜扫描式的，但对振镜质量要求高而用得较少。

1．棱镜扫描式激光照排机

棱镜扫描（又称转镜扫描）式激光照排机是目前用得较多的一类照排机，它由输入部分、信息处理部分、激光扫描记录部分组成，其原理框图如图 3 – 1 – 2 所示。

输入部分。输入方式，可用录入机（一般采用 PC 机）直接输入，也可由用户自带软盘输入，图像用扫描仪输入。

信息处理部分。由操作控制面板，电子计算机和硬磁驱动器组成，它按照输入信息和操作面板，发出指令完成控制，编辑校对，组版拼排并控制曝光四个主要程序，使照排机自动排出所需的文字版面。现代排版系统使用的计算机均为微型机，如 PC、MAC（苹果机）机等，版面（页面）描述语言，已逐步统一使用 Postscript 语言。

激光扫描记录部分。这部分是保证文字曝光成像质量的关键，现以 Lasercopm 激光照

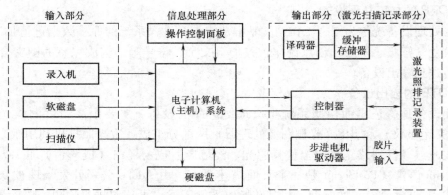

图 3 - 1 - 2　激光照排机主机原理示意图

排机的扫描记录部分为例说明其工作过程，它的主机采用激光平面线扫描（即 TV 扫描）方式，记录经计算机处理后输出的点阵字形信息，这种扫描方式结构简单可靠，所用光学元件少，光能损耗小，其基本工作原理如图 3 - 1 - 3 所示。

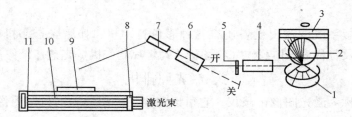

图 3 - 1 - 3　激光扫描原理图

1—旋转多面棱镜　2—透镜（$f\theta$）　3—感光材料　4—光束扩大器　5—中性滤色片
6—调制器　7—氦 - 氖激光器　8—高折射率镜　9—激励电极　10—氦 - 氖混合气体
11—100% 反射镜

由氦 - 氖激光器输出的激光束（ λ =632.8nm）进入声光调制器，利用声光调制器输出的载有文字信息的一级光作为记录光束。该光束经中性滤色片调整到各种感光材料所适应的能量，再经扩束器使光束准直，然后投射到锥形转镜扫描器上。锥形扫描器有八个反射面（近年的机型改为五个反射面），每一个面所反射的光束经广角聚焦透镜在感光材料上形成光斑，直径 φ 0.025 mm 的 X 向扫描线，同时输送机构带动感光材料的 Y 向做 0.025 mm 的位移，多根 X 向的扫描线和感光材料在 Y 向的位移组合成文字图像。

2．机械式外圆滚筒扫描激光照排机

机械式外圆滚筒扫描激光照排机基本由输入部分，信息处理部分和激光扫描记录部分等组成，前两部分的组成原理与功用与棱镜扫描式激光照排机基本相同，主要区别在激光扫描记录部分，其组成结构原理如图 3 - 1 - 4 所示。扫描滚筒是用轻金属铝制成的空心圆筒，以减小转动惯量保证旋转平稳，工作时，以恒定的速度旋转。拖板上安放光导纤维和透镜，在步进电机和滚珠丝杠的带动下，按指令轻快地往返移动。为了提高扫描速度，通过光学系统，将激光分成四条等效的扫描光速。同时成像在扫描滚筒上。照排时，在排版指令的控制下，调制器按要求将需要曝光的激光束，通过光学系统传送到贴

在扫描滚筒上的感光材料表面上成像曝光。当在感光材料上曝光完一行（滚筒旋转一转）后，拖板即刻带动光纤移动四条扫描线的距离，再进行下一次扫描曝光，依此循环直至扫描曝光完整个版面。

这类扫描系统，光学系统较简单，光学元件制造容易，机械结构也较简单，制造方便，但由于受到滚筒转动惯量的影响，旋转速度不能太高，使排版速度受到限制。又因受机械振动等因素的影响，成像质量也受到影响。

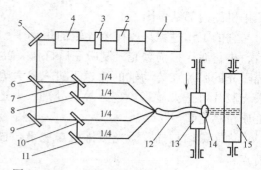

图 3 - 1 - 4　机械式外圆滚筒扫描原理示意图

1—激光器　2—调制器　3—密度滤片　4—扩束镜
5—反射镜　6、7、10—1/2 透射、1/2 反射镜
8、9、11—反射镜　12—光导纤维　13—拖板
14—聚光透镜　15—扫描滚筒

3. 内圆滚筒扫描式激光照排机

内圆滚筒扫描式激光照排机的扫描记录部分的主要特点是，感光材料被吸附在滚筒的内壁上，照排时，滚筒并不转动，而是靠扫描头一面旋转，一面移动在感光材料上曝光成像。一般只利用滚筒 360° 中的 270° 作为感光胶片的扫描区，以防止反射引起的模糊现象。图 3 - 1 - 5 为这类设备的组成原理图。

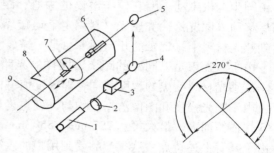

图 3 - 1 - 5　内圆滚筒扫描式激光扫描记录装置示意图

1—激光器　2—滤光镜轮盘　3—声光调制器　4—第二转向镜
5—第一转向镜　6—准直镜　7—旋转扫描镜　8—内圆滚筒
9—感光胶片

如图所示，这类设备的光学系统比较简单，激光经过两次转向后，再经过准直镜调节，保证激光束与内圆滚筒同心，并准确地聚焦在滚筒内表面上，旋转镜一般采用空气（气垫式）轴承支承，没有机械接触，因此不会产生磨损和误差，从而保证旋转镜均匀无误差长期旋转。并在滚珠丝杠的传动下，沿内圆滚筒轴线匀速移动，使激光扫描线均匀地分布在滚筒内表面的感光材料上，保证版面的扫描质量。感光材料自动送入内滚筒表面时，在若干气孔的作用下便产生气垫，从而保证胶片不被擦伤，并通过真空吸附，使胶片牢固地被吸附在滚筒内表面上不会发生移动保证扫描精度，输出不发生畸变。内圆滚筒扫描式激光照排机，生产厂家较多，产品型号各异，但其基本结构原理相同，只是在自动化程度，具体组成上各具特色，现以连诺 - 海尔公司的一种产品为例，说明它们的一般工作过程，图 3 - 1 - 6 为连诺，海尔（Linotype - Hell）公司 Quasar（卡萨）型激光

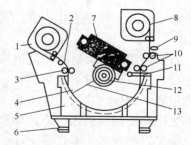

图 3 - 1 - 6　Quasar（卡萨）激光照排机的内部结构

1—供片盒　2—感光材料　3、10—传导辊
4—内滚筒表面　5—内滚筒机座
6—震动缓冲器　7—传导系统　8—装片盒
9—切片刀　11—打孔装置
12—光学折射系统　13—激光束

照排机的内部结构图。

它的工作过程是，在传导辊的带动下胶片从供片盒送入内圆滚筒，在真空吸附固定后，进行激光扫描曝光，制版完后打孔装置进行打孔（保证后工序套准方便）。最后已扫描曝光的胶片在传动辊的输送下进入装片盒。在制完一套版后，切片刀将胶片切断。已曝光胶片可送去显影，定影等后处理。上述过程均自动进行，减少人为因素的影响，保证质量稳定。

内圆滚筒扫描式激光照排机与棱镜扫描式激光照排机的扫描系统相比较，具有如下特点：

①扫描系统的光学结构比较简单，光学器件比较少，机器的重量比较轻，光路效率较高，工作可靠性和曝光记录的质量较好。例如，分辨力为 1 280 线/cm 时，可以产生大小为 0.007 812 5mm 的微像素，每平方厘米能曝光 1 638 400 个像素。在 DIN－A4 版面上能产生和曝光 1 021 870 000 个像点。因此，它能印出高质量的印件。

②在滚筒内旋转式记录图像的旋转镜是一个单片反射镜，支承在曝光滚筒内的滑车上，由同步电机带动。因它位于滚筒的中心，跟感光材料保持同样距离旋转和精确地等速前后移动（曝光滚筒和感光材料固定不动），故反射的激光束能均匀、等距离和垂直地投射到感光材料上，记录的几何图形总是一样。

③由于激光束是以同样的距离、同样的光路和同样的角度照射感光材料，光的强度一样，故感光材料变黑的程度一样，即密度值一样。

④由于曝光强度和图像清晰、均匀，网点再现完美，故网点结构极硬、层次陡。

⑤扫描幅面大，最大可达 757 mm×550 mm。

由于具有上述特点，这类产品受到用户的重视，逐步成为激光照排的主力军。

三、自动冲洗设备（显影设备）

自动冲洗设备是与制版照相机、电子分色机、激光照排机等设备配套使用的先进设备。应用这种设备，能使单张或成卷的感过光的胶片或照相纸，自动完成显影、定影、水洗、干燥等全过程。不但比手工操作大大地缩短了时间，提高了工效，而且能保证产品质量。因此，凡是有电分机、激光照排机的印刷厂，必然有自动显影冲洗设备与之配套。

目前使用的自动显影冲洗机均为连续式显影冲洗机，软片经传输装置带动，以一定的速度经过显影装置、定影装置、水洗装置和烘干装置即可完成显影冲洗过程，得到符合质量要求的分色软片。自动显影冲洗机软片传输装置有传送带式、辊式和滚筒式三种，它们之间的结构区别很大，传动原理各不相同，均具有自身的特点，因此形成了带式传输自动显影冲洗机、辊式传输自动显影冲洗机和滚筒式自动显影冲洗机三种类型的设备。现将其结构原理简介如下。

1. 带式传输自动显影冲洗机

在这种类型的设备中，传送带传送软片一般有两种方式，一种是软片的背面与传送带接触，导辊轻轻压住传送带，并随之转动。软片在传送带和导辊之间随传送带向前传送。如图 3－1－7 所示，称为带辊式传送。

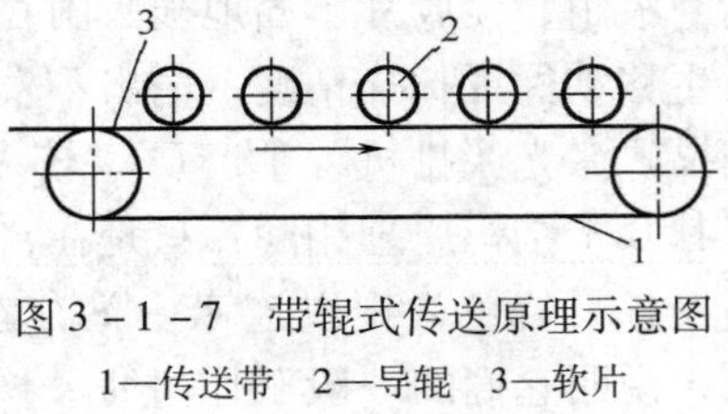

图 3－1－7　带辊式传送原理示意图
1—传送带　2—导辊　3—软片

另一种是软片背面与传送带接触，导带以同等速度与之前进（无相对滑动），软片在二者之间随着前进，如图3－1－8所示，称为带带式传送。

现以图3－1－9所示的自动显影冲洗机为例，简要地说明其结构原理和工作过程。

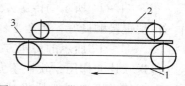

图3－1－8 带带式传送原理示意图
1—传送带 2—导带 3—软片

图3－1－10为自动显影冲洗机的结构原理示意图，如图所示，它由进片辊2、导片加3、显影箱11、定影箱9、水洗箱7、干燥箱6、料斗5、传送软片尼龙带8、挤水辊4等主要部件组成。其工作过程是：电机12通过蜗轮副减速箱13，带动传动轴14转动，传动轴14又同时带动12对传动比机同的蜗杆蜗轮15，使尼龙带传动轴16以同样的转速带动传送软尼龙带8，因此保证软片按箭头（软片流程1）所示的方向等速地先后通过显影箱11、定影箱9、水洗箱7、挤水辊4、干燥箱6，完成了全部工序后落入料斗5。

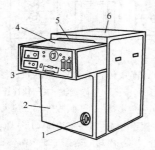

图3－1－9 自动显影冲洗机外形图
1—电源开关 2—机身 3—操纵板
4—进片台面 5—进片口 6—显影冲洗部分

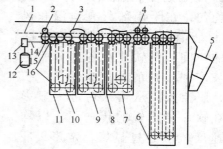

图3－1－10 自动冲洗机结构原理示意图
1—软片流程 2—进片辊 3—导片架 4—挤水辊
5—料斗 6—干燥箱 7—水洗箱
8—传送软片尼龙带 9—定影箱 10—转片架
11—显影箱 12—电机 13—蜗轮副减速箱
14—传动轴 15—蜗杆蜗轮 16—尼龙带传动轮

显影箱11有自动控温装置（电热管和冷冻机）保证显影液的温度恒定，同时通过循环泵等装置使显影液得到不断的循环和补充，这样就可以保证所有通过显影液的软片都能在同样的条件下进行显影，质量稳定。

对定影箱9里的定影液的要求与显示影液一样，也有同样系统进行控制。水洗箱7里的水应保持清洁、流动，其流量大小控制适宜，使软片冲洗干净。干燥箱6底部装有电热管，通过鼓风机和排风扇来加速箱内空气的流通，以加快片基的烘干，并装有控温仪来控制干燥箱的温度。

2. 辊式传输自动显影冲洗机

这类显影冲洗机软片的传送和运动如图3－1－11、图3－1－12所示。

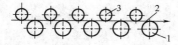

图3－1－11 辊式传送系统原理示意图
1—传动辊 2—软片 3—导辊

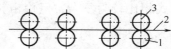

图3－1－12 辊式传送系统原理示意图
1—传动辊 2—软片 3—导辊

图 3-1-11 所示的传送方式，软片背面与传动辊接触，导辊轻轻地压住软片，使软片与传动辊接触良好，传送平稳。

图 3-1-12 所示的传送方式，这种方式由于传辊与导辊是相对排列，这样使辊子不仅起传送软片的作用，软片还可连续不断地均衡地吸收显影液。

辊式传送机构一般均做成模块式的可以整体地从显影槽中取出来，以便于清洗和调整。

图 3-1-13 所示为这类设备的结构原理示意图，主要由箱体、显影槽、导片装置、定影槽、冲洗槽、干燥部分、冷却装置等部分组成，显影、定影槽有冷却加热器和循环泵，保证显定影液温度保持恒定，药液均匀，在干燥部分有恒温和风量控制装置，显影、定影、水洗、烘干的时间，由软片在各部分所走过的长度和传送的速度来调节。工作时，照相软片从输入台进入显影槽，在软片传送辊的传送下，以均匀的速度依次经过显影、定影、冲洗槽和干燥装置（部分），由软片出口进入接片箱，即自动得到符合质量要求的图文底片。

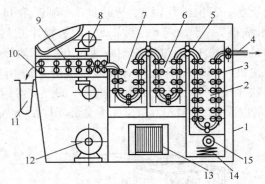

图 3-1-13　辊式传送自动显影机原理图
1—箱体　2—显影槽　3—软片传送辊　4—软片输入台
5—导片装置　6—定影槽　7—冲洗槽　8—热风机
9—干燥部分　10—软片出口　11—接片箱　12—驱动电机
13—冷却装置　14—冷却加热器　15—循环泵

3. 滚筒式自动显影机

这种设备的结构原理如图 3-1-14 所示，它主要由软片推进装置、显影滚筒、终端辊和中间装置等部分组成。

工作时，软片经推送装置，传送到显影槽中的显影滚筒上，软片压在滚筒上，在显影槽中转动，用泡沫材料制成的压辊涂布显影液，直到显影时间结束，经终端辊将显好影的软片导入中间的装置进入定影槽进行定影。由于这种设备一般都没有冲洗（水洗）和干燥装置，定好影后，再放入水洗和烘干装置中，完成水洗和干燥，与辊式和带式相比较为复杂，但价格相对比较便宜。

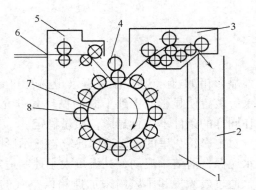

图 3-1-14　滚筒式自动显影机结构原理图
1—显影箱　2—定影箱　3—中间装置　4—终端辊
5—软片推送装置　6—软片进口处　7—显影辊筒
8—导片辊

四、拷贝机

1. 拷贝机的功能

拷贝是照相制版过程中的一道重要工序，采用拷贝工序可完成如下工作。

①将尺寸较小的图文软片，拼拷成大版多图供一次晒版；②制作1:1的分色片；③拷制蓝图纸样，胎版；④照相中因使用的湿版、明胶干版、感光软片性能不良，致使拍摄的底片网点的点型不实，四周有不同程度的虚晕。通过拷贝，可以使点型变得结实光滑，还可以适当地拷深拷淡，以满足制版要求；⑤将原版拷贝成多副分版，同时供几个印刷厂使用；⑥由连续调阴图或阳图翻拷成阳图或阴图；⑦由连续调阴图接触挂网成网点阳图。

从上面所列举的拷贝所能完成的工作可以看出，制版工作过程大多数都要经过拷贝机，因此拷贝机是平版制版机械中不可缺少的一种机型。它的质量优劣，直接影响平版制版的质量。

2. 拷贝机的基本组成

拷贝机一般由一个内部涂有浅色的照明箱构成，如图3-1-15所示。在箱子底部装有许多发漫射光的乳白色灯泡、一个点光灯和黄、绿、红灯。在照明箱的上部嵌着一块玻璃板，用来安放拷贝材料和原稿。拷贝软片由一个压板或压盖压紧，压板利用抽真空的方法，达到软片与原稿间紧密接触，以保证拷贝质量。

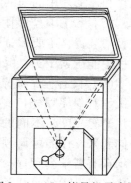

图3-1-15　拷贝机示意图

3. 现代拷贝机的结构特点及要求

为了满足现代制版的要求，近年来拷贝机性能得到进一步提高，能承担各种高精度的拷贝任务。其主要的性能特点是：

（1）具有各种规格尺寸，满足各种板面要求　现代拷贝机具有各种规格，以满足拷贝各种印版的要求。最大尺寸为全张，常用的为对开，这里主要要求拷贝用的玻璃板具有特殊的质量要求，在整个玻璃板面上要求平整，无杂质、裂纹、气泡等，各部分质量均匀透光率一致，只有这样在拷贝时，将拷贝原稿与软片放在玻璃板上进行曝光，才能保证各部分受光均匀，拷贝出符合质量要求的图像，拷贝机的玻璃板一般是镜面玻璃，为了不使表面被刮伤，出现刮痕，只能使用软布和专用的清洗剂来擦拭。

（2）设有点光源和漫射光源，以适应各种拷贝要求　由于拷贝的对象不同，对光源的要求也是不一样的，有的要求采用漫射光，有的采用点光源获得好的效果。漫射光是由许多乳白灯泡发射的，这种光的特点是比较柔和，玻璃板上的刮痕和尘粒不能晒出来。但是用漫射光拷贝图像轮廓较模糊，不能用来拷贝边缘要求清晰的图像，如挂网、细小文字和线条等，只能用来拷蒙片、像纸、上下照明等。点光是由白炽灯，卤素灯等发出的，它是一种聚焦良好的定向光，它可以保证成像的边缘清晰度，常用来挂网、拷贝细小的文字、线条等工作。

为了调节最合理的曝光时间所需的光量，在拷贝机上安装有光强调节器。它是通过一组电阻来计算照射光亮的。

（3）设有曝光光量控制器，控制拷贝的曝光　曝光光量控制器一般采用定时钟来控制曝光过程，它常常与快门连接在一起使用。由于白炽灯灯丝在开灯后需要有一定时间光强才能恒定，卤素灯也要有一个预热时间；在光源关闭后，光不能瞬时熄灭总要延迟一定时间，这样就会造成曝光误差。为了克服这种缺陷，在光源前面安装一个快门，当光源开启光完全达到强度后，快门再打开，曝光过程按调节的时间进行，曝光结束，先关快门，再关灯。

（4）设有滤色片机构　在拷贝中，一般设置滤色片轮，安装各种用途的滤色片，供拷贝时选用，例如接触分色用的彩色滤色片、控制色温的滤色片、接触网屏用的滤色片、控制光强度的滤色片和作蒙片用的辅助滤色片等。

（5）设有真空吸附装置　在拷贝机中备有真空吸附装置，主要保证原稿和拷贝软片，在曝光过程中能压紧压实，保证拷贝出的图像不发虚。

（6）设有程序曝光控制器　一些现代化的拷贝机均有程序曝光控制器，这些控制器事先可将软片的感光度，不同的曝光因素，滤色片因素等存储起来。按照可调预定时间过程进行曝光，一般均存有若干套程序，可供曝光时选择。现在有的拷贝机已由计算机控制，自动化程度有进一步提高。

此外，拷贝机还安装有稳压电源，操纵盘及各种功能的开关、按钮，以保证各种功能控制、操作方便。

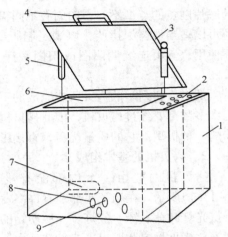

图 3 - 1 - 16　开启式拷贝机外形示意图
1—箱体　2—控制面板　3—上框
4—上框提手　5—气动弹簧
6—平板玻璃　7—真空泵　8—漫射光源
9—安全灯

图 3 - 1 - 16 为开启式（漫射点光源照射）拷贝机外形示意图，主要由箱体、上框、平板玻璃、真空泵、漫射光源等组成。上框装有橡皮垫，垫的两角处为真空泵抽气口，上框开闭由气动弹簧控制，开闭平滑轻便。当框架压紧平板玻璃时，真空泵自动打开，使原稿与软片贴紧，压实，橡皮垫与平板玻璃能较好地接触。一般漫射光源为 60 W 的白炽灯，曝光时间和光源强度由曝光自动计时器和光源强度调节器进行控制和调节。

图 3 - 1 - 17 所示为卷压式（反光镜照射）拷贝机外形示意图，主要由箱体、光源、控制面板、卷压橡皮布、玻璃板、反射镜、真空泵等组成。卷压橡皮布前面有一压胶滚子，工作时，一边用压胶滚刮出软片间的空气，一边盖橡皮布，抽真空和密合同时进行，压紧压实软片；拷贝完后，卷压橡皮布自动回原处。机构是完全遮光的，不会伤害眼睛，当手触压胶滚时，滚子会立即停止，保证安全。

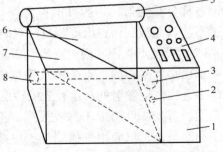

图 3 - 1 - 17　卷压式（反光镜照射）拷贝机外形示意图
1—箱体　2—安全灯　3—光源　4—控制面板
5—卷压橡皮布　6—玻璃板　7—反射镜
8—真空泵

五、晒版机

1. 晒版原理及功能

晒版是平版制版的一道重要工序，它是将经过照相或电子分色或激光照排、修版、拼版等加工后的原版（软片）的全部层次完整地复制到印版上，或是将经过照相排字的文字原版（或图文拼合原版），完整地复制到印版上，再通过打样，印刷，还原在纸上。因此，晒版质量的好坏直接影响到印刷产品的质量。

晒版的原理是：当原版（透光软片）与涂有感光胶的印版表面紧密接触（贴合），晒版光源通过原版照射到印版感光胶表面，经过光化学作用，使感光胶发生光化学变化，经冲洗显影后，使图文部分亲油墨，非图文部分亲水，而得到满足平版印刷质量要求的印版。

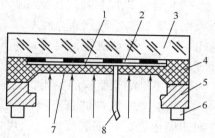

图 3 - 1 - 18　真空压紧装置示意图
1—需要晒制的印版　2—底版
3—上晒框玻璃　4—密封橡皮垫
5—下晒框　6—压紧机构
7—密封胶布　8—抽真空管

为了把晒制的印版和底版（干片或玻璃版）压紧压实（即底板和印版紧密地贴在一起），一般晒版机采用真空压紧方法。其原理如图 3 - 1 - 18 所示。

当把需要晒制的印版 1、底版 2、在晒框 3、5 中放好后，由压紧机构 6 压紧上下晒框 3、5，使密封橡皮垫 4 紧贴住上晒版玻璃 3（即进行密封）。这时开动真空泵，通过真空管将玻璃 3 和密封橡皮垫 4 之间的空气抽走，依靠大气压力（如箭头所示）使印版、底版和玻璃之间相互压紧、贴实。

2. 晒版设备

目前国内使用的晒版机型号较多，有普通真空晒版机、计算机控制卧式真空晒版机、台型式真空晒版机、回转式双面晒版机等。这些晒版机的机械结构都比较简单，操作比较方便，在平版制版中常用的晒版机有四开、对开、全张等几种，现分别简介如下：

（1）普通真空晒版机　普通真空晒版机是使用最普遍，时间最长的一种晒版机，其结构简单，操作方便，价格较低，受到中小厂用户的欢迎。图 3 - 1 - 19 所示为晒版机的外形图，它由机架 4、光源 8、上下晒框 9、10、真空泵系统 11 和电源控制箱 1 等部分组成。

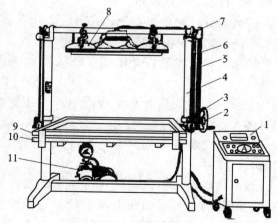

图 3 - 1 - 19　晒版机外型图
1—电源控制箱　2—晒框升降手轮
3—上下晒框压紧机构手柄　4—机架（立柱）
5、6—链条　7—传动轴　8—光源
9—上晒框　10—下晒框　11—真空泵系统

通过晒版框升降手轮 2、链条 5，使传动轴 7 转动，再经传动轴 7 上的链轮带动与上晒框 9 相连接的链条 6，从而带动上晒框

9 上下移动。因有重锤平衡，移动上晒框较为轻便。

晒框有水平和垂直两个工作位置，它是依靠左右两条导轨来定位的。

工作时，首先转动上晒版框升降手轮 2，使上晒版框 9 上升一定高度，然后将待晒印版放在下晒框 10 上，并使涂感光胶面向上，再将原版软片放在印版上，放下上晒版框 9，开动真空泵系统抽真空，使原版紧贴印版，启动光源 8，均匀照射一定时间，晒版工作结束，取下印版进行冲洗显影，即可得到一张符合质量要求的印版。

（2）计算机控制卧式真空晒版机　计算机控制卧式真空晒版机一般可储存若干套晒版数据，如抽真空时间，真空程度，控制曝光时间，曝光量控制等。晒版时，根据需要选出一种后，开动机器，电子计算机就能自动控制整个晒版过程，进行各种必要的适时处理，保证晒版质量稳定，重复性好。如图 3 - 1 - 20 所示。

这种类型的晒版机的主要特点是：

①真空加压机构的真空吸附一般是从版框中心开始，顺序向四周边进行，依次将空气挤出，推向四周，避免吸附不良，在短时间内达到印版与原版的完全贴合。

②一般采用金属卤素灯，点灯瞬时，节省电力，并且照度分布均匀，由积分光度计算控制曝光量，可得到清晰的曝光效果。

③采用干式回转泵，不用加油，而且噪声小。

④机器四周安装遮光帘，完全挡住光线，避免紫外线对操作人员和其他工作人员的影响。

⑤在主机下方，装有专用的抽屉和柜子，可保存蒙片、原版等，且节省占地面积。

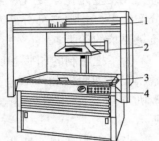

图 3 - 1 - 20　计算机控制卧式
真空晒版机外形图
1—挡光帘　2—晒版光源
3—晒版台（等）　4—控制台

（3）翻转式晒版机　翻转式晒版机分为单面晒版机和双面晒版机两种，有的还兼有拷贝功能。这种设备的特点是：

①采用程序控制自动晒版，晒版质量稳定，同时还备有手动操作系统，操作方便可靠。

②采用翻转式启开真空吸附压片，真空度采用可调式真空表进行控制，接触性能良好。

③光源安装在箱内，不会直接照射操作人员眼睛，操作安全。

双面晒版机，可以连续进行晒版，当一面向下进行晒版时，另一面向上可进行下一个片子的安装工作，可提高晒版工作速度。图 3 - 1 - 21 为翻转式晒版机外型示意图。

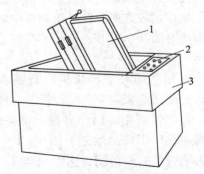

图 3 - 1 - 21　翻转式晒版机外形示意图
1—翻转晒版台　2—控制台　3—机身

（4）台式真空晒版机　台式真空晒版机是一种箱式结构，体形较小，一般放在桌面上使用，节省占地空间，这种设备自动化性能较高，一般均采用计算机控制程序进行晒版，操作简单，晒版质量稳定，其主要特点是：

①机器结构紧凑，占地面积小。

②光源采用金属卤素灯，曝光时间短，照度分布均匀，可清晰地晒出线条及网点图像。

③有遮光帘保护眼睛。

④采用气性弹簧和挂钩，框架的开启闭合简单圆滑。

⑤独特的机架构造，使进出感光材料方便。

图3-1-22为这类晒版机外型示意图，在轻印刷系统和小型印刷厂用得较多。

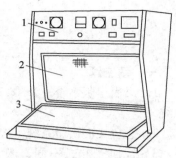

图3-1-22　台式真空晒版机
外型示意图
1—控制图版　2—玻璃板框
3—晒版台

六、PS版显影机

PS版显影机有立式、卧式和台式三种类型，其结构组成也大致相同。如图3-1-23所示是最常用的卧式自动显影机，它是由印版水平移动机构和显影及水洗机构组成。显影处理是通过向印版表面喷射显影液和刷辊洗刷显影方式进行的。机内还设有显影液补充装置，及时补充显影作用衰退了的显影液。立式印版显影机的结构与卧式的相同，只是将机器垂直放置，左边输入PS版，右边输出，占地面积较小，但显影的均匀性稍差。台式印版显影机只有显影处理部分，适用8开以下幅面的小印版。

显影液在连续显影工作之后其药力逐渐衰退，这个过程，可以通过在相同的曝光条件下晒出的印版灰梯尺空白级数来观

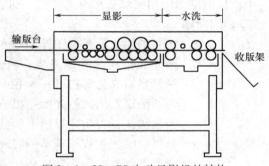

图3-1-23　PS自动显影机的结构

察，当显影药液力衰退到一定程度时，显影能力大幅度下降。另外，大多数PS版使用的是碱性显影液，因此，还会吸收空气中的二氧化碳而使显影液中显影能力下降。一般情况下，可通过试验求得更换显影液的标准印版数。表3-1-1所示为两种PS版显影机的主要技术规格。

表3-1-1　　　　　　　两种PS版显影机的主要技术规格

型号	XDY1400A型	YXZ1130型
最大版材面积	1070 mm×1270 mm	1130 mm×980 mm
版材厚度	0.15 ~ 0.5mm	0.15 ~ 0.5mm
显影速度	≤1.96m/min	≤1.2m/min
功率	4.5kW	3kW
外形尺寸（长×宽×高）	1 800mm×3 170mm×1 200mm	1 500mm×2 800mm×1 000mm
制造厂	上海印刷机械一厂	辽宁营口印刷设备厂

练习与测试 10

一、填空题

1. 桌面出版系统（Desk Top Publishing System）又称_____系统，简称_____系统。

2. 彩色桌面出版系统一般由_____设备、_____设备、_____设备组成。

3. 按扫描方式不同，激光照排机可分为_____扫描、机械式_____扫描和_____扫描。

4. 自动显影冲洗机软片传输装置有_____式、_____式和_____式三种。

5. 在拷贝机中备有真空吸附装置，主要保证_____和_____，在曝光过程中能压紧压实，保证拷贝出的图像不发虚。

6. 目前国内使用的晒版机有_____机、_____机、_____机和_____机。

二、判断题

（　　）1. DTP 的输入设备中图像的输入，只能使用数码相机。

（　　）2. 激光照排机是利用激光，将光束聚集光点，打到感光材料上使其感光，经显影后成为黑白（或彩色）底片。

（　　）3. 内圆滚筒扫描式激光照排机一般只利用滚筒 360°中的 270°作为感光胶片的扫描区，以防止反射引起的模糊现象。

（　　）4. 拷贝机曝光过程按调节的时间进行，曝光结束，先关灯，再关快门。

（　　）5. 为了把晒制的印版和底版压紧压实，一般晒版机采用真空压紧方法。

（　　）6. 大多数 PS 版使用的是弱酸性显影液。

三、选择题（有单选和多选）

1. 氦氖激光器输出的激光束波长_____。

    A. $\lambda = 632.8$ nm   B. $\lambda = 400$ nm

    C. $\lambda = 500$ nm   D. $\lambda = 600$ nm

2. 由于激光束是以同样的_____、同样的_____和同样的_____照射到感光材料上，光的_____一样，故感光材料变黑程度一样，即密度值一样。

    A. 时间   B. 距离   C. 强度   D. 角度

    E. 光路

3. 滚筒式自动显影机主要由_____组成。

    A. 软片推进装置   B. 显影滚筒   C. 终端辊   D. 中间装置

4. 关于拷贝机的功能，下列说法正确的是_____。

    A. 将尺寸较小的图文软片，拼拷成大版图供一次晒版。

    B. 制作 1:1 的分色片。

    C. 将原版拷贝成多副分版，同时供几个印刷厂使用。

    D. 由连续调阴图或阳图翻拷成阳图或阴图。

    E. 由连续调阴图接触挂网成网点阳图。

5. 计算机控制卧式真空晒版机，一般采用_____。

A. 白炽灯   B. 金属卤素灯   C. 高压水银灯   D. 节能灯

四、简答题

1. 简述 PS 版的晒版原理。

2. 简述 PS 版的晒版操作流程。

3. 内圆滚筒扫描式激光照排机的特点有哪些？

项目二 直接制版系统（CTP）的调节与操作

背景： 现在计算机直接制版系统已从大、中型企业普及到中、小型企业，成为制版的主流设备。计算机直接制版的实现标志着印前工作流程的完全数据化，大大提高了制版效率和质量。现以电子原稿通过热敏版直接制版机（CTP）的操作项目展开教学。

应知： CTP 系统的组成；CTP 版材的分类和特点。

应会： 采用直接制版系统（CTP）制作印版。

任务一 能力训练

采用直接制版系统（CTP）制作印版

1. 任务解读

所谓 CTP 制版就是指版面图文信息经数字化处理好后，不经过胶片工序而直接输出到印版上的技术。以海德堡 suprasetterA106CTP 制版机为例，通过制作一块加网 200 线、网角 45°不需烤版的对开热敏品红印版，使学生能独立输出 CTP 印版（其中激光波长、激光束、激光功率、滚筒转数、版材尺寸等参数已设置好），掌握 CTP 流程的基本操作，并能判断印版质量。

2. 设备、材料及工具准备

（1）设备 计算机、海德堡 suprasetterA106CTP 热敏版制版机、显影机。

（2）材料 符合 CTP 制版要求的电子原稿文件、热敏版、显影药水、印版保护胶等。

（3）工具 放大镜等。

3. 课堂组织

分组进行，5 人一组，实行组长负责制；每人领取一份实训报告，操作结束时，教师根据学生操作过程及效果进行点评；现场按评分标准在报告单上评分。

4. 操作步骤

（1）CTP 制版机操作

第一步：打开空压机、干燥机总电源→开输出端电源，指示灯绿灯亮起→再将 UPS（不间断电源）打开（按开/关键），开机（此时要求 3 个绿点一条线）→打开电脑主机输入密码（prinect），点回车进入电脑桌面。

第二步：打开桌面上 CTP User interface 软件。

第三步：此时打开 CTP 机总电源，触发开关，机器自检 5 min，待电脑桌面上 CTP User interface 软件显示屏上"？"消失，同时"记录设备初始化"要达到 128，CTP 机黄灯长亮，则自检完毕。

第四步：打开桌面 prinect shooter service control 软件，点击启动键"△"，待显示"系统正常运行"后，表示已启动。然后再将该系统"最小化"或"关闭软件"。

第五步：最后打开桌面 prinect shooter printmanager，选择要晒的电子原稿品红色版，点绿色"▲"开始晒版。

第六步：计算机显示屏上主视图没有任何闪烁，便可送版。

第七步：制版机制好版后，计算机上提示"请移出版材"。

第八步：正常停机，在计算机的 prinect shooter printmanager 软件中点击停止按键，直到 CTP 制版机不再提示投放印版。

（2）显影机（冲版机）的操作　打开显影机、冷却机、收版机电源开关，显影机按"RUN"键或"A/M"启动机器，让显影液恒温。根据车间的工艺要求按（F1～F8），输入显影温度、时间；动静态补充时间；毛刷的转速；烘干温度等相关参数；按"ENTER"键确认。

第一步：按 F1 调整显影温度、显影时间，温度一般为（23±2）℃。

第二步：按 F2 调整烘干温度，一般为 45～50℃。

第三步：按 F3 调整显影时间，一般为 20～40s

第四步：按 F4 调整显影毛刷转速，一般为 120 r/min。

第五步：按 SHIFT + F5 选择上胶还是不上胶，选择"1"表示上胶，选择"0"表示不上胶。

第六步：按 SHIFT + F6 设置显影液补充时间

①动态补充时间，以 1 030 mm×770 mm 为例，补充时间为 30 s。

②静态补充时间，根据实际情况调整。

第七步：按 SHIFT + F7 进入检测功能。

第八步：按 SHIFT + F8 计数。

第九步：按 SHIFT + △为开水清洗上胶辊。

第十步：按 SHIFT + ENTER 为抽显影液。

第十一步：准备就绪，喂入印版。按启动键（RIN）进行显影、上胶等。

第十二步：用放大镜、印版检测仪检查印版质量。

任务二　知识拓展

直接制版系统，又称为计算机直接制版系统（Computer to Plate）简称 CTP。英文对 CTP 有多种解释：

Computer To Plate 即脱机直接制版

Computer To Press（Computer To Plate on Press）在机直接制版

Computer To Paper/Print 直接印刷（数码印刷）

Computer To Proof 直接数字式彩色打样（数码打样）

但目前如果不加说明的话，一般是指 Computer to Plate 脱机直接制版。

这种系统不经过制作软片、晒版等中间工序，直接将印前处理系统编辑、拼排好的版面信息，通过激光扫描方式，直接在印版上成像形成印版。

直接制版技术是在激光照排、电子分色、整页拼版、桌面彩色出版等先进技术的基础上发展起来的一种新技术，它实现了数字式整页版面向印版的直接转换，使传统工艺中的电分扫描输出、拼版、拷贝及晒版等处理环节将不复存在，大大简化了制版工艺，加快了制版速度。

因此，直接制版技术的发展把印前处理及制版技术推向了一个新阶段，实现了高速度、高质量、低成本、低污染的图文信息转移和传输，是制版技术的一座新的里程碑。如图 3-2-1 所示。

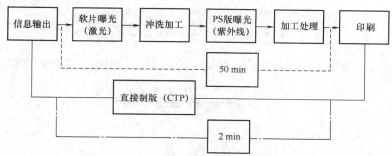

图 3-2-1　直接制版技术与传统技术的比较

它的出现深受印刷界的重视，尤其是报纸印刷，可以缩短印报时间，它带来更大的效益。直接制版系统在发达国家已研制开发出多种产品并推向市场，一些大的报社、印刷企业已经使用而获得好的经济效益。

一、CTP 版材分类及特点

可用于 CTP 的版材有多种类型，归纳起来主要以下几种：

（1）银盐扩散型　如图 3-2-2 所示。此类型敏度高、速度快、技术成熟。

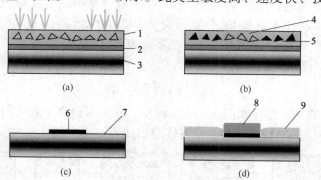

图 3-2-2　银盐扩散结构及原图
（a）曝光　（b）显影　（c）水洗（d）印刷
1—卤化银乳剂层　2—物理显影核层　3—铝基板　4—物理显影
5—化学显影　6—银影像　7—非银影像　8—油墨　9—水

（2）银盐复合型　此类型敏度高、加工复杂。

（3）感光树脂型　如图3-2-3所示。此类型敏度较低，但耐印率高。

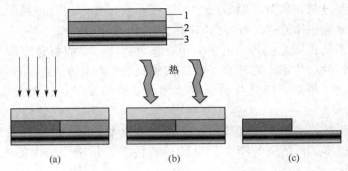

图3-2-3　感光树脂版材结构和制版过程

（a）曝光　（b）热处理　（c）显影涂胶

1—保护层　2—感光树脂层　3—铝基

（4）热敏型　如图3-2-4所示。此类型分辨率高、耐印率好、敏度低。

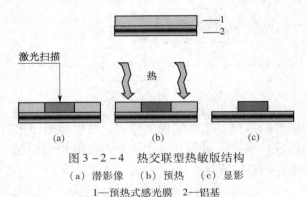

图3-2-4　热交联型热敏版结构

（a）潜影像　（b）预热　（c）显影

1—预热式感光膜　2—铝基

目前国内有多家单位在CTP版材方面进行卓有成效的研究，其中：中科院理化技术研究所主要研究银盐扩散型版材；乐凯胶片集团/北京师范大学主要研究热敏型版材；上海印刷技术研究所主要研究光敏树脂型版材。在各种CTP版材中目前以银盐版为主流，热敏是方向，将来总的发展趋势会是银盐、热敏、光敏并驾齐驱。

二、直接制版系统的组成

直接制版系统的基本组成如图3-2-5所示，它主要由数字式印前电子系统、光栅图像处理器（RIP）、印版制版机、显影机等部分组成。

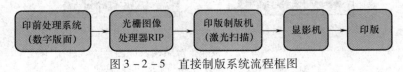

图3-2-5　直接制版系统流程框图

1. 数字式印前电子系统

这部分的功能是将原稿的文字图像编辑拼排成数字式版面，一般印前文字图像处理系统、整页拼版系统，彩色桌面出版系统等均可完成其任务。当然也可根据直接制版系统的具体情况设计出专用的数字式印前系统。

2. 光栅图像处理器 RIP（Raster Image Processor）

它的作用是把数字式印前系统生成的数字式版面信息，转换成点阵式整页版面的图像，并用一组水平扫描线将这一图像输出，控制印版制版机中的激光光源对印版进行扫描曝光，直接制成与原稿相对应的印版。RIP 是一个开放性（式）系统，能对不同系统所生成的数字式版面信息进行处理。

3. 印版制版机

印版制版机又称印版照排机，它是连接印前系统和印版的关键设备，其作用是通过 RIP 的连接，将数字式版面信息直接扫描输出在印版上。一般都是采用激光扫描的方法直接将数字式版面扫描记录在印版上，然后通过适当的后处理可得到印版，在多数情况下，印版照排机和 RIP 属于印版照排机厂家的技术领域，均为开放式系统，保证和现有的数字式印前系统的连接。目前印版照排机主要采用内滚筒（In. Drum）、外滚筒（Ex. Drum）和平台式（F. bed）三种扫描输出。

4. 显影机

显影机是一种后处理设备，通过显影，定影，冲洗，烘干等过程，把经过印版照排机照排所生成图像潜影的印版变成可上机印刷的印版。

三、直接制版设备简介

直接制版系统的印版制版机，又称印版照排机。目前主要有内滚筒扫描、外滚筒扫描、平台式扫描三种类型的印版照排机。前两种印版照排机，结构原理工作过程与本情境项目（一）知识拓展所述的激光照排机基本相同，不再重述，主要对平台式扫描激光直接制版机的结构原理和工作过程做一简单介绍。

图 3-2-6 为平台扫描式直接制版机原理组成框图，如图所示它主要由激光器、声光调制器、反射镜、灰滤色镜、扩束器、锥面棱镜、$f\theta$ 物镜、工作台、步进电机、主电机、计算机和电控系统等部分组成，激光扫描排版过程如下：

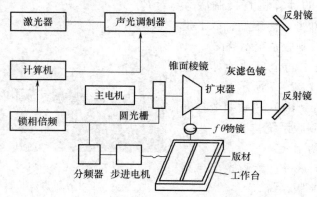

图 3-2-6 平台扫描式直接制版机原理组成框图

激光器发出的激光投射到声光调制器，通过版面信息的控制，有图文信息时声光调制器产生一级衍射光经反射镜转向和灰滤色镜调节光强，扩束器调节光束大小后投向旋转的锥面棱镜，反射光经 $f\theta$ 物镜汇聚到印版上。在扫描排版时，主电机带动旋转的反射棱镜和圆光栅一起转动，光栅输出的信号经分频后驱动工作台的步进电机运动，从而保证副扫描（工作台移动）系统严格同步，使扫描光束在版材上产生平行等间隔的扫描线，

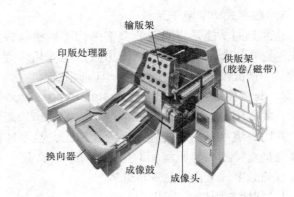

图 3 - 2 - 7　克里奥（Creo）技术的全自动计算机直接制版系统

光栅信号经锁相倍频后作为打点脉冲向计算机请求发出文字（或图形）点阵信息控制声光调制器使激光束对版材进行打点曝光，扫描排出版面（形成曝光版面潜影）。

扫描系统由激光在旋转棱镜反射回转扫描（X 向运动）和步进电机拖动安放版材的工作台（Y 向运动）组成，棱镜回转一面，激光束完成一次扫描（六面棱镜旋转一圈，完成六次扫描），则步进电机拖动工作台使版面移动过一条扫描的位置，激光进行第二次扫描，以此重复，直到整个版面扫描完。使受控光束在印版上曝光形成潜像，经显定影后，得到印版。激光扫描分辨力可以调整为 1 016 线/in、724 线/in、508 线/in 或 1 000 ~ 4 000DPI，以适应不同输出精度的要求。

图 3 - 2 - 8　顶胜（Topsetter）热敏型全自动外鼓式计算机直接制版系统

目前国内外许多厂商都已经推出了多种形式、多种规格的计算机直接制版系统，其中主要是银盐型和热敏型，以下是几种 Heidelberg 直接制版系统示意图。

（1）用 Creo 技术的全自动计算机直接制版系统。如图 3 - 2 - 7 所示。

（2）顶胜（Topsetter）热敏型全自动外鼓式计算机直接制版系统。

如图 3 - 2 - 8 所示。

（3）极胜（Prosetter）紫激光全自动内鼓式计算机直接制版系统。

如图 3 - 2 - 9 所示。

图 3 - 2 - 9　极胜（Prosetter）紫激光全自动内鼓式计算机直接制版系统

练习与测试 11

一、填空题

1. 直接制版系统，又称_____系统，简称_____。

2. 直接制版系统主要由_____系统、_____、_____、_____等部分组成。

3. 直接制版系统的印版制版机，又称_____机。目前主要有_____，_____和_____三种类型的印版制版机。

4. CTP 版材主要有_____型、_____型、_____型和_____型。

二、判断题

（　　）1. 目前以银盐版为主流，热敏是方向。

（　　）2. Computer To Plate 是指"在机直接制版"。

（　　）3. CTP 印版需要底片来晒版。

（　　）4. CTP 制版需要显影机。

三、选择题（有单选和多选）

1. Computer To Proof 是指 _____。

    A. 脱机直接制版　　　　　　　　　B. 在机直接制版

    C. 数码印刷　　　　　　　　　　　D. 数码打样

2. 热敏型 CTP 的版材的特点是_____。

    A. 敏度高，速度快，技术成熟　　　B. 敏度高，加工复杂

    C. 敏度低，但耐印率高　　　　　　D. 分辨率高，耐印率好，敏度低

3. 自动显影机能自动完成_____等全过程。

    A. 显影　　　　　　B. 定影　　　　　　C. 水洗　　　　　　D. 干燥

    E. 烤版

4. 可用于 CTP 的板材有_____。

    A. 银盐扩散型　　　B. 银盐复合型　　　C. 感光树脂型　　　D. 热敏型

四、简答题

光栅图像处理器 RIP 的作用是什么？

学习情境四

印后加工设备

　　印后加工是在印刷后为满足使用要求和提高外观质量，对印刷品进行加工的总称。印后加工设备分两部分，即书刊装订设备和印品装饰设备。书刊装订方法主要有平装、精装和骑马订三种，则设备包括平装装订设备、精装装订设备、骑马订书设备；印品装饰方法有覆膜、烫印、上光、模切压痕、凹凸压印及压花等，则印品装饰设备包括覆膜机、烫印机、涂布上光机、压光机、模切压痕机及凹凸压印机等。

　　由于篇幅有限，本情境只叙述书刊装订设备的操作技能及知识拓展。

项目　书刊印后加工设备操作

　　背景：我们每天用的教材——平装书是怎么装订出来的？首先，需要分别将一本书的各个印张（通过折页机或手工）按页码的顺序折叠成书刊开本大小的书帖；其次，由配页机或人工将折叠好的书帖按页码的顺序配集成册（书芯）；然后，由无线胶包机将书芯包上封面；最后，通过单面切纸机或三面切书机将包好的书刊切成成品。

　　应知：书刊装订的方法、装订工艺过程、装订设备的基本原理。

　　应会：装订设备的操作。

任务一　能力训练

使用印后设备装订一本平装书

1. 任务解读

　　根据使用设备的不同、印张的大小、厚薄以及书刊开本的大小不同，应对各个设备做好相应的调节，并试运行后，再进行正式的生产运行。

2. 设备、材料及工具准备

　　（1）设备　国产或进口折页机、配页机、无线胶包机及单面切纸机或三面切书机各1台。

　　（2）材料　已印好的一本完整书刊的四开或对开书页各500张。

　　（3）工具　常用内、外六角扳手、压书芯的压板（木板或塑料板）及压书芯的配重（砖块或铁块）等10套（根据班级人数的情况准备）。

3. 课堂组织

分组，5人一组，实行组长负责制；每人领取一份实训报告，调节结束时，教师根据学生调节过程及效果进行点评；现场按评分标准在报告单上评分。

4. 调节步骤

（1）折页机的调整与使用

第一步：根据印张的拼版情况，明确折页的顺序、按印张的厚薄及最后折页的开本尺寸将折页机的各个部分（如输纸部分、前挡规与侧挡规的位置、栅栏栏板的位置等）调整到准确的工作位置，并将印张按要求装入输纸部分。

第二步：开机前对折页机各主要部件粗查一遍，看是否有零件、螺丝等脱落现象，然后加注润滑油。

第三步：按下启动按钮，给开车信号，点车检查运行情况，无误后再发信号挂长车由慢而快正常运转折页（每个组折1~2个印张），不应出现纸张歪斜、页码忽正忽歪、传送纸张时双张、堵塞、折叠边底角不齐等故障。

第四步：最后一个组折页完毕后，按下停机按钮并及时将机器周围的地面和机器内外的废纸、异物、灰尘等清理干净，并按机器说明书的要求认真保养机器。

（2）配页机的调整与使用

第一步：按书帖的大小调节储页格左右两侧挡板和后顶板的位置（书帖与挡板之间应有2~3 mm的间隙），将书帖按顺序装入储页格中。

第二步：开机前对折页机各主要部件粗查一遍，看是否有零件、螺丝等脱落以及卡阻现象，然后加注润滑油。

第三步：按下启动按钮，给开车信号，点车检查运行情况，无误后再发信号挂长车由慢而快正常运转配页（每个组配10~20本书芯），不应出现不吸帖、漏帖、不叼帖、撕帖、多帖和乱帖等故障。

第四步：每个组将配好的书芯抖齐，然后用压板及配重将书芯压好，并在书芯的脊背上刷上白乳胶，待胶干燥后进行分本待用。

第五步：最后一个组配折页完毕后，按下停机按钮并及时将机器周围的地面和机器内外的废纸、异物、灰尘等清理干净，并按机器说明书的要求认真保养机器。

（3）无线胶包机的调整使用

第一步：按照所包书刊的开本、厚薄及每一个书帖的折数，将无线胶包机的各个部分（如两夹板之间的宽度、铣背打毛通道的宽度、两侧胶轮之间的宽度、封面架上左右侧规及后挡规的位置、两压线轮之间的宽度、夹紧定型板的松紧、铣背及切槽刀的高低位置、刷胶轮的高低位置、托书板的高低位置等）调整到准确的工作位置，并将封面按要求（注意方向）装到封面架上，将要包的书芯搬到进本处。

第二步：将总电源开关和胶锅的加热开关打开（最好在上课前2 h打开），对各主要部件粗查一遍，看是否有零件、螺丝等脱落现象，并加注润滑油。

第三步：当胶锅温度升高到160~180℃时，点车检查运行情况，无误后再发信号挂长车由以较低的运转速度包本（每个组包10~20本），不应出现封面双张或断张、包封面歪斜不准、送书不到位、书芯上下歪斜、脱页、背空和脊背起皱、脊背呈圆弧状、胶水从脊背的天头或地脚处渗出等故障。

第四步：最后一个组包本完毕后，关闭机器的总开关，并及时将机器周围的地面和机器内外的废纸、异物、灰尘等清理干净，并按机器说明书的要求认真保养机器，在此过程中要特别注意防止烫伤。

（4）单面切纸机的调整与使用

第一步：打开单面切纸机的总开关，检查光电保护开关是否完好，通过控制推纸器前后移动的手轮或按钮，按书刊的成品尺寸（宽度或高度，一般先切翻口边）将推纸器调整到工作位置。

第二步：把包好的书刊按小于切纸机最大切纸高度堆成等高的一摞或几摞，并将其推进切纸机中，注意将书刊的基准边与推纸器和侧挡板靠齐。

第三步：按下启动按钮，先用压纸器试压一下书堆，并用钢板尺测量实际的尺寸是否与显示的一致，如果一致则按下裁切按钮将书边切下，按下停机按钮，然后抽样检查尺寸是否符合要求。

第四步：将上述书刊旋转90°，使基准边与推纸器和侧挡板靠齐，重复上述第三步的动作切齐书刊的第二边（一般为地脚边），按同样的方法切齐第三边（一般为天头边）。

第五步：最后一个组裁切完毕后，按下停机按钮并及时将机器周围的地面和机器内外的废纸、异物、灰尘等清理干净，并按机器说明书的要求认真保养机器。

任务二　知识拓展

一、书刊装订的主要方法及机械

1. 主要装订方法

书刊装订是将印刷后的书页、书帖加工成册的工艺总称。它是书刊加工的最后阶段，书刊外观及耐用性都取决于装订质量。

目前采用的装订方法主要有平装、精装、骑马订三种。

（1）平装装订法　平装装订法是书刊生产中应用最多的装订方法，一般书籍都用此法装订。平装装订主要有折页、配页、订书、包封面、烫背、裁切、检查等工序。

平装装订按所使用的装订材料和方法，又分为铁丝订（正在被淘汰）、缝纫订、三眼订和无线胶粘订等几种。平装中过去应用最多的是铁丝订，但它受潮易锈。缝纫订既适用于装订较厚的书，也适用于装订较薄的小册子。较厚的平装书也有采用锁线装订方法的，称为锁线平装书，它的优点是使用寿命长。随着材料工业的发展，出现了热熔胶，无线胶粘装订法迅速发展起来，它不但克服了铁丝易锈导致书籍过早损坏的缺点，而且出书速度快，书籍摊平的程度也优于铁丝订的书籍。目前由无线胶订联动机、切书机、打包机等组成的无线胶订生产线得到广泛应用。

平装装订所用的机械主要有单面切纸机、折页机、配页机、订书机、包封面机、烫背机、切书机等，根据所用装订材料和方法的不同，订书机可使用铁丝订书机、缝纫机、锁线机、无线胶包机等。

（2）精装装订法　精装是书籍的精致加工方法。精装装订法主要应用于需要长期保存的书籍。精装书书芯的加工工艺过程与平装书相比，在折页、配页、锁线及切边之后增加了压平、扒圆、起脊、贴纱布、贴堵头布、贴背脊纸、上书壳、压槽成型等工序。精装书的工艺流程比平装书的工艺流程要长得多，而且由于订书主要使用锁线法，生产速度受到很大限制。目前，锁线机由于生产率低还无法与其他装订机械组成联动生产线，因而精装书籍的生产线一般是从书芯压平开始，到书壳压槽成型为止。书壳的加工制作在联动生产线外进行。

精装装订所用机械在平装所用装订机械的基础上，又使用了压平机、刷胶烘干机、扒圆起脊机、书芯贴背机、制书壳机、上书壳机、压槽成型机、烫金机等。

（3）骑马装订法 骑马装订法主要用于页数较少的期刊、杂志和儿童读物等。目前，骑马装订一般都在骑马订联动机上从搭页、检查、订本到切书连续完成，生产效率较高。

骑马装订所用机械，一般使用骑马订联动机，该联动机由搭页机、骑马订书机、三面切书机等组成。

2. 装订机械的型号编制

根据《印刷机械产品型号编制规则》中的规定，装订机械的分类和基本型号如表4-1-1所示：

表4-1-1 装订机械的分类和基本型号

类别	基本型号	分类名称	品 种
切纸机械	QZ	切纸机	全张、对开、四开
	QS	切书机	
	FQ	分切机	单刀、三刀
折页机械	ZYS	栅式折页机	对开、四开
	ZYD	刀式折页机	全张、对开
	ZYH	混合式折页机	对开、四开
配页机械	PYQ	钳式配页机	
	PYG	辊式配页机	
订书机械	XD	线订书机	单头、双头、多头
	TD	铁丝订书机	
	JD	胶 订 机	
包书机械	SF	上封面机	
	TB	烫背机	
	TJ	烫金机	
	YP	书芯压平机	
	YS	书籍压平机	
	SK	制书壳机	
	DB	书籍打包机	
	KS	捆书机	
联动机械	LD		

二、折页机

1. 概述

将印张按照页码顺序折叠成书刊开本大小的书帖，或将大幅面印张按照要求折成一定规格的幅面，这个过程称为折页。而完成这一过程的机器称为折页机。

（1）折页方式　除卷筒纸轮转印刷机有专门的折页装置外，其余印刷机的大幅面印张都要由单独的折页机折成书帖。

折页方法随版面排列方式而变化，同时还与书籍的规格、所用纸张厚薄等因素有关。如图4-1-1所示，常用折页方式有平行折页、垂直交叉折页、混合折页。

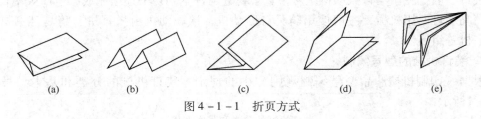

| (a) | (b) | (c) | (d) | (e) |

图4-1-1　折页方式

①平行折页法。相邻两折的折缝相互平行的折页方式称为平行折页法。平行折页法适用于长条形印张及纸张较厚、较硬的儿童读物、地图、字帖等。平行折页法有三种折叠形式。

a. 卷筒折页（包心折页）：是根据书刊幅面的大小顺着页码连续向前折叠折第二折时，把第一折的页码夹在书帖的中间，如图4-1-1（a）所示。

b. 扇形折页：是按页码顺序完成第一折后，将书页翻身，再向相反方向顺着页码折第二折，依次反复折叠成一帖，如图4-1-1（b）所示。

c. 双对折页：是按页码顺序将书页对折后，第二折仍向前对折，如图4-1-1（c）所示。

②垂直交叉折页法。每折完一折将书页旋转90°，再折第二折，相邻两折的折缝相互垂直的折页方式称为垂直交叉折页法。大部分印张都采用垂直交叉折页法进行折页。如用全张、对开、四开印张折叠32开、16开书帖等，如图4-1-1（d）所示。

③混合折页法。在同一书帖中，折缝既有相互垂直的，又有相互平行的，这种折法称为混合折页法。如图4-1-1（e）所示。

此外，根据折页的方向不同，又有正反折之分。逆时针折页为正折，顺时针折页为反折。如图4-1-2所示，图（a）为正折，图（b）为反折。

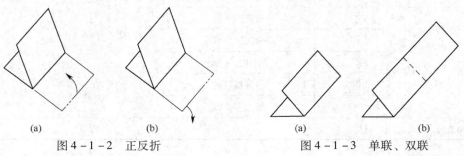

| (a) | (b) | (a) | (b) |
| 图4-1-2　正反折 | | 图4-1-3　单联、双联 | |

另外，根据折页的联数，又可分为单联和双联，如图 4 - 1 - 3 所示，图（a）为单联，图（b）为双联。

（2）折页机的分类　通常根据折页机构的不同，折页机主要分为三种类型；刀式折页机、栅栏式折页机、栅刀混合式折页机。除此之外，在卷筒纸轮转印刷机上还装有配套的折页装置。

刀式折页机是利用折刀将印张压入相对旋转的一对折页辊中完成折页工作的。与栅栏式折页机相比，刀式折页机折页精度高，操作方便，但折页速度低，结构较复杂。

栅栏式折页机是利用折页栅栏与相对旋转的一对折页辊相互配合完成折页工作的。栅栏式折页机的折页速度快，折页方式多，但折页精度较低，不适宜折叠较薄或挺度较差的纸张。

栅刀混合式折页机上既有刀式折页机构，又有栅栏式折页机构。ZY - 500 型对开折页机就是栅刀混合式折页机。除一折采用栅栏式折页外，其余各折都采用了刀式折页。栅刀混合式折页机既有栅栏式折页机折页速度快的优点，又有刀式折页机折页质量好的长处。

2. 刀式折页机工作原理

ZY104 折页机是目前应用较广泛的一种全张刀式折页机。全机由给纸系统、折页系统和电器控制系统三大部分组成，可实现自动给纸、裁切并折叠成各种规格的书帖。还可在第二折与第四折之间安装花轮刀，用以给书帖打孔。折帖规格有两折，8 开；正三折，16 开；反三折，16 开；64 开双联；四折，32 开；128 开双联。

ZY104 折页机上印张的分离和输送由自动给纸机完成。刀式折页机各折页部分工作原理基本相同。

如图 4 - 1 - 4 所示为 ZY104 折页机工作原理简图。给纸机将印张 1 分离并交给布带辊，其上的传送带 2 带着印张 1 向前运动。当印张到达第一折页位置时，先由前挡规 5、侧拉规 6 对纸张进行纵向和横向定位，两个方向定位完成后，折刀向下移动，沿一折刀刀刃尖端朝下分布有 6 根定位针，首先扎透印张，保证定好位的印张在受到折刀冲击时不致歪斜。折刀继续下降，印张被折刀压入两块盖板 7 的开口中。折刀下降到离折页辊中心约 4 mm 时开始返回上升。印张 1 由于传送带的推动和折刀冲击的惯性作用仍继续向下运动，进入两个正在相对旋转的折页辊 8 之间的缝隙中，依靠折页辊和印张之间的挤压及摩擦作用完成一折折页工作。当印张从一折页滚下面滑纸块经过时，切断刀在印张之间进行切断，打孔刀在二折线上进行打孔。被切断和打了孔的一折书帖由传送带又送到二折位置，重复上述过程（但不再进行切断），而后再完成三折、四折折页。如果书籍用无线装订法装订，安置在三折和四折之间的打孔刀还要在书帖的四折线上进行划口，以利于胶的渗透。

3. 栅栏式折页机工作原理

ZY201 折页机是对开栅栏式折页机。全机由机架、传动机构、给纸机、三个折页系统、收帖台及气泵等组成。它适用于折叠对开以下 52 ~ 100 g/m^2 的新闻纸、有光纸、凸版纸、胶版纸、铜版纸，从给纸到收帖自动完成，机器无级变速。三个折页系统能连续折成四折各种不同折法的书帖。

栅栏式折页机与刀式折页机一样，都是由给纸、折页、收帖三部分组成的，但它们

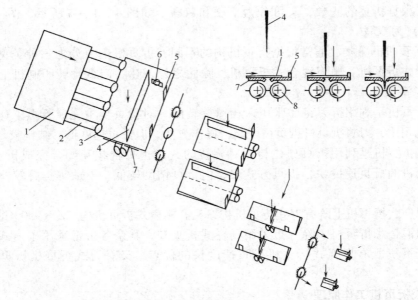

图 4 - 1 - 4　ZY104 折页机工作原理简图

1—印张　2—传送带　3—压纸球　4—折刀　5—前挡规　6—侧拉规

7—盖板　8—折页辊

的折页机构不同。刀式折页机由折刀和折页辊配合完成折页，而栅栏式折页机则是由折页栅栏和拆页辊配合完成折页。

ZY201 折页机工作原理如图 4 - 1 - 5 所示。纸张由给纸机进行分离和输送。当纸张被送到输纸辊台上时，由于传送辊在水平面上倾斜安装，使得纸张向着挡规的一面靠齐定位。当纸张运动到折页辊时如图 4 - 1 - 5（a）所示，两个相对旋转的折页辊 2、3 将其高速带入上折页栅栏 4，撞上栅栏挡规。由于纸张后部继续向前运动，而纸张前部又无法继续向前，纸张被迫折弯，如图 4 - 1 - 5（b）所示。折弯的纸张由相对向下旋转的折页辊 3、7 带动向下运动，如遇到下栅栏 5 封闭，则继续转弯从折页辊 7、8 之间的缝隙中出来，完成第一折页，如图 4 - 1 - 5（c）所示。同理，纸张被二折输纸辊组经二折页辊系统带入二折栅栏，重复上述过程，完成二折页。

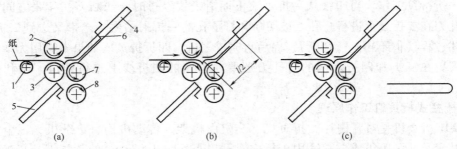

图 4 - 1 - 5　ZY201 折页机工作原理简图（正折页）

1—传送辊　2、3、7、8—折页辊　4—上栅栏　5—下栅栏　6—挡规

ZY201 折页机第二折页辊可完成垂直交叉折，第三折页辊可进行平行折，而第一折页

系统能进行卷筒三折、扇形四折。调节或封闭折页栅栏可实现不同形式的折页。

图4-1-5为正折页工作过程，图4-1-6所示为反折页工作过程，图4-1-7所示为卷筒折页工作过程，图4-1-8所示为平行折页工作过程，图4-1-9所示为扇形折页工作过程。

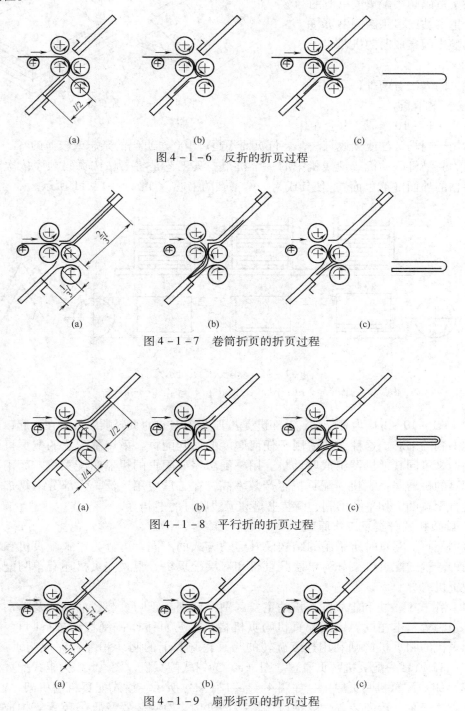

图4-1-6　反折的折页过程

图4-1-7　卷筒折页的折页过程

图4-1-8　平行折的折页过程

图4-1-9　扇形折页的折页过程

三、配页机

1. 配页的方式

配页又叫配帖，是指将书帖或单张按页码顺序配集成书册的工序。把书帖或多张散印书页按照页码顺序配集成册的机器叫配页机。

配页的方法有两种；套配法（套帖法）和叠配法（配帖法）。

图 4－1－10（a）为套配

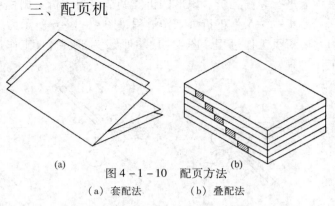

图 4－1－10　配页方法
（a）套配法　　　（b）叠配法

法，常用于骑马订法或锁线订法，装订页面不超过 100 个页码的杂志或较薄的本、册，且一般作为骑马订联动机或锁线机中的一个机组。其工艺是将书帖按页码顺序依次套在另一个书帖的外面（或里面）。使其成为一本书刊的书芯，如图 4－1－11 所示。

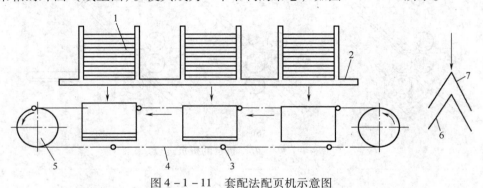

图 4－1－11　套配法配页机示意图
1—书帖　2—储帖台　3—挡书块　4—输帖链　5—链轮　6—第一帖　7—第二帖

图 4－1－10（b）为叠配法，其工艺是按照各个书帖的页码顺序叠加在一起，使其成为一本书刊的书芯。这种方法适用于任何厚度的书刊配页。采用叠配法的配页机既可单独使用，又可同其他机器组成联动机。用叠配法完成配页的机器叫配页机。而用套配法完成配页的机器叫搭页机。配页机生产效率高，在工厂应用广泛。大部分书籍都是用叠配法进行配页的，如平装书刊、精装书籍和无线胶订的书刊等。

2. 配页机的分类及工作原理

根据配页机叼页时所采用的结构及其运动方式的不同，可分为钳式配页机和辊式配页机两种。辊式配页机又分为单层配页机和双层配页机。辊式配页机还有单叼配页机和双叼配页机之分。

（1）钳式配页机和辊式配页机的主要区别　区别在于叼页装置的结构及运动方式不同，其余装置基本相同。钳式配页机叼页机构采用叼页钳作往复移动进行叼页和放页；辊式配页机的叼页机构则利用连续旋转的叼页轮与其上的叼牙相配合完成叼页和放页。图 4－1－12 所示为配页机叼页原理。图（a）为钳式配页机，图（b）为辊式配页机。

（2）钳式配页机叼页原理　如图 4－1－12（a）所示。钳式配页机由机架、贮页台、传递链条、气泵、传动装置、吸页机构、叼页机构、检测装置及收书装置等构成。钳式配页机的叼页工作是由往复移动的叼页钳 2 完成的。叼页钳往复运动一次，叼下一个书帖。当叼页钳向斜上方运动时，张开钳口准备叼页。咬住书帖之后，叼页钳返回；把书帖放到下面的传送链条上。叼页钳的张合由凸轮机构控制。

（3）辊式配页机叼页原理　如图 4-1-12（b）所示。辊式配页机的叼页部分是利用连续旋转的叼页轮与叼页轮上的叼牙配合完成叼页的。叼页轮带着叼牙旋转，当叼牙转到上面时叼住书帖，转到下方时放开书帖，使书帖反着落到传送链条的隔页板上。

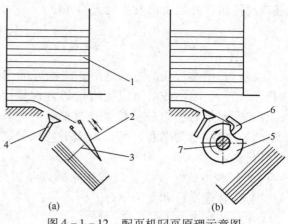

图 4-1-12　配页机叼页原理示意图
1—书帖　2—叼页钳　3—拨书棍　4—吸嘴
5—叼页轮　6—叼牙　7—配页机主轴

叼牙的张合由叼页凸轮控制，叼页轮每转动一周，完成一帖（双叼配页机为两帖）的叼页工作。

辊式配页机与钳式配页机相比，结构紧凑、运转平稳、控制灵敏、生产效率高。我国已不再生产钳式配页机。

（4）叠配法配页机的工作原理　如图 4-1-13 所示。配页机储页台 3 上装着挡板 2，将待配的书帖 1 按页码顺序分别放在挡板内。挡板下面装有吸页装置和叼页装置（图中未画出）。当机器运行时，吸页装置将挡板内最下面的一个书帖向下吸约 30°的角度，配页机的叼页装置将此书帖叼出并放到传送链条 6 的隔页板上（图中未画出），再由传送链条上装着的拨书棍 4 将书帖带走。配齐后的散书芯由收书装置 7 运走。

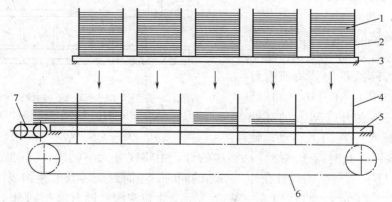

图 4-1-13　叠配法配页机工作原理
1—书帖　2—挡板　3—贮页台　4—拨书棍
5—机架　6—传送链条　7—收书装置

如果配页过程发生多帖、缺帖等故障时，配页机的书帖检测装置（图中未画出）便发出信号，由抛废书机构（图中未画出）将废书抛出。当传送链条上发生乱页现象时，机器自动停机，并显示出发生乱页的部位。

四、锁线机

1. 概述

锁线订是书帖订联的方法之一，将配好的书帖逐帖以纱或丝线串订成书芯的装订方式叫锁线订。把书帖或散页以锁线订的方式装订成册的锁线设备叫锁线订书机。由于这种装订工艺是沿各帖订口折缝处连接的，因此各页均能摊平，阅读方便，牢固度高，使用寿命长。锁线后的书芯，可以制成平装或精装书册。要求高质量和耐用的书籍多采用锁线装订。

（1）锁线方式　锁线装订方法分平订和交叉订两种。平订又分为普通平订和交错平订。

①平订的工艺与方法。

a. 普通平订。普通平锁锁线后的书芯形状如图 4 - 1 - 14 所示。纱线从针孔 1 穿入，沿着书帖折缝内侧由针孔 2 穿出，并留下一个活扣。如此将书帖依次串联，称为普通平订。锁线针组数可以根据书芯开本的大小来确定，一般 32 开书刊常采用 3 组，64 开采用 2 组，其他开本则可做相应的增减。

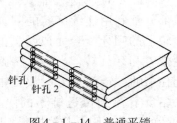

图 4 - 1 - 14　普通平锁

在锁线机上锁线的工作由底针（打孔针）9、穿线针 2、钩线针 4 和牵线钩爪 6 来完成。在普通平锁中，一根穿线针、一个牵线钩爪和一根钩线针构成一组，该机构如图 4 - 1 - 15 所示。其锁线过程如图 4 - 1 - 16 所示。

工作时书帖沿着订书架进入锁线位置后，底针 2 向上运动，从书帖的中间沿折缝从里向外将所有订书孔打好，如图 4 - 1 - 16（a）所示。随后，安装在升降架上的穿线针 4 和钩线针 5 一起向下移动，使

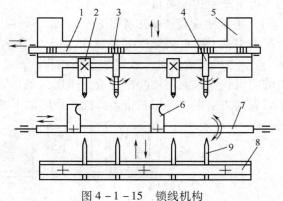

图 4 - 1 - 15　锁线机构

1—齿条　2—穿线针　3—齿轮　4—钩线针　5—升降架
6—钩爪　7—滑杆　8—底针板　9—底针

穿线针和钩线针（此时钩槽向外）从相应的订孔中将线穿入书帖内，同时底针退回，如图 4 - 1 - 16（b）所示。钩线针在伸入书帖的同时，逆时针旋转 180° 使钩线针 5 的钩槽向里，准备钩线。当穿线针将线引入书帖后，穿线针和钩线针随升降架回升一定距离，使引入的纱线形成线套，便于钩爪 1 牵线。钩爪从左向右移动，将纱线套拉成双股。当钩爪越过钩线针时，钩爪向外微摆并将纱线送入钩线槽中，如图 4 - 1 - 16（c）、（d）所示。接着，钩爪开始退回原位，如图 4 - 1 - 16（e）所示。钩线针接住线后，钩线针和穿线针被升降架带动回升，此时钩线针又反向（顺时针）旋转 180°，将钩出的纱线在书帖外面绕成一个活扣，如图 4 - 1 - 16（f）所示。同时，钩爪向里微摆并退回到原始位置。至此

便完成了一帖书的锁线过程。

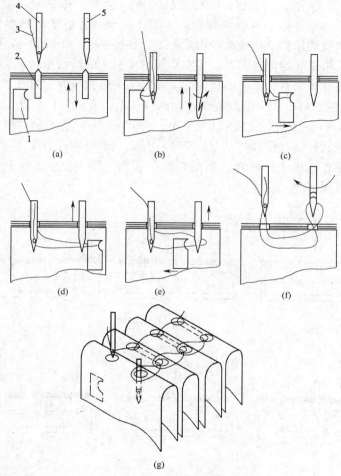

图 4 - 1 - 16　普通平锁锁线过程
1—牵线钩爪　2—底针　3—纱线　4—穿线针　5—钩线针

　　第一帖完成锁线后，接着锁第二帖，其锁线过程与第一帖基本相同。不同的是钩线针从第二帖钩出的活扣被套在第一帖的活结之中。如此一个套一个形成一串锁链状，直至一本书芯锁线完毕。

　　当一本书芯锁线完毕后，机器空运转一次（即不送书帖）。这时最后一帖钩出的线圈也被打成活扣留在书帖外面，如图 4 - 1 - 17 所示，再将线割断就是一本书芯。

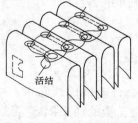

图 4 - 1 - 17　平锁书芯

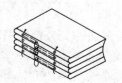

图 4 - 1 - 18　交错平锁

b. 交错平锁（平订交叉订）：交错平锁是平锁的另一种锁线方式。当纸张较薄或纱线较粗时，为了避免书背锁线部位过高凸起，可采用交错平锁。交错平锁的书芯如图4-1-18所示。

在每组锁线中，对各帖书页跳间互锁。其工作原理和普通平锁基本相同。只是由两根穿线针、两个牵线钩爪和一根钩线针构成一组，如图4-1-19所示。第一书帖锁线时，打孔和穿线后左钩爪1开始向右移动，将左穿线针4引入的纱线牵送到钩线针5上，而后复位。此时右穿线针6和右钩爪7不起作用。在第二书帖锁线时，打孔和穿线后，右钩爪7向左移动，将在穿线针6引入的纱线牵送到钩线针上，而后复位。此时左穿线针和左钩爪不起作用。图4-1-19中（a）、（b）、（c）、（d）、（e）所示是对第一帖书帖进行打孔、穿线、左钩爪右移、复位和打结时的动作；（f）、（g）、（h）、（i）所示是对第二书帖进行锁线时的动作。由于纱线对各书帖是跳间互锁，纱线在各书帖间相互错开，装订线分布均匀，装订成册的书脊比较平整。

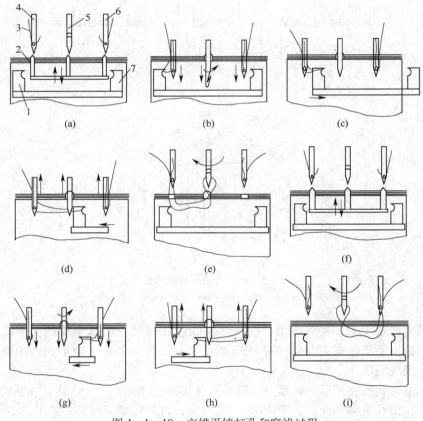

图4-1-19 交错平锁打孔和穿线过程
1—左钩爪 2—底针 3—纱线 4—左穿线针
5—钩线针 6—右穿线针 7—右钩爪

②交叉锁工艺与方法。交叉锁的书芯和锁线工艺过程如图4-1-20所示。这种锁线方式的特点是装订线分布均匀，因锁线过程中在书背上串以纱布带，书籍牢固、美观。交叉锁和交错平锁的原理基本相同，其区别在于交叉锁的两根固定穿线针之间设有一根活动穿线针11。活动穿线针11可以做左右往复运动，将纱线跳间穿入各书帖内，从而互

锁成册。

图 4-1-20（a）、（b）、（c）和（d）是对第一帖书页打孔、穿线、钩爪牵线和钩线针打结的过程。这时活动穿线针 11 从第一书帖出来后，随即向左移动一段距离 L，准备进入第二书帖。图 4-1-20（e）、（f）和（g）所表示的是第二书帖的打孔、穿线和打结的过程。

交叉锁速度较慢，一般每分钟为 60 帖，而平锁锁线通常可达每分钟 70～80 帖，且操作容易，因此平锁是锁线装订中应用最广泛的一种装订方法。

（2）锁线机的分类　锁线机锁线的工作过程是：搭页、输页、定位、锁线、出书。机体的主要部件是搭页机和锁线机。目前，我国印刷厂使用的锁线机的类型很多，按照自动化程度和搭页的方法分为原始型、半自动型和全自动型三种。SXZ-440 型机为我国生产的一种最新的锁线机。微机控制的新技术被运用在订书过程中。

2. 自动锁线机锁线工作原理

锁线机的主要任务是在搭页机的配合下将书页一帖一帖地装订起来。为了能连续工作和保证锁线质量，除锁线工序外还有辅助工序，整个工作顺序是：搭页→输页（推帖、送帖）→定位（缓冲、压页、定位）→锁线（打孔、穿线、牵线、打结、拉紧）→出书（敲书、打书、挡书、割线）。

如图 4-1-21 所示为锁线机工作原理。搭页机将书帖搭在输帖链的导轨上（导轨是静止的）。书帖在导轨上被输帖链的推书块 15 向前推移到两送帖轮（又称加速轮）14 之间。这两个高速旋转的送帖轮将书帖加速，送入订书架 16。订书架做前后往复摆动。它接到书帖后即迅速向后（穿线针 13 下面）摆去。与此同时安装在订书架 16 上的拉规 17 将送来的书帖 3 定位，而后由底针 1 打孔，穿线针 13 穿线，钩爪 2 牵线和钩线针 13 打活结（底针和钩爪都安装在订书架内侧，与订书架做同步摆动）。每个书帖锁线完毕后，由敲书棒 7 和打书板 4 将其送到出书台 19 上，为了防止书帖反弹倒退，还设有一个挡书针 5 配合动作，将书挡住。在完成一本书芯的锁线工作后，机器空转一次，割线刀 20 将线割断。至此，完成了一本书芯的锁线工作。

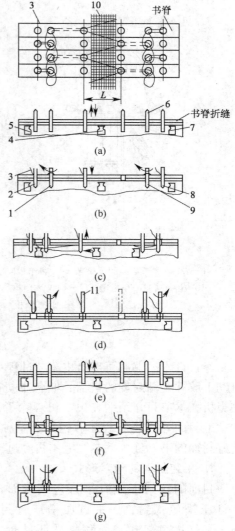

图 4-1-20　交叉锁锁线过程
1—左钩线针　2—左穿线针　3—纱线
4—中间钩爪　5—左钩爪　6—底针
7—右钩爪　8—右穿线针　9—右钩线针
10—纱布　11—活动穿线针

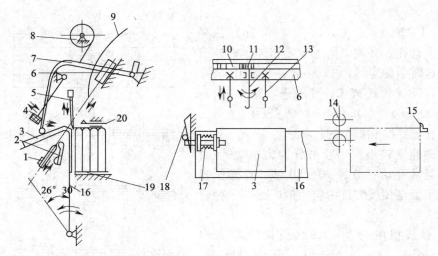

图 4 - 1 - 21　锁线机工作原理图

1—底针　2—钩爪　3—书帖　4—订书板　5—挡书针　6—升降架　7—敲书棒　8—纱布带　9—纱线
10—齿条　11—小齿轮　12—钩线针 13—穿线针　14—送帖轮　15—推书块　16—订书架　17—拉规
18—凸板　19—出书台　20—割线刀

五、包本机

　　经过订本的书芯再裹封皮工艺过程称为包本（或上封面、包封面）。对书芯背脊进行自动上胶并粘贴封皮的机器，叫包本机或包封面机。包本机可分为平装包本机和精装上书壳机。本节只介绍平装包本机。除了采用骑马订方法装订的书刊在订本时一次完成订本、上封面外，其余平订书刊都要单独上封面，或者在装订联动机上设有上封面工序。包好封面的书刊称为毛本。毛本再经过三面裁切成为成品书刊。

1. 平装封面的包封形式

　　封面的包封形式有平订包式封面、平订压槽包式封面、平订压槽裱背封面、平订勒口包式封面和骑马订封面。平装封面的包封形式如图 4 - 1 - 22 所示。

　　平订包式封面是平装书刊的一种普遍形式。其包封方法有两种，一种是在书芯背上涂刷胶液，把封面粘贴在书芯的脊背上；另一种是除在书芯脊背上刷

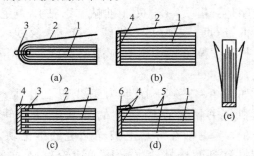

图 4 - 1 - 22　平装封面的包封形式

1—书芯　2、5—封面　3—铁丝订脚　4—胶　6—包条

胶外，还沿着书芯订口部分涂刷 3 ~ 8 mm 宽的胶液，使书芯不仅粘在脊背上，而且粘在书芯的第一面和最后一面上。这样可将铁丝钉或纱线覆盖，使书刊更加牢固，如图 4 - 1 - 22（b）所示。

　　平订压槽包式封面材质较厚，为使封面容易翻开，在上封面之前将封面靠脊背处压出凹槽，然后再按包式封面包封，如图 4 - 1 - 22（c）所示。

　　平订压槽裱背封面是将封面分成两片，并压出折沟纹槽，分别和书芯订连在一起，

然后用质量较好的纸或布条裱贴书脊背部，如此连接封面，以增强书籍背部的牢固度，如图 4 - 1 - 22（d）所示。

平订勒口包式封面的前口处比书芯前口长出 30 ~ 40 mm 的空白纸边，封皮包好后，将长出的部分沿书芯前口边折齐（也称勒齐）后再裁天头、地脚，形成勒口平装书，如图 4 - 1 - 22（e）所示。

"勒口"可用手工折出，也可采用专用设备折出。"勒口"平装书美观耐用，但成本较高。包本机所包的封面均为无"勒口"平装书的封面。

骑马订式封面是将套配好的书帖及封面从中间分开搭骑在订书三角架上，形成骑马订式平装书刊，如图 4 - 1 - 22（a）所示。

2. 包封方法的原理

包本机的包封方法有两种：托夹式和滚压式。

（1）托夹式　如图 4 - 1 - 23 所示，托夹式包封就是采用托板 5 向上运动，将封面 2 粘贴到书芯 1 的背脊上，并对书芯背脊产生一定的压力。同时，左右夹板 3、4 相向运动，将书芯订口处夹紧，从而使封面 2 与书芯牢固地粘在一起。

采用托夹式包装，能使书背脊棱角平直，成型好，保证了包本质量。

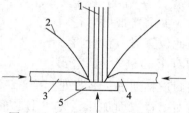

图 4 - 1 - 23　托夹式包封示意图
1—书芯　2—封面　3—左夹紧板
4—右夹紧板　5—托板

（2）滚压式　滚压式包本是由上、下两对包书辊来完成的，如图 4 - 1 - 24 所示。

在包封时，先由一对相对旋转的包书辊 2、4 夹紧书芯 5，使书芯匀速下降，当书芯碰到封面 6 时就与封面一起下降进入到相对转动的下包书辊 1、3 之间。由于上包书辊

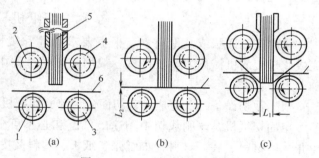

(a)　　　(b)　　　(c)

图 4 - 1 - 24　滚压式包封原理
1—左下包书辊　2—左上包书辊　3—右下包书辊
4—右上包书辊　5—书芯　6—封皮

使书芯下降的速度略大于下包书辊使书芯下降的速度，这样，当上、下包书辊同时作用于书芯和封面时，就使书芯与封面挤紧压实。由于滚压式包本，书脊成型质量较差，因此，滚压式包本仅适合于薄本书。

3. 简易胶订联动机

简易胶订联动机是一台半自动的无线胶订设备。它采用热熔胶无线胶订工艺，由人工上书芯、封皮，经自动铣背、锯槽、刷胶、包背成型出书，能将 32 开本、16 开本，厚度在 3 ~ 35 mm 范围内的书芯，加工成书，特别适合于中、小型印刷厂及轻印刷的需要。

简易胶订联动机的工作原理如图 4 - 1 - 25 所示。操作者首先将书芯送到夹书器，在各方向定位准确后，由夹书器将书芯夹紧，并送至后面各个工序直至出书时松开书芯，夹书器返回初始位置。夹书器夹紧书芯后，送到第一个书芯加工工序，在铣背工序，书芯书背被铣背刀铣去 1.4 ~ 2.2 mm 后完成铣背，再由夹书器将书芯送至锯槽工序，锯槽

刀对书芯进行锯槽。锯槽完成后，夹书器带着书芯经过上胶工序，由上胶辊完成对书芯的上胶。在完成上述工序的同时，由人工将封皮上至包背位置，并对封皮定位。夹书器带书芯行至此位置时，包背机构对书芯进行包背，

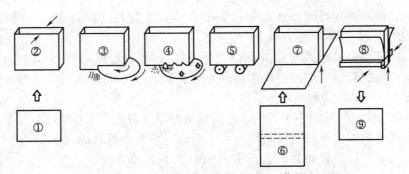

图4-1-25　简易胶订联动机的工作原理

1—人工上书芯　2—书芯夹紧　3—铣背　4—打毛　5—刷胶　6—人工给封面
7—包封　8—成型　9—出书

将封皮粘到书芯书背处，接着，夹书器将已粘封皮的书芯带至成型工序，由书背成型机构对书背三面加压，完成书芯的装订工作。最后，夹书器松开书芯，毛本书落到收书台上。

简易胶订联动机是一个椭圆形的联动线，主要由传动机构、夹书机构、铣背机构、锯槽机构、上胶机构、包背机构、成型机构，以及电器控制装置组成。其中铣背、划沟、上胶、包背及成型机构的工作情况对书芯加工的质量起着决定性作用。

六、切纸机

将原纸、印张或其他材料，根据要求尺寸和规格进行裁断和分切的过程称为裁切。完成此过程的机械称为裁切机械。裁切是印刷过程中备料和装订成书过程中不可缺少的辅助工序。

根据裁切设备一次完成的裁切面分为单面切纸机和三面切纸机两大类型。

单面切纸机是印刷裁切中用途最广泛和必不可少的裁切设备。它既可用于裁切各种单张承印材料、装订材料（如纸张、纸板、塑料及皮革等），也可裁切印刷的半成品和成品等。

三面切书机主要用来裁切各种书籍和杂志的成品，是一种装订专用设备，裁切质量好、效率高。在此我们只讨论单面切纸机。

目前我国设计制造的单面切纸机型号很多，根据操作方式和机器结构主要分为轻型切纸机和大型切纸机两大类。轻型切纸机裁切的宽度一般在四开幅面以下，又可分为手动切纸机和电动切纸机。大型切纸机裁切的宽度在四开幅面以上，又可分为普通切纸机、液压切纸机、液压程控切纸机、自动上料液压程控数字显示切纸机等。

1. 单面切纸机的工作原理

单面切纸机主要由工作台、推纸器、压纸器、裁纸刀、刀条等主要部件组成，如图4-1-26所示。单面切纸机的工作平台呈水平放置，用来堆放被裁切物；推纸器6将纸张5推送到裁切线上，推纸器还起到后规矩作用；压纸器3用来将裁切的纸叠压紧，防止裁切时由于抗切力而引起纸张弯曲，影响裁切精度。刀条一般用木条或塑料条制成，用以保证底层纸裁切平整和保护刀刃不被碰伤。裁切刀在切割到最下层的纸张时，就和刀条的刀痕（深0.1~0.5 mm，越浅越好）相互作用，把纸裁断，因此刀条对裁切质量有很

大影响，不可忽视。

单面切纸机工作时，首先根据所需纸张幅面的大小，将推纸器 6 试移到实际位置附近，然后将撞齐的被裁切物放到工作台上，并紧靠推纸器（后规矩）和侧挡规进行定位；移动推纸器，将被裁切物叠推送到规定的裁切线上，将压纸器 4 下压，将纸叠压平压紧。而后，裁刀 3 开始下降切断被裁切物，放松压纸器，使切刀和压纸器均返回初始位置，取出被裁切品，再进行下一工作循环。

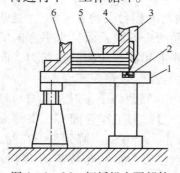

图 4－1－26　切纸机主要部件
1—工作台　2—刀条　3—裁刀
4—压纸器　5—纸张　6—推纸器

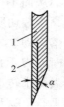

图 4－1－27　裁刀
1—刀片基体　2—刀刃

2. 单面切纸机主要机构

（1）裁刀　裁刀是切纸机的主要部件之一。它由刀架和刀片组成，而刀片又由刀片基体（简称刀体）和刀刃两部分组成，如图 4－1－27 所示。刀体一般采用低碳钢，刀刃则要求采用硬度高、耐磨性好的特种工具钢或合金钢。裁切刀刃的裁切角度 α 的大小对裁切质量及裁刀的使用性能有很大影响。

裁切角度应根据被裁切物的软硬，即被裁切物抗切力的大小来决定。一般选择的范围为 16°～25°。裁切质软、较薄的纸张时，裁切角一般为 19°左右，裁切较硬而质厚的材料时，裁切角为 21°～22°，裁切硬纸板、塑料膜时，裁切角取 25°。裁切角度越小，刀越锋利，裁切物对刀刃的抗切力就越小，机器磨损和功率消耗也相应降低，裁切质量高，切口整齐，光洁度好。但裁切角度如果太小，刀刃的强度和耐磨性就会降低，裁刀磨损快，对裁切速度和质量也会产生影响。

裁刀的运动形式对机器结构、性能及裁切质量也有直接影响。裁刀的运动形式有如下四种，如图 4－1－28 所示。

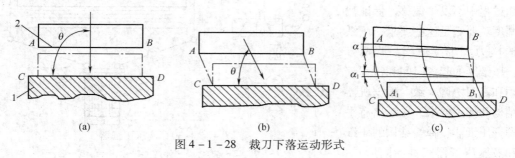

(a)　　　　　(b)　　　　　(c)

图 4－1－28　裁刀下落运动形式

①裁刀做垂直下落运动。如图 4-1-28（a）所示，裁刀下落轨迹垂直于工作台，裁刀刀刃始终与工作台平行。这种运动形式简单，但由于刀刃全长同时与被裁切物接触，因此造成刀刃的冲击力和被裁切物的抗切力很大，致使被裁切物弯曲变形，故裁切质量较差。

②裁刀沿倾斜直线下落运动。如图 4-1-28（b），裁刀下落方向与工作台台面之间夹角 $\theta < 90°$。这样，裁切运动的力可以分解成垂直和水平两个方向，从而减少了刀刃的冲击力和被裁切物的抗切力，提高了裁切质量。

③裁刀做倾斜弧线下落运动。裁刀下落方向与工作台夹角 $\theta < 90°$，且裁刀运动轨迹是弧线，这样裁刀的运动可以分解成垂直和水平两个方向，而且水平方向的分量在下落运动过程中逐渐增大，从而不仅减少了刀刃的冲击和被裁切物的抗切力，而且更有利于裁切过程，进一步提高了裁切质量。

④裁刀做复合下落运动。如图 4-1-28（c），当裁刀下落时，既有移动又有微小转动，裁刀在初始位置时刀刃不平行于工作台面，刀刃与工作台面有一夹角 $\alpha = 2° \sim 10°$。在裁切过程中，刀片做微小转动，使夹角逐渐减小，当裁刀下降到最下端时，减小为 0°，这时刀刃与工作台面平行。这种裁切方式的优点是刀刃最初与被裁切物不全长接触，因此减少了被裁切物的抗切力和刀刃的冲击力，裁刀进入被裁切物较平稳，裁切质量大大提高，但结构也相对复杂一些。

（2）推纸器　如图 4-1-29 所示为大型切纸机推纸器机构简图。在图中，电机 1 通过带传动带动螺杆 4 旋转，最后使推纸器 5 位置发生变化。手轮的作用是可以手动微调推纸器的位置。为保证推纸器的位置精度，螺杆和推纸器之间还带有误差补偿装置。同时，推纸器与切刀刀刃的平行度也可调节。

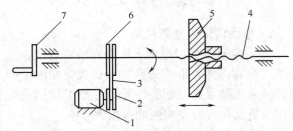

图 4-1-29　大型切纸机推纸器机构简图
1—电机　2—小带轮　3—带　4—螺杆
5—推纸器　6—大带轮　7—手轮

在切纸过程中，纸叠需经常移动和换向，为减少纸叠与工作台面的摩擦力，减轻劳动强度，许多切纸机工作台表面均匀地装有许多气垫机构，使工作台形成气垫工作台。

（3）压纸器　压纸器用来将裁切纸张压平压紧，使纸张在裁切过程中不发生偏移，保证裁切精度。要满足这些要求，压纸器的压力大小须适当，调整方便，压纸器的起落时间和行程都必须和裁刀协调一致。根据机器的结构和使用要求，压纸器有手动螺杆压纸器、弹簧结构的压纸器和液压压纸器三种不同形式。这里只介绍液压压纸器。

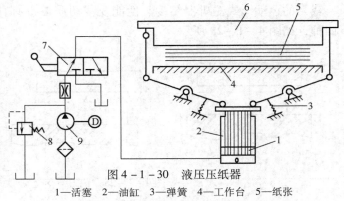

图 4-1-30　液压压纸器
1—活塞　2—油缸　3—弹簧　4—工作台　5—纸张
6　压纸器　7—二位三通阀　8—溢流阀　9—油泵

　　液压压纸器是靠液压作用使压纸器对纸叠加压的，它的工作原理如图4-1-30所示。手动二位三通阀7有开、关两个位置，当油路接通时，油泵9的高压油被送至油缸2底部，推动活塞1上升，经杠杆机构使压纸器6下压。其压力可以通过溢流阀8来调节。裁切完毕，扳动手柄使油缸接通油箱，在弹簧3作用下，压纸器6上升复位。液压压纸器可以根据不同性质的纸张或裁切物来调整所需压力，调节范围大，且在裁切过程中，其压力随纸叠高度变化而自动调整，使压纸器压力恒定，裁切精度高。故此类压纸器是一种较先进的压纸装置。

3. 切纸机的安全操作

　　切纸机相对于其他印刷设备来说，重视其安全操作显得尤为重要，虽然现代切纸机采取了许多有效的安全措施，但如果操作者不加以注意，仍然可能会出现不少的安全隐患，因此操作者应对以下几方面加以注意：

　　①操作者必须严格遵守工厂的安全规则。

　　②机器需指定专人操作，操作者经培训合格且充分学习理解操作使用说明书，了解机器各部分作用和运动危险区后，方可开机操作。

　　③机器启动前，检查各手柄、按钮、安全防护罩是否处于预定位置。注意机器周围的其他人员应处于安全的位置。

　　④机器运行时，不许接触书籍等裁切物，只有在停机之后，方能清理机器或者排除通道堵塞物。

　　⑤机器调试结束后，检查所有工具或其他物件都已经从机器上拿走，然后慢速点动机器一周，以免发生意外。

　　⑥换刀或下刀操作时，必须使用护刀套，操作完毕取下护刀套。

　　⑦所有的安全装置必须保持完整有效，对有故障的部分及时进行修理或更换。

七、平装书籍装订联动线

　　随着材料工业的发展，特别是热熔胶的出现，为胶订工艺的发展和推广创造了条件。目前，无线胶订工艺在书刊平装生产中占有重要地位。

　　与传统的线订、铁丝订等工艺相比，无线胶订工艺有以下优点：装订速度快，采用热熔胶做黏结剂时，粘胶后数十秒钟内即可进行书本裁切，因此便于组织自动化流水作业；装订质量高，书背坚固挺实，平整美观，没有线迹和铁丝的锈迹，而且书籍容易摊开，更便于翻阅。

　　下面简单介绍国内外几条比较成熟的无线胶订生产线。

1. PRD-1型平装无线胶订联动线

　　（1）功用和组成　我国生产的PRD-1型无线胶订联动线，以热熔胶作为黏结剂，能装订厚度为3～30 mm。其开本分64开双联、大小32开单联和16开单联四种。生产线从配页开始，能连续自动完成配页、书芯加工、包本成型和堆积出书等各工序的全部工作，也可手工续本，单独使用胶订机来完成经过线订或铁丝订的书芯的包本成型工作。主机部分采用电磁调速异步滑差电机无级调速，最高生产速度为6 500本/h，是国内使用比较多的一种无线胶订生产设备。

　　PRD-1型无线胶订生产线的平面布置如图4-1-31所示，它由PY44-05型双叼页滚筒式高速配页机 1、PRD – 1 型无线胶订机 8、DJ 计数堆积机 11 和电器控制箱 7 与 9 组成。在线外还附有吸尘器 13 和预热胶锅 14。

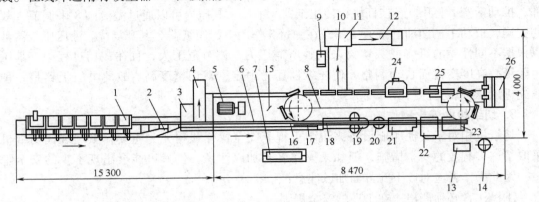

图 4 – 1 – 31　PRD – 1 型无线胶订联动线平面布置图

1—配页机　2—翻转立本　3—除废书　4—出书芯　5—主电机　6—交换链条　7、9—控制箱
8—胶订机　10、12—传送带　11—堆积机　13—吸尘器　14—预热胶锅　15—计速表
16—进本机构　17—夹书器　18—定位平台　19—铣背圆刀　20—打毛刀　21—上书芯胶锅
22—贴纱卡机构　23—上封皮胶锅　24—加压成型机构　25—贴封皮机构　26—给封皮机构

配页机通过一过桥交换链条 6 与胶订机相连接，共同由主电机 5 驱动，其运动由主控制箱 7 来控制。堆积机 11 由单独电机驱动，其传动部分采用机械式无级调速，并由控制箱 9 控制毛书的堆积本数。吸尘器 13 的作用是将加工书芯时热胶锅产生的废气吸走。预热胶锅 14 能不断向胶订机的胶锅内补充具有一定温度的胶液。若增加出书传送带 12 的长度，或增设一干燥装置，则可与 QS – 02 型三面切书机相连接，使生产线延长至出光书。

配页机与胶订机的另一种连接方式是取消了过桥传送链条，书芯从配页机直接进入胶订机的进本机构。

（2）工艺流程　配页机将书帖配成书芯，翻转立本后，松散书芯通过交换链条 6（图 4 – 1 – 31）被送入胶订机的进本机构，并由进本机构的链条传送装置带着爬坡，然后进入胶订机的夹书器。

固定在椭圆形封闭链条上的夹书器夹持着待加工书芯按箭头所示方向连续运行，在通过胶订机的各个工位时，由各机构或装置顺序完成对书芯的加工和包本成型。夹书器行至传送带 10 处便松开，包本成型后的毛书掉落在高速传送带 10 上，被迅速送往堆积机 11 进行计数堆积。按规定堆积好的毛书最后由慢速传送带 12 送至搬运台，进行人工搬运和堆放，以实现书背的干燥过程。

全部工艺流程如图 4 – 1 – 32 所示。为提高装订质量，有的机器增设了闯齐工位，在定位工序 5 处由一振荡装置同时完成对松散书芯的定位和闯齐。

在无线胶订中，书芯的加工到包本包括铣背、打毛、刷书芯胶、贴纱布卡纸和包封面等五道工序。

①铣背。将书芯书背用圆铣刀盘铣平，成为单张书页，以便上胶后使每张书页都能受胶粘牢。书背的铣削深度与纸张厚度和书帖折数有关，纸张越厚、折数越多、铣削量越大，应以铣透为准，一般在 1.4 ~ 2.2 mm。

图 4-1-32　PRD-01 型无线胶订联动线工艺流程图

1—配页　2—翻转立本　3—除废书　4—爬坡　5—定位　6—铣背　7—打毛　8—上书芯胶
9—贴纱布卡纸　10—上封皮胶　11—结封皮　12—贴封皮　13—加压成型　14—落书
15—计数堆积　16—出书

②打毛（切槽）。"打毛"即是对铣削过的光整书背进行粗糙处理，使其起毛的工艺方法。目的是使纸张边缘的纤维松散，以利于胶的渗透和互相黏结。另一种广为采用的方法，是在经过铣削的书背上，切出许多间隔相等的小沟槽，以便储存胶液，扩大着胶面积，增强纸张的黏结牢度。本机进行书背打毛时采用了切槽的方法。

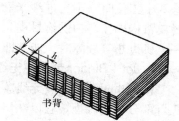

图 4-1-33　铣背切槽后的书芯书背

沟槽的深度 L 一般为 $0.8\sim1.5$ mm，间隔 h 所取范围较大（$2\sim20$ mm）。铣背切槽后的书芯书背如图 4-1-33 所示。

用预先经过处理的书帖（如花轮刀轧口和塑料线烫订）所配成的书芯，在进行胶订时，不再做铣背、打毛的加工处理，可直接进入上胶工位。

③上胶。在经过机械处理的书芯书背上涂一定厚度的黏结剂，以固定书脊，粘牢书页的工序称为上胶。上胶应使整个书芯的脊背部分具有足够的黏结强度，这是书芯加工中的关键工序。

④贴纱布卡纸。对于厚度大于 15mm 的书芯，为提高书脊的连接强度和平整度，在上过胶的书背上粘贴一层相应尺寸的纱布或卡纸条。粘贴纱卡后，再上一次胶即可进行包本。厚度小于 5 mm 的书芯不贴纱卡，上书芯胶后直接进行包本。

⑤包封面。贴好纱布卡纸后的书芯，再经过第二次刷胶后就可包封面。

（3）结构和特点

①PRD-1 型无线胶订生产线采用了短工艺流程排列，因而结构紧凑，使用灵活，占地面积小，适合对多种平装书刊半成品的加工。

②配页机与胶订机共用一个动力源（电动机等），在传动轴的连接处设有一个离合装置，不仅保证了两机在运转中严格同步，而且当出现配页故障时，配及机能立即与胶订机分离，实现单独停机。

③配页机与胶订机可分别单独使用。单独使用时，对整个联动线的生产率损失不大。例如，利用人工续本在胶订机上进行线订或铁丝订书芯的包本成型时，配页机可同时进行单工序配页工作，只需将铣背、打毛和贴纱卡机构退离工作位置即可。

④各主要工作部件均有过载保护装置，任何一处出现超负荷运转时都能立即停车。

⑤热胶锅和预热胶锅都设有温度调节和恒温自动控制装置。

⑥联动线还设有多种故障控制系统，当配页工位出现多帖、少帖等故障时，由检测装置将信号储存下来，待该故障书芯运行至除废书工位时，即作为废书被剔出线外。若配页机本身发生了故障，如气嘴裂、通气管道阻塞等，往往连续出现废书，不及时发现和排除，将造成很大浪费。因此联动线设有专门装置，能确保配页机在运行中连续出现三个故障循环（即出三本废书），就会立即停车，切断与胶订机的联系，以便人工排除故障。这时，胶订机继续按原速运转，并通过延时控制，待最后一本书芯包封完毕，自动减速，以 2000 本/h 的速度运行。故障排除后，由离合装置保证配页在同步点启动，并与胶订机同步运行。由于采用了延时控制，经过一段时间的低速运行，自动回升至原来的工作速度，全线工作恢复正常。纱卡、封皮的送进由一个触点控制机构分别控制，当夹书器无书芯时，送纱卡和给封皮机构的控制装置就得不到有书信号，因此该夹书器行经这两个工位时，不送进纱卡和封皮。当发生书芯从配页机送往胶订机的路程中乱帖，给封皮机构未按节拍供给封皮，装订好的毛书在落书工位不能顺利地离开夹书器及线内任一电机过热等故障时，能立即停车并给出指示。

2. Jet – Binder 型高速无线胶订生产线简介

Jet – Binder 型高速无线胶订生产线是瑞士米勒公司生产的高速薄本无线胶订生产线，胶订部分是直线型，它以热熔胶为主要黏结料，用于装订最大厚度为 12 mm 的期刊、目录、小册子和杂志等。从配页开始生产线能连续自动完成配页、书芯加工、包本成型、吹干冷却、坏书检查和剔除、三面切书及计数输出等工序的全部工作。包本成型后毛书离开胶订机，单本进入一垂直旋转的风车式干燥轮，进行干燥处理。

主要技术参数：最大装订尺寸为 450 mm×300 mm，最小装订尺寸为 185 mm×120 mm，装订厚度为 2～12 mm，生产速度为 3 000 ～10 000 本/h。

3. RB5 –201 型全自动无线胶订生产线简介

RB5 –201 型全自动无线胶订生产线是瑞士米勒公司生产的产品，其装订部分呈圆盘状，主要以热熔胶为黏结剂。

在 RBS –201 型无线胶订生产线上完成的工序有配页、翻转立本、闯齐、校对折标、定位夹紧、铣背打毛、上胶、贴纱布、贴封皮、加压成型、定型干燥、三面裁切和书籍堆积打包等，全部作业自动化。线上还带有两个侧钉头，可对厚度在 19 mm 以内的书芯进行铁丝订。该生产线能够装订厚度为 3～40 mm 的各种平装书刊和小册子，最大开本为 300 mm×450 mm，最小开本为 120 mm×185 mm，装订速度为 3 000～10 000 本/h，适合大、中型印刷厂装订书刊和小册子。

4. 订包烫联动线简介

订包烫联动线是一种用金属丝连接平订书册的平装加工联动生产线，也称订包烫联动机。这条生产线是制作平装书籍的专用设备，分为前后两部分：前一部分为配页机，后一部分为订书、包本、烫背机，前后部分可以分开单独使用和操作。其中订本部分与单头订书机结构相同，包本部分采用长条式包本形式，烫背则选用远红外线加热平台烫平的方式。

订包烫联动线有两种型号，即河南商丘生产的 DBT –01 型和北京生产的 DBT –02 型订包烫联动线。这两种机型所包书籍厚度均为 3～15 mm；所包开本尺寸（mm）为 210×

150、195 ×140、302×230、270×200；速度为20～60本/min。

订包烫联动线工作过程即指订本、包本、烫背工作过程，其工序为：储书进本→订书→刷胶→封面压痕与输送→定位与封面吻合→输本→包封夹紧→烫背→出书。

八、精装书籍联动生产线

精装书籍联动生产线的任务是对需精装的已锁好线的书芯进行后阶段的加工，直至成书为止。将若干台完成不同精装加工工序的单机及中间连接装置按照预定的工艺流程连接起来，组成精装书籍联动生产线。调整好的自动线可以把书芯自动加工成书，大大提高了劳动生产率和降低了操作者的劳动强度。

1. JZX－01 型精装生产线

JZX－01 型精装生产线是在吸收国外经验的基础上我国自行研制而成的。全线从 GX型供书芯机开始，经 YP 型书芯压平机、SJ 型刷胶烘干机、YJ 型书芯压紧机、DJ 型书芯堆积机、QS 型三面切书机、BY 型扒圆起脊机、FZ1 型输送翻转机、TB 型书芯贴背机、FZ2 型输送翻转机、SQ 型上书壳机到 YC 型压槽成型机为止。

图 4－1－34 为其工艺流程图。经过锁线的书芯通过人工成叠放在供书芯机 1 上，由机器一本一本地送到书芯压平机 2 上，在此工序书芯先振齐再经三次压脊和两次压平后输入刷胶烘干机 3，在机上先进行书背刷胶，再经红外线烘干后转入书芯压紧机 4 进行四次压脊。至此书芯都是书背向下直立着加工的。

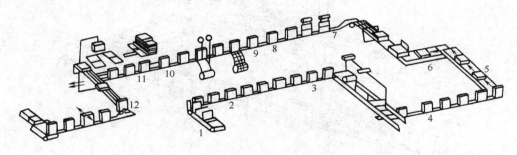

图 4 - 1 - 34　JZX - 01 型精装联动生产线工艺流程图
1—供书芯机　2—书芯压平机　3—刷胶烘干机　4—书芯压紧机　5—书芯堆积机
6—三面切书机　7—扒圆起脊机　8、10—输送翻转机　9—贴背机　11—上书壳机
12—压槽成型机

书芯经压脊后应进行裁切工序，为此先将书芯躺倒、书背朝后送入书芯堆积机 5，堆积高度根据书芯厚度及生产速度而定，最高可达 90 mm。堆积好的书芯进入三面切书机 6裁切切口与两侧（天头地脚），然后翻转成书背向上输入扒圆起脊机 7。在扒圆起脊机中，书芯先进行冲圆和扒圆，然后再用起脊块起脊后经带式输送翻转机 8 翻转成背脊向下送入书芯贴背机 9，在此经刷胶、贴纱布、二次刷胶、贴背脊纸及堵头布、托打等工序后输出。经输送翻转机 10 再次翻转成书脊向上输入上书壳机 11，书芯先上侧胶然后被分书刀分开，挑书板（又称翼板）从分书刀中间隙缝中穿过将书挑起上升，此时书壳（先由制书壳机制成放在送壳器中）经书背烙圆后送到书芯上方，书芯被翼板带动上升的过程中经上胶、套壳、胶辊压紧后升到顶端，在下降过程中被翻转成书背向前输入压槽成型机

12。书本进入压槽成型机后翻转成书脊向下，先用凸形模块下压书籍切口使书芯进一步紧贴书壳再前行经 4 次压槽、6 次压平后送到出书传送带上，人工将书取下完成全部工序。

全线由机械、电气、液压组成控制系统，能全线联动、分段联动或单机运行。在全线使用过程中，若某一单机发生故障时，能发出信号，使该机前面各机自动停车，而后面各机仍继续工作，待故障排除后，再恢复全线联动。

这条自动线可装订 64 ~ 16 开本的精装书，装订速度 14 ~ 36 本/min，全线占地面积 22.05 m×7.52 m。

在具体组成生产线时可根据车间具体情况改变中间连接装置安排成适合现场的各种形式。

2. 柯尔布斯 70 型精装生产联动线简介

如图 4 - 1 - 35 所示为德国柯尔布斯 70 型精装联动生产线的工艺流程图。该线完成的工序自扒圆开始，至压槽成型为止，共由六台机器组成，包括扒圆起脊、贴背、上书壳、压槽成型四台主机及贴背机前后的输送翻转机和皮带运输机。最高装订速度为 70 本/min。

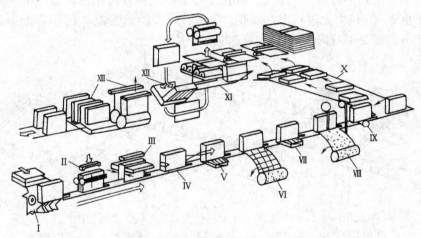

图 4 - 1 - 35　柯尔布斯 70 型精装联动生产线的工艺流程图

其工艺流程与 JZX - 01 型精装自动线类似。经过压平、刷胶烘干、裁切后的书芯从扒回起脊机的星轮翻转进书装置（Ⅰ）进入扒圆工位（Ⅱ）经起脊工位（Ⅲ）到输送翻转机（Ⅳ）送入贴背机，在贴背机中经一次刷胶（Ⅴ）、贴纱布（Ⅵ）、二次刷胶（Ⅶ）、贴背脊纸与堵头布（Ⅷ）和托打（Ⅸ）后送到皮带运输机（Ⅹ）上分成两路进入上书壳机（Ⅺ），由上书壳机两面输出（Ⅻ）经带式传送装置进入压槽成型（ⅩⅢ），两列书本平行移动经整型压槽、压平等工序后输出。

九、骑马订书籍加工与联动线

1. 骑马订加工方法

书页用套配法配齐后，加上封面套合成一个整帖，用铁丝钉从书籍折缝处穿进里面，将其弯脚锁牢，把书帖装订成本，采用这种方法装订时，需将书帖摊平，搭骑在订书三角架上，故称骑马订。

骑马订的穿订方式有两种：一种是在每一个书帖的同一个位置穿订，称为齐订；另一种是在帖与帖之间交错穿订，称为交错穿订。交错穿订方式适合装订用套配法配页的较厚书芯，使书刊平整。采用骑马订方法装订书刊，工艺流程短，出书快，成本低，翻阅时可以将书摊平，便于阅读。但铁丝易锈，牢度低，不利于书刊保存。

骑马订采用套配法，书刊不可过厚，一般最多只能装订100个页码左右的薄本，多用于装订杂志、画报及各种小册子。在订书前，要将折好的书帖从最中间一帖开始，依次套叠在一起，最后把封面覆套在最上面。这一工艺过程称为搭页和配页。订本后的毛本还需通过三面裁切，最后加工成可供阅读的书刊。

2. 骑马订联动生产线

（1）类型　最常见的骑马订生产线是将完成配、钉、切三个工序所用的机器连接起来，采用共同的传动，连续完成书刊从搭页到裁切的全部加工。

瑞士马蒂尼（Martini）公司生产的骑马订联动生产线除上述搭页机、订书机、三面切书机之外，还可以根据不同情况加设堆积机、包装机、插页机等，灵活多变，适应用户的各种需求。图4-1-36所示为瑞士马蒂尼公司生产的各种骑马订生产线。

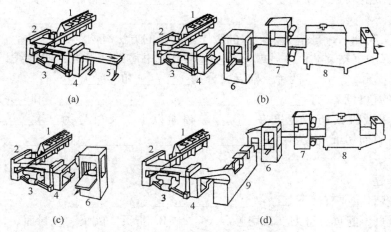

图4-1-36　瑞士马蒂尼公司骑马订联动生产线

1—搭页机　2—订书机　3—传动装置　4—三面切书机　5—输出装置
6—堆积机　7—薄膜包装机　8—冷缩通道　9—插页机

国产骑马订联动机基本上有两种形式。一种由搭页机、订书机和三面切书机三个机组连接而成，三个机组共用一个动力源——电磁调速异步滑差电机。另一种由折封皮机、搭页机、订书机和三面切书机、自动堆积计数机组合的五机组连接而成。国外的骑马订联动机在组合形式上不断扩大。瑞士马蒂尼（Martini）公司生产的骑马订生产线是一种典型的骑马订联动线。

（2）骑马订联动机的基本工作原理　由搭页开始，将需装订的书帖按次序放在搭页机的放书台上，机器开动，搭页机组（马蒂尼的骑马订联动机共装有8台搭页机，根据需要可使用其中一部分或全部）将各书帖分别吸下，并按次序自动搭骑在集帖链上，各书帖"骑"着集帖链匀速移动并在移动过程中由规矩拦齐各帖书帖。配好的书帖经过书厚检测装置送到订书机头下面，机头按检测装置的信号仅对无缺页或无多页的书本进行装订，订书时书本运动不停，订书机头以相同的速度与书本同步运动，在相对静止条件下进行订钉。装订完的书刊经顶书叉送到输书架再传给三面切书机的接书架，缺页或多页的书送到废书斗。

送到三面切书机的书刊通过门刀和边刀完成切翻口和切两侧（天头、地脚）的工序。成品书刊通过光电计数器被送入出书斗，出书斗有上下两个，根据预先调定的册数（15、20 或 25 本）交替使用，操作者只需在出书斗前收集成叠的成品。

练习与测试 12

一、填空题

1. 目前采用的书刊装订方法主要有_____、_____和_____三种。

2. 折页方式可分为平行折页法（包括_____、_____和_____三种）、_____折页法和_____折页法。此外，根据折页的方向不同，又有_____之分。另外，根据折页的联数，又可分为_____和_____。通常根据折页机构的不同，折页机主要分为三种类型：_____、_____、_____。

3. 配页又叫配帖，是指_____的工序。配页的方法有两种：_____和_____。

4. 将配好的书帖逐帖以____或_____串订成书芯的装订方式叫锁线订；锁线装订方法分_____和_____两种。前者又分为_____和_____。

5. 封面的包封形式有_____、_____、_____和_____。

6. 大型切纸机裁切的宽度在_____幅面以上，又可分为_____、_____、_____等；单面切纸机主要由_____、_____、_____、_____等主要部件组成。

二、选择题

1. 平装装订主要有以下工序：_____。
   A. 折页、配页、订书、裁切等
   B. 折页、配页、包封面、检查等
   C. 包封面、烫背、裁切、检查等
   D. 折页、配页、锁线及切边等工序
   E. 在折页、配页、锁线、压平、扒圆、起脊、贴纱布、贴堵头布、贴背脊纸、上书壳、压槽成型等工序

2. 精装装订所用机械有_____。
   A. 单面切纸机、折页机、配页机、订书机、包封面机、烫背机、切书机等
   B. 折页机、配页机、订书机、包封面机、压平机、压槽成型机、烫金机、烫背机、切书机等
   C. 搭页机、压平机、刷胶烘干机、扒圆起脊机、书芯贴背机、制书壳机、上书壳机、压槽成型机、烫金机等
   D. 单面切纸机、折页机、配页机、订书机、切书机等
   E. 刷胶烘干机、扒圆起脊机、书芯贴背机、制书壳机、上书壳机等

3. 与栅栏式折页机相比，其特点是：_____。

A. 刀式折页机折页精度低，操作方便，但折页速度高，结构较简单

B. 栅栏式折页机的折页速度快，折页方式多，但折页精度较高

C. 栅栏式折页机不适宜折叠较薄或挺度较差的纸张

D. 刀式折页机折页精度高，操作方便，但折页速度低，结构较复杂

E. 栅栏式折页机的折页速度快，折页方式多，但折页精度较低

4. 下列说法正确的是：_____。

A. 在锁线机上锁线的工作由底针（打孔针）、穿线针、钩线针和牵线钩爪来完成

B. 交错平锁是平锁的另一种锁线方式。当纸张较薄或纱线较粗时，为了避免书背锁线部位过高凸起，可采用交错平锁

C. 这种锁线方式的特点是装订线分布均匀，因锁线过程中在书背上串以纱布带，书籍牢固、美观。交叉锁和交错平锁的原理相同

D. 锁线机锁线的工作过程是：搭页→输页→定位→锁线→出书。机体的主要部件是搭页机和锁线机

E. 平锁是锁线装订中应用最广泛的一种装订方法

三、简答题

1. 切纸机裁刀的运动形式有哪些？它们对裁切质量分别是怎样影响的？

2. 液压压纸器的工作原理是怎样的？

学习情境五

印刷设备的维护和润滑

印刷机的印刷质量和使用寿命，除了与机器制造精度有关外，在很大程度上还取决于使用过程中的维护和润滑情况。在印刷厂中，为了保证印品质量，提高设备利用率，延长其使用寿命，防止损坏事故发生，对机器的安全操作和维护保养都规定有相应的规章制度，并要求严格执行。如清洁管理制度、按时加油制度、安全操作规程、定期检查和维修制度等。

印刷机的维护保养，是保证印刷机处于良好工作状态和消除事故隐患的十分重要的技术管理工作。

项目　胶印机维护保养操作

背景：印刷设备润滑机构的结构和方法基本相同，胶印机润滑机构更典型，故以"胶印机维护保养操作"为例。其主要内容包含机器的检查、维护保养。机器的检查主要是检查机器上是否有异物、油孔是否堵塞、运动零件是否损坏、螺钉是否松动等；维护保养主要是指一级保养（每班工作时间内检查加油部位加油、出油口是否有油）、二级保养（每周一次检查油路是否畅通、零部件是否松动）、三级保养（以机修人员为主，每年一次全面检查对磨损或坏的部件更换）。在维护保养中，润滑油用油枪或集中润滑系统加注各加油点，润滑脂是用黄油枪或集中润滑系统加注各加油点。

应知：三级保养的内容、润滑剂及润滑装置的种类、循环润滑装置的组成及工作原理。

应会：机器清洁与维护保养。

任务一　能力训练

对机器进行清洁与维护保养

1．任务解读

以海德堡 SM52 胶印机为例。

（1）每日的维护保养，如图 5 - 1 - 1 所示部位1：清洗墨辊装置上的清洗刮墨刀片。

部位2：清洁滚筒表面和滚筒肩铁，清洗时不要使用具有腐蚀性清洗液。

部位3：在准备将印刷机停机较长的时间之前（在关闭了印刷机的电源开关后），在保养装置处放掉印刷机内的气压。

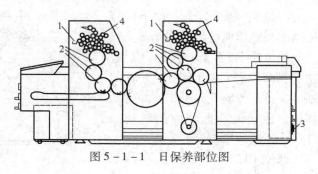

图5-1-1 日保养部位图

部位4：墨辊自动清洗装置：检查位于喷嘴下面的滴水盘中的清洗液液面位置，如果有必要的话，可以使用吸水棉布将水清除掉。

（2）每周的维护保养，如图5-1-2所示

部位1：集中润滑。检查中央系统中液体齿轮、润滑脂油箱中润滑油的液面，如果有必要的话，重新加油。

部位2：打号码装置。安装在打号码轴上的轴承（操作面）。

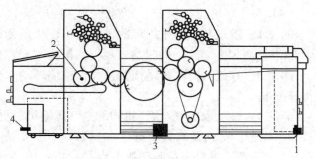

图5-1-2 周保养部位图

部位3：吹气和吸气机构所使用的空气压缩机（传动面）。检查过滤器，如果有必要的话，将过滤器从里向外吹干净。

部位4：收纸机的气源。清洁安装在机器传动面脚踏板下面的过滤器。

（3）每月的维护保养，如图5-1-3所示

部位1：输纸叼纸牙。输纸叼纸牙轴承、凸轮滚子（操作面）。

部位2：输纸滚筒。叼纸牙轴的轴承、凸轮杆处的凸轮滚子（操作面）。

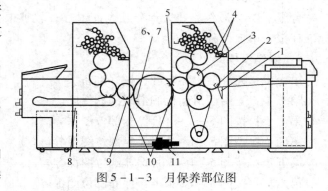

图5-1-3 月保养部位图

部位3：压印滚筒（所有印刷机组）。叼纸牙轴的轴承、凸轮杆处的凸轮滚子（操作面）。

部位4：湿润系统（所有印刷机组）。湿润液/水斗辊的齿轮（操作面）。

部位5：印版滚筒（所有印刷机组）。圆周方向套准（齿轮的前部）（传动面）。

部位6：传纸滚筒2（配备有纸张翻转装置）。每一个叼纸牙轴的叼纸牙轴的轴承、每一个叼纸牙轴的叼纸牙开牙滚子（传动面）。

部位7：传纸滚筒2（未配备纸张翻转装置）。每一个叼纸牙轴的轴承、每一个叼纸牙轴的叼纸牙开牙滚子（操作面）。

部位8：收纸装置。位于机器传动面和操作面的纸张制动器。

部位9：纸张翻转滚筒（只适用于双面印刷）。钳形叼纸牙轴的轴承、负责传动面和操作面的滑动部件、传动面和操作面的滑动部件、小齿轮和扇齿轮。

部位10：传纸滚筒 1 和传纸滚筒 3。叼纸牙轴的轴承、位于凸轮柄处的凸轮滚子（操作面）。

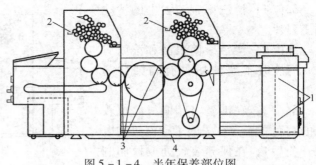

图 5 - 1 - 4　半年保养部位图

部位11：真空泵（只适用于双面印刷）。按照真空泵的维护保养和修理手册执行。

（4）每半年的维护保养，如图 5 - 1 - 4 所示

部位1：输纸装置。主纸堆的进给机构、机器传动面和操作面的链条辊。

部位2：匀墨装置。关闭刮刀片箱的机构（操作面）内侧。

部位3：存纸滚筒。传动面和操作面滚筒转动部分用的轴承、吸气装置处的凸轮滚子（操作面）。

部位4：传动面吸气/吹气机构的空气压缩机。更换过滤器。

2．设备、材料及工具准备

（1）设备　进口多色胶印机 1 台。

（2）材料　润滑脂、润滑油。

（3）工具　油壶、油枪及设备操作工具 1 套。

3．课堂组织

分组，10 人一组，每人保养几个润滑点；教师根据样张效果进行点评，现场按评分标准在报告单上评分。

4．操作步骤

第一步：先开启机器电源，做好准备。

第二步：先给润滑脂枪润滑装满润滑脂。

第三步：按图 5 - 1 - 1 日保养部位图保养。

第四步：按图 5 - 1 - 2 周保养部位图保养。

第五步：按图 5 - 1 - 3 月保养部位图保养。

第六步：按图 5 - 1 - 4 半年保养部位图保养。

任务二　知识拓展

一、机器的清洁工作与维护保养

1．机器的清洁工作

清洁工作是维护保养机器的重要方法。保持机器清洁，可提高其使用寿命，及时发现事故隐患，掌握机器磨损和损坏情况，做到及时检修。在清洁机器时，必须注意以下

事项：

（1）擦拭机器时，必须关闭电源。

（2）擦布不宜使用零星碎布，使用时应将揩布包扎拿好，防止遗落在机器内。

（3）检查油孔是否堵塞，保持油管或油眼的畅通。

（4）检查是否有零件损坏及螺丝、螺母松动现象。

（5）擦拭必须转动机器时，应先进行"呼（长按电铃）"，待其他人员有相应的呼声时才可进行转动机器，以免造成人身伤害事故。

（6）擦拭完毕，必须对机器进行全面检查，由人工反盘车，仔细检查是否有擦布或其他物件遗落在机内，防止造成机器损坏事故。

（7）清除输纸机、输纸板、前规、侧规等上面的纸粉。

（8）保持滚枕清洁。

（9）清除机身下面的费纸及其他垃圾、油盘中的积油及踏脚板上的油垢，保持机身干净。

（10）在清洁机器四周的场地时，应防止纸屑灰尘飞起。

（11）如果长时间停机，需装好机罩，用塑料布等进行遮盖，以防止灰尘侵入机内，而加速机件的磨损。

2. 印刷机的维护保养

印刷机结构复杂，零部件繁多，加工精度要求高。为了使机器能够在良好的状态下长时间工作，维护保养工作非常重要。

（1）印刷机重要部件的维护保养

①滚筒的维护和保养。主要包括印版滚筒、橡皮滚筒、压印滚筒的。印刷三滚筒是印刷机的主体，是决定印刷质量好坏的重要零件，要防止其产生"硬伤"，避免产生表面轧瘪、轴线弯曲变形等现象。在使用过程中，必须小心保护，避免纸张或各种异物轧入滚筒，如螺丝、垫圈、销子、弹簧、轴承、工具等。

②传动齿轮的维护和保养。滚筒间传动齿轮的制造精度、安装精度和调节使用等方面对印刷质量（如齿轮杠子、重影、套印不准等）都有十分密切的影响。因此，在日常的维护保养中要特别加以关注和爱护。防止灰尘、垃圾、纸张以及硬质的东西轧入，避免牙齿受损；在高速机上一般采用淋油式润滑，操作者要经常检查油路是否畅通，保持齿面清洁；坚持正确的操作方法，减少齿轮的磨损等。

③套准和交接装置的维护。套准和交接装置是传递纸张并保证套印准确的部件，应经常做到整洁完好，各咬纸牙的咬力要均匀适当，经常检查传纸链条销子和调节螺钉，防止产生松脱、断裂现象，避免事故发生。

④输纸部件的维护。输纸装置上的各零部件发生松动损坏后，不但影响输纸准确度，增加废品率，而且，往往容易因为松脱断裂的残体随纸张轧入滚筒，而造成重大事故。因此，对于这些零部件一定要定期检查，发现有损坏现象立即更换，发现有螺丝等松动现象，则须立即拧紧。

⑤轴承的维护。在高速胶印机中，为适应高速运转的需要，水墨辊以滚动轴承作为轴的支撑。这些轴承，经常容易被墨渍、药水溅入，且不易清洗和润滑。如果不做好维护工作，容易产生咬死致碎现象，甚至在碎裂后发生滚珠落下，轧坏机器。因此，轴承

内每星期要涂加新黄油，保持轴承的良好润滑。

总之，在机器的维护工作中，要重视操作人员的日常保养、定期保养和专职机修人员的定期检修，以消除事故苗子，防患于未然。

（2）印刷机的三级保养　工厂对印刷机的维护保养，采用三级保养制度。

①一级保养。指日常的维护保养。要求操作人员在每班工作时间内对印刷机进行认真检查。除了对有关部位按规定进行加油外，还要在生产过程中，随时观察零件的运动状况，注意倾听机器运转声音，判断有无异常情况。认真执行交接班制度。操作人员必须做到"四懂三会"：懂性能，懂结构，懂原理，懂用途，会保养，会使用，会排除故障。

②二级保养。指每周一次的定期保养。一般在周六或周一进行，约需停车 2 h，由操作人员对设备进行局部解体和检查，清洗规定部位，检查油路油量，检查调整重要部位，查看连接件是否松动，若存在则加以校正。

③三级保养。指每年一次，以机修人员为主，操作人员配合共同进行的一种保养。要求将一些关键的部位，如分纸吸嘴、递纸牙排、收纸牙排、链条滚筒的咬纸牙轴等进行拆装检查。同时，对润滑系统进行清洗、揩油；对电气系统进行可靠性、绝缘性进行检查修理等。

实践证明，建立和健全三级保养制度，对保证机械正常转动，生产正常进行，是很有必要的。其中，一级保养最为重要。

二、润滑材料与方法

一般印刷机中约有80%的零件是因磨损而报废的，正确地进行润滑，可以减少零件表面的磨损，降低传动功率的损耗，防止金属的化学腐蚀，从而保证设备正常运转，提高设备精度和生产效率。在印刷机的各运转部分，都装有润滑装置。

1. 润滑材料的作用与使用条件

润滑就是在零件相互接触的工作表面中间加入一层有流动性的材料——润滑剂，使相对运动零件之间滑动摩擦或滚动摩擦转变为流体的内摩擦，使摩擦力减少到最低限度。

黏度是润滑的一个重要物理因素。各种润滑油都具有不同黏度。依靠润滑油的黏度和不可压缩性，当轴与轴承、平面与平面发生相对运动时，润滑油就会产生一定的压力，随着速度的增快，间隙内的油压就会逐渐增大，并形成一定厚度的油膜，这样轴与轴承或平面与平面之间就被一层油膜所完全隔开。

零件表面形成完全的油膜必须满足以下条件：沿着接触的全部长度，输送充分的润滑材料；两个接触面之间需有一定的相对速度，保证油膜的形成；接触面单位面积的压力，应小至使油膜形成且不致润滑剂被挤出；轴和轴承间存在适当空隙，给油膜存留空间；润滑材料适当的黏度。

由于润滑不良造成的零件损坏，往往会破坏原有的表面光洁度；使经过热处理的零件由于温度升高而发生退火，性质变软；造成零件间的间隙增大，印刷机的精度受到破坏，零件的尺寸发生变化和变形等。

2. 润滑剂的种类和选择

（1）润滑剂的种类　印刷机常用的润滑剂可分三类：液体润滑剂（又称润滑油）、半固体润滑剂（又称膏状润滑剂或润滑脂）和固体润滑剂。

①润滑油。润滑油的特点是流动性大，内摩擦系数低，具有冷却作用，尤其以循环润滑系统的冷却效果更为显著。其主要物理性能指标是黏度，为了适应各种不同机器的特点，润滑油炼制时经不同的处理，并有不同的名称、牌号，如机械油、齿轮油等。

工业上常用恩氏黏度计来测定润滑油的黏度，称为恩氏黏度，以符号$°Et$表示。例如HJ–20号机械油的恩氏黏度为$3.31°E_{50}$，表示在50℃时的恩氏黏度值为3.31，数值越大则越稠。润滑油与其他油料相似，温度越高则黏度越低，反之，温度越低则黏度越高。常用的机械油黏度（恩氏黏度$°E_{50}$）如下：

HJ – 10	1.57 ~ 2.15
HJ – 20	2.60 ~ 3.31
HJ – 30	3.81 ~ 4.59
HJ – 40	5.11 ~ 5.89

润滑油适用于高转速印刷机、检查装置与过滤装置。选用原则为：低速、高温和重载时选用黏度较大的油，而高速、低温和轻载则选用黏度较低的油。使用润滑油的优点是可在不拆卸零件的情况下更换新油。缺点是容易从摩擦面漏出，必须定时加注，或采用循环润滑系统进行自动连续加油；采用密封装置，防止从壳体漏出。

②润滑脂。润滑脂，俗称牛油或黄油，由矿物油加钙、钠等金属脂肪酸皂，在高温下与稠化剂混合而成。其中钙基润滑脂的熔点低，耐热性差，怕水，钠基则正好相反。润滑脂的特点是稠度大，不易流失，承载能力大，内摩擦系数高。

润滑脂适用于高压和高温下工作的摩擦表面。可以润滑变动载荷（载荷的大小和方向均经常改变）、震动与冲击的机械，例如：滚珠、滚柱等滚动轴承表面；重载、低速和间歇性运动的零件；润滑油容易流失的开放性部位以及不易添加润滑油的零件等。它的优点是润滑装置和密封装置结构简单；定期加油的时间间隔较润滑油长；可在加油人员不太注意的地方可靠地工作。它的缺点是：内摩擦系数大，在高温下长期工作时会失去润滑性质；不能在低温条件下使用；更换润滑脂时，有的机件需拆开添加；润滑装置种类少。

③固体润滑剂。固体润滑剂有石墨、云母、皂石粉与二硫化钼等，可以单独使用，也可与润滑油或润滑脂混合使用。固体润滑剂对零件表面的附着力较小，且缺乏流动性。采用二硫化钼，在高温、高速、重载的情况下，也能可靠、长时期地起润滑作用。如新安装的齿轮牙齿、衬套、滑动轴承的配合等，多采用二硫化钼。在润滑剂中加入20%的石墨或二硫化钼油膏，即使在零件因摩擦产生过高温度时，也能起到很好的润滑作用。

（2）润滑剂的选用原则 润滑剂种类的选择，由印刷机设计者所采用的润滑装置决定。但具体选用什么润滑油，使用者是可以自行选择的。印刷机制造时，对被润滑的摩擦副所选用的润滑剂，是依照下列原则来考虑的：

①设备的工作条件。快速工作机构（机件转速在1 500 ~ 15 000 r/h）宜选用低黏度润滑剂，它能很快渗入摩擦处，保证良好的润滑，并可减少克服材料本身内摩擦所消耗的能量。如果选用高黏度的润滑材料，在摩擦处就会产生高温，从而引起润滑不良，增加能量消耗。

②承载情况。单位工作面积上有较高压力，有震动或改变运动方向的连接处，以及

间隙较大的联接处等，宜选用黏度较大的润滑材料，防止漏出。若采用黏度较低的润滑材料，容易因侧漏而减少了润滑层，从而产生半干或全干摩擦。

③温度。在高温（300℃以上）工作条件下宜选用蒸发点高的特殊润滑油料。同一台机器，在低温条件下，如冬天室外工作时，需用特殊的凝固点低的润滑油料，普通润滑油在低温时会发生凝固，失去润滑性能；而热天为防止过快流失，可换用黏度略高的机油。

三、润滑装置

根据润滑方法的不同，润滑分为分散润滑和集中润滑。如果每一对摩擦副由配置在润滑点附件的各独立和分离的装置进行润滑，称为分散润滑。如果数个摩擦副由同一个多出口的润滑装置供油，该装置的位置和被润滑的摩擦副的位置无关，这种方式称为集中润滑。

根据作用时间，可将润滑分为间歇润滑与连续润滑。间歇润滑（包括人工以油壶定时加注）仅用于低速、轻载的摩擦副。对关键性的滑动轴承及高速自动印刷机的传动齿轮等，常采用连续润滑。

实现润滑油的进给、分配、检查并流向润滑点的零件，称为润滑装置。印刷机由于各部分结构特点、工作条件以及摩擦副性质的不同，而采用各种不同类型的润滑装置。常用的有以下几种：

1. 人工润滑装置

在低速运动或不太重要的零件上，采用由人工进行每班一次到三次加油润滑的装置，称为人工润滑装置。常用的有油孔和油杯两种形式：

（1）油孔　如图5-1-5所示，直接在静止的零件表面上部开设一喇叭口的小孔，注入机油以润滑摩擦副。其特点是结构简单，常用于不太重要的零件上。缺点是因油孔敞开，不能防止灰尘和脏物落入，易堵塞；润滑油进给不均匀，加油时周围零件常被渗湿、沾污；储油量少，尤其是旋转零件，会因为离心力而溅失，因此需勤加油。在J2101型胶印机中，大部分摩擦副都采用油孔润滑。

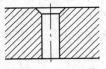

图5-1-5　油孔

（2）油杯　在油孔的上方，安装储油器，它可以保护油孔以免杂物侵入，并增加储油量，减少加油次数。如图5-1-6所示，图（a）为自动关闭式铰链盖油杯，其缺点是突出在零件的外部；图（b）为球阀油杯，由弹簧顶住钢球，可以嵌装在零件表面以下，加油时将钢球下压，注毕即自动关闭，采用油杯润滑的零件，在高速旋转时油滴不会溅失，一般使用在加油量较少，转动速度不大的摩擦副上，也可安装在跟随大的部件一起转动的零件上，如张紧橡皮布的蜗杆轴承；图（c）所示的旋盖式油杯和图（d）所示的压注式油杯，采用润滑脂润滑。由于润滑脂稠度大，需以压注方法将润滑脂注入摩擦副中。压注式油杯必须用专用油枪加油。

2. 滴给润滑装置

为了使润滑油能连续均匀进给，在主要的轴承、传动齿轮或收纸链等机件上，常使用针阀油杯。如图5-1-7所示，针阀油杯由透明储油器与可调节的针阀杆组成。润滑油从透明的贮油器经过可以调节润滑油进给速度的针状阀，从油管自动滴入摩擦副上。当机器停转时，将手

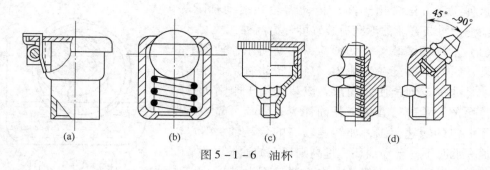

图 5－1－6　油杯

柄置于水平位置，即可停止滴油。特点是润滑油能按调节量连续均匀地进给，滴油速度可从孔内直接观察，使用方便可靠。缺点是滴油量会随油面高度而改变，须随时调整。

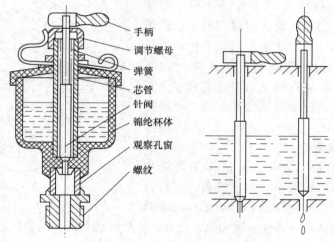

　　手柄
　　调节螺母
　　弹簧
　　芯管
　　针阀
　　锦纶杯体
　　观察孔窗
　　螺纹

图 5－1－7　针阀油杯

3. 油绳润滑装置

　　如图 5－1－8 所示，油绳润滑装置利用虹吸原理和毛细管作用，依靠油绳（棉绳或羊毛绳），将油杯内的润滑油经垂直油管滴入需润滑的摩擦副上。油绳能起滤清杂质的作用。缺点有：油绳不能调节滴油量；在机器停转时，不能停止滴油；油绳在长期工作以后，毛细作用降低，甚至会停止供油，必须定期检查或更换。在胶印机上，往往在一个大油杯处集中多条油绳，给多根导油管滴油，每根导油管把油导入润滑表面。目前很少采用。

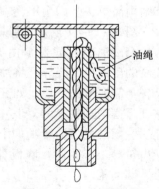

油绳

图 5－1－8　油绳润滑

　　与此原理相类似的有油毡润滑装置，在摩擦副表面有敞开的或加盖的油槽，垫以细毛毡，润滑油从油孔滴入摩擦副。此方式仅在老式印刷机上有所采用。

4. 油池润滑装置

　　把所需润滑的机件放在密封箱内，保持油面一定高度，使工作零件部分地浸入油池内，这种润滑方法常用于润滑传动齿轮和滚动轴承等，称为油池润滑装置。油池润滑装置可分为两种：

（1）油环润滑装置　如图 5 - 1 - 9 所示，轴颈上套有油环，它的下部浸在油池内。当轴转动时，油环随之转动，将油带至轴颈使之润滑。该装置用于印刷机总轴和叶片泵的轴承等。其优点是油耗少，简单可靠。但仅适用于一定的转速范围，如转速较高的传动轴头等。轴颈转速太低时不易转动油环，过高则环上的油被甩脱。

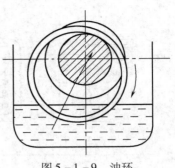

图 5 - 1 - 9　油环

若将油池环改为链条，则称为油链润滑装置。工作原理与上述相同。

（2）油池润滑装置　油池润滑又称飞溅润滑。该润滑装置直接将转动零件（齿轮、曲柄等）浸入油池内。当零件旋转时将润滑油沾到齿轮上，或飞溅到轴承中。此法用以润滑传动齿轮和滚动轴承等。油池润滑的优点是自动、可靠，给油充分、油耗少。缺点是当油量过多和零件工作速度过大时，会造成油的发热和氧化，增加能量消耗。

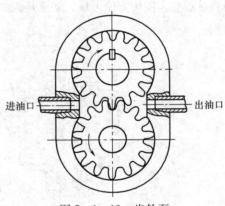

进油口　　　　　　　　　　　出油口

图 5 - 1 - 10　齿轮泵

5. 循环润滑装置

在印刷机两墙板的外侧，有较多的传动齿轮、轴承等，它们均采用循环润滑装置，进行自动润滑。循环润滑装置由储油箱、油泵、滤油器及油管等组成。油泵是自动输油的油源，机器运转时，油泵即开始输油。

图 5 - 1 - 10 所示是印刷机常用的齿轮油泵。它由相啮合齿轮的转动，按转向将油从进油口输向出油口。其结构简单，坚固耐用，输油效能高。

图 5 - 1 - 11 所示为印刷机循环润滑装置，储油箱内的润滑油经过滤器 1 由导管进入油泵 2 的进油口，油泵的出油口又经导管将油输送至分油器 3，将油分配至各个需润滑的部位。如五个印刷滚筒轴的滑动轴承，递纸牙摆动轴轴承等。其中的一根油管上开有一些小孔——雨淋式喷油管 4，用于润滑传动面墙板外侧的传动齿轮等工作零件。墙板外装有密封罩壳，回油自动流入储油箱内。

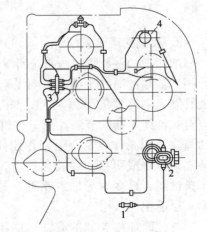

图 5 - 1 - 11　循环润滑系统
1—过滤器　2—油泵　3—分油器
4—喷油嘴

润滑油在循环过程中，对摩擦而脱落的铁屑等杂质有冲洗作用，但也会将杂质带至储油箱，为防止这些杂质进入摩擦副，J2108 型等印刷机采用了滤油器，其结构如图 5 - 1 - 12 所示。

在油箱内有过滤器 2，其外罩有滤网，可以将较大的杂质滤去。油经内芯四周的小孔，进入单向球阀，又经导管子送入油泵 4 的进油口。永久磁铁 1 放在过滤器 2 下面，可以吸附微细铁屑，防止其进过滤器。油泵出油口与滤油器的外壳 5 相连，油压入滤油器内腔 6，经过聚碳酸酯滤芯 7，将微细杂质过滤后，通过心轴上部的孔和两根导油管 10，输送给分油接头。滤芯被堵塞，会失去作用，必须更换新的。滤油器腔 6 内易沉淀杂质，应注意定期清洗。9 是密封圈。

在印刷机上，需要润滑的摩擦副相对集中的部位，都可以设循环润滑装置。用一套循环润滑装置，能使许多摩擦副获得良好的润滑。因此，为许多高速印刷机所采用。其特点是能随机自动输油，工作可靠；供油充分，耗油少，有冷却散热作用；被润滑的零件密封在罩壳内，杂物不会落入摩擦的表面；润滑油还有防锈作用。在使用管理上，应注意油路畅通，按规定时间更换润滑油。

6. 加油工作

"加油"是指加注润滑剂，它是印刷机操作工人的日常工作，必须认真做好。如果能够利用每天加油的时间，对机器进行看、听、摸的目测检查，可以及时发现机器事故苗子。对于提高机器使用寿命，防止意外事故，保证生产的顺利进行，有着十分重要的意义。要做好加油工作，必须从以下几方面着手：

（1）熟悉本机台的润滑位置及装置 各机件之间，凡是构成相对滑动和旋转的地方，都需要加油。所以，作为操作人员必须熟悉机械动作，从而找出润滑部位，及加油装置；并根据零件的工作条件，确定使用什么样的润滑剂等。

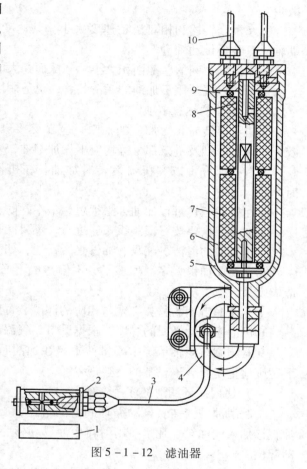

图 5 - 1 - 12 滤油器

尤其在使用新机器时，根据说明书的指示，要进行加油部位的普查，了解其润滑设备。共有哪些润滑方法，重要的部分在哪里，次要的部分在哪里，都要一一查明。有些机器在油孔处已对油眼处可以加上红色醒目的标志，以帮助寻找。

（2）确定加油量和加油的间隔时间 由于胶印机的机械动作繁多，所受的摩擦又有很大区别，因此需油量也差异很大。有的部位需要连续加油，有的一天加几次，有的甚至几天只加一次，或一周、一月加一次。我们需要根据不同的要求，确定出合理的给油量和加油次数，保证生产安全顺利进行。

油量如何来确定呢？一般说来，可将以下三方面作为确定所需的加油量的依据：

①摩擦副所受的压力越大，摩擦力越大，所需加油量越多。例如，印刷滚筒的轴颈

和轴承是胶印机上受压力最大的摩擦副，除克服滚筒自重之外，还有作用于印刷面的压力。特别是橡皮滚筒轴颈、轴承要承受来自印版和压印滚筒两方面的压力，受力相应就更大。所以，这些都是胶印机的润滑重点，需要连续加油。无循环输油设备的机器，可配备滴给润滑装置。

由此可知，滚筒之间压力过大，会使润滑负担加重，造成机件磨损，故应尽量予以减少。

②摩擦副转速和相对滑动速度大小。其速度越大，则加油量越多。如水墨胶辊的二端轴头、各类传动轴等。

③摩擦副之间的摩擦面积大小。摩擦面积大的加油量要多。

以上三点既适用于加油的润滑装置，也适用压注润滑脂的油杯装置。

（3）加油的注意事项

①机器运转时无法加注的油眼，应在交接班时预先加好。例如，胶印机的压印滚筒咬牙轴承、收纸及链条部分等均应事先加好油，才能开机。

②有些部分可以在机器运转时加油。在机器运转正常时，应及时加油，不要拖延时间。

③在机器运转过程加油，必须思想集中，防止油壶轧入机内，或发生人身安全事故。

④加油工作要按习惯路线顺序进行，不要漏加。

⑤注意油的清洁、油眼、油管是否畅通，如发现堵塞，要及时疏通。

⑥油不要加得太多。加多了，不但造成不必要的浪费，而且会使纸张因沾上油迹而造成废品。

⑦注意润滑剂的种类必须与相应的润滑装置所对应，严防弄错而发生事故。

⑧机油应保持必要的黏度，根据季节、气温不同，选用合适的润滑油。

⑨对印刷滚筒轴承等主要机件不仅在加油时应重点注意，而且运转中在可能的情况下还应检查是否有不正常的发热现象。

（4）使用循环润滑的注意事项

①润滑油的清洁。自动循环润滑的机器，必须严格注意润滑油的清洁。不允许将脏油直接加入储油箱。凡是要用"再生油"，必须经过清洁的过滤，才能使用在极次要的传动部位。

②滤油器的安装和检查。滤油器应该安装在储油箱的中部，不能将它直接插到储油箱的底部。因为底部常常有杂质沉淀，防止杂质被吸入输油管道时，造成油路堵塞。滤油器表面要随时注意检查，清除铜丝网上的污物，保持进油畅通。否则会造成输油量减少，甚至酿成严重事故。定期检查铜丝网有否破漏，保证滤油正常。滤芯要定期拆洗，如遇损坏要及时更换。

③储油箱的使用。随时保持储油缸内有一定的储油量，定期将底部的螺丝松掉，放出存油，对储油箱做彻底的清洗。一般半年更换一次。

④保持油泵输油效能良好。润滑油的循环输送，主要依靠油泵的作用，要经常检查其效能是否良好，一旦发现问题，应立即停机。

⑤每隔三个月或半年，按车间规定将罩壳打开，全面检查油管是否畅通，并做必要维修，防止罩壳或密封圈漏油。

练习与测试 13

一、填空题

1. 循环润滑是指_____。
2. 润滑可以减少_____，降低_____，防止_____。
3. 润滑剂的常见种类的三种：_____、_____、_____。
4. 常用的人工润滑装置有两种：_____、_____。
5. 现代高速胶印机中常采用的润滑方式是_____。

二、选择题

1. 与责任事故相关的是_____。
   A. 零件脱落轧坏滚筒　　　　　　　B. 润滑不良
   C. 保养不当　　　　　　　　　　　D. 机械材料耐磨性差造成的磨损
2. 二级保养是指_____一次的保养。
   A. 每班　　　　　B. 每周　　　　C. 每月　　　　　D. 每年
3. 应选择高黏度润滑油的是_____。
   A. 低速、高温、轻载　　　　　　　B. 高速、高温、重载
   C. 低速、高温、重载　　　　　　　D. 高速、低温、轻载
4. 选择油量不正确的是_____。
   A. 摩擦副所受的力大则油量宜多　　B. 转速小则油量多
   C. 相对滑动速大则油多　　　　　　D. 摩擦面积小则油量少

附录 练习与测试参考答案

练习与测试1 参考答案

一、说出下列型号中各部分的含义

1. 四开单色平版印刷机、幅面为880的卷筒纸凸版印刷机、幅面宽度为880 mm的卷筒纸六色凹版印刷机、A系列纸张的八开四色平型孔版印刷机

2. 海德堡SM系列八开四色胶印机、德国科尼希&鲍尔高宝有限公司的对开四色胶印机、德国罗兰公司的对开双色胶印机、海德堡快霸系列的八开单色胶印机

3. 海德堡CD系列的对开双色胶印机、海德堡CD系列的对开四色胶印机、德国罗兰公司的900系列的胶印机

4. 日本小森公司的S系列的对开四色胶印机

二、填空题

1. 印刷压力

2. 德国的海德堡、德国的罗兰、德国的高宝、日本的小森、美国的高斯等

3. 输纸装置、定位装置、润湿装置、输墨装置、印刷装置、收纸装置

4. 单张纸印刷机、卷筒纸印刷机

5. 不相溶

三、选择题

1. BD 2. ABC 3. ABCDEF

练习与测试2 参考答案

一、判断题

1. √ 2. √ 3. √ 4. √ 5. √

二、选择题

1. C 2. A 3. A 4. C

三、简答题

答：如图1-2-8所示为锥形转子电动机结构（转子与定子之间始终是有间隙的）。当电机通电时，电机定子绕组产生的磁通量将转子磁化，对转子产生一垂直于转子表面的吸力，由于电机转子表面是锥形的，此吸力产生两个分力，一个是沿转子周向的周向力，这个力使转子旋转；另一个是轴向方向的轴向力，电机转子在此轴向力作用下，克服压簧6的压力带动固定在转子轴上的制动轮11向右移动，而使风扇制动轮11脱离后端盖9上，电机转动；当电机断电时，转子轴向磁力消失，在压簧6的作用下，电机转子轴向左移动，转子轴上的制动轮11紧紧压在后端盖9，依靠制动轮11和后端盖9上的摩擦力使电机制动。制动轮11上粘有摩擦系数较大的制动环。该电机转子轴向移动量在1.5～3 mm，制动力的大小可通过调节此距离得以实现。

练习与测试 3 参考答案

一、填空题

1. 纸张分离机构（飞达）、纸张输送装置、不停机给纸机构、纸张检测机构、气泵和气路系统等部分　2. 间歇式输纸、重叠式输纸　3. 定位时间、行走时间　4. 双张检测机构、空张检测机构

二、判断题

1. ×　2. ×　3. √　4. √　5. ×　6. √　7. √　8. √

三、选择题（含单选和多选）

1. ABC　2. CE　3. ABCD　4. BCE　5. ABC　6. ACE　7. ABD　8. ACDE

9. ABCDE　10. BC

四、简答题

答：如图 1 - 3 - 9 所示，当压纸吹嘴压住纸堆，纸堆高度低于规定要求时，摆杆 4 上的凸块顶动导杆 11，导杆克服压簧 12 的力，向上顶动微动开关 10，微动开关就发出纸堆上升的电器信号。当纸堆高度符合规定高度时，由于压纸吹嘴下降的距离较小，摆杆 4 摆动的角度就小，这样摆杆 4 上的凸块抬升的高度低，导杆也就上升的距离小，顶不到微动开关，输纸台停止上升。给纸堆高度位置可通过调节螺母 9 解决，在压纸吹嘴连杆 5 伸长时，纸堆面就降低一点，缩短时可使纸堆面升高，但要使压脚在接近纸堆时是垂直状态。也可调整输纸头的高低来解决。

练习与测试 4 参考答案

一、填空题

1. 在纸张前进方向进行定位的装置　2. 在垂直纸张前进方向进行定位的装置

3. 停顿式定位、超越续纸

二、判断题

1. √　2. √　3. √　4. ×　5. ×　6. ×　7. ×

三、选择题

1. ABCD　2. AB　3. ABC　4. AB　5. B　6. C　7. AD　8. D　9. BD

四、简答题

答：递纸咬牙把纸张从牙台取纸后递送给前传纸滚筒咬牙。如图 1 - 4 - 13 所示，凸轮 1 为递纸凸轮，凸轮 2 为复位凸轮，它们都安装在前传纸滚筒操作面外侧。这两个凸轮又叫等距离共轭凸轮，递纸凸轮 1 使递纸摆臂在牙台上取纸后加速，当与前传纸滚筒相切时，递纸咬牙的速度正好与前传纸滚筒表面速度相等，于是将纸张交给前传纸滚筒（中心为 O_3）叼牙。递纸咬牙把纸张交给前传纸滚筒后重新返回前规取纸。递纸咬牙把纸张交给前传纸滚筒后继续等减速下摆，当速度为零时，递纸咬牙开始返回。返回的动力靠

复位凸轮 2，通过摆杆 3、4 以及拉簧 5 的作用，递纸咬牙返回前规重新取纸。靠拉力弹簧 5 把摆杆 3、4 连接成一体。拉力弹簧钢丝直径为 8 mm，工作拉力约 2 450 N，用弹簧拉力来克服惯性力。由于共轭凸轮曲线的原因，拉力弹簧理论上是不伸长也不缩短的。

练习与测试 5 参考答案

一、填空题

1. 着墨系数、匀墨系数、储墨系数、打墨线数、着墨率　2. 硬塑、钢、橡胶　3. 着墨、着水　4. 着水辊、水斗辊　5. 油墨混入一部分水并且乳化，形成 W/O 的乳状液，水量的临界值是 16% ~ 26%　6. 接触式、非接触式　7. 不相溶而相斥

二、选择题

1. B　2. ABCE　3. BC　4. ABCDE　5. ABD　6. B　7. B　8. AC　9. AC　10. AC　11. AD　12. A　13. ADE　14. ACE　15. AB　16. B　17. AC

三、判断题

1. √　2. ×　3. ×　4. ×　5. √　6. √　7. √　8. ×　9. ×　10. √　11. √　12. √

四、简答题

答：（1）局部出墨量大小调节。如图 1 – 5 – 8 所示，为墨斗一个区段的剖面图。每个油墨区段有板条（琴键）1，共有 32 块。在由板条（琴键）组成的墨斗底面上铺有一整张涤纶片 2，油墨放在涤纶片上。涤纶片是防止油墨进入板条下面的调节机构，又便于清洗更换油墨。板条 1 的下端托着偏心柱 5，由弹簧 3 支撑板条，使偏心柱的圆柱面始终靠紧涤纶片和墨斗辊 4，共有 32 个偏心柱。当需要改变局部出墨量的大小时，由控制电路驱动微电机 8 转动，并通过螺旋副 6 及连杆 7 使偏心柱转动改变偏心柱 5 和墨斗辊 4 的间隙，从而调节该区域的出墨量。

（2）整体出墨量大小的调节。电机轴直接墨斗辊 4 的轴用联轴器连接，调节电机的转速即调节了墨斗辊的转动速度，就可使传墨辊与墨斗辊接触的弧长得到调节，也就调节了整体出墨量的大小。这种形式现在越来越普遍。

练习与测试 6 参考答案

一、填空题

1. 三滚筒型、五滚筒型、卫星型，三滚筒型　2. B – B 型、机组式带翻转胶印机　3. 同时离合压、顺序离合压，顺序离合压　4. 1.65、1.8、1.95、2.1，1.95　5. 软包衬、中性包衬、硬包衬，0.2 ~ 0.25、0.05 ~ 0.15、0.04 ~ 0.08　6. 无滑动的纯滚动且速度相等

二、选择题

1. ACDE　2. ABD　3. A　4. BC　5. A　6. B　7. A　8. C　9. B　10. A

11. CD　12. CD　13. ABC

三、判断题

1. ×　2. ×　3. √　4. ×　5. ×　6. √　7. ×　8. ×　9. √

四、简答题

答：图 1－6－14 所示为典型 PZ4880 型印版滚筒周向和轴向位置的微调机构原理图，周向微调时使电机 2 旋转，通过齿轮 3 带动双连螺纹齿轮 4 旋转，由于其外螺纹与机架内螺纹相旋合，迫使 4 在周向旋转的同时也做轴向移动，通过环槽 6 带动齿轮 5 轴向移动，由于印版滚筒齿轮 5 和橡皮滚筒齿轮 7 均为斜齿轮，齿轮 5 在轴向移动时，相对于橡皮滚筒齿轮周向旋转了一个角度，齿轮 5 通过印版滚筒弯轴带动印版滚筒也旋转同样的角度，即实现了周向微调。

轴向位置的调节。调节时，使电机 13 旋转，通过齿轮 12 带动双连螺纹齿轮 10 旋转，由于其外螺纹与机架内螺纹相旋合，迫使齿轮 10 在周向旋转的同时也做轴向移动，通过印版滚筒轴上的挡环，带动印版滚筒轴向移动，而使印版滚筒轴向位置得到调节。

五、计算题

1. $\lambda_{PB} = (299 + 293.5)/2 + 0.3 + 0.4 + 3.35 - [(299.8 + 300)/2 + 0.2] = 0.2$

   $\lambda_{BI} = (300 + 293.5)/2 + 0.1 + 3.35 - [(299.5 + 300)/2 + 0.2] = 0.25$

2. $A_{PB} = (299 + 293.5)/2 + 0.3 + 0.4 + 3.35 - \lambda_{PB} = 300.1$

   $A_{BI} = (300 + 293.5)/2 + 0.15 + 3.35 - \lambda_{BI} = 300$

练习与测试 7 参考答案

一、填空题

1. 防止纸张飘动而使纸张背面蹭脏

2. 使油墨与印刷品背面不发生接触，防止背面蹭脏

3. 传纸、收纸

4. 星形轮式、按键式支撑轮

5. 消除弯曲纸张的内应力，使纸张恢复平直，以利于收纸齐平

6. 活动测齐纸板、前齐纸板

7. 吸气轮式、吸气板式

二、选择题

1. B　2. A　3. C　4. B

三、判断题

1. ×　2. ×　3. √

练习与测试 8 参考答案

一、选择题

1. C　2. D

二、简答题

答：套准控制装置 CPC1、印刷质量控制装置 CPC2、印版图像阅读装置 CPC3、套准控制装置 CPC4、数据管理系统 CPC5 和自动检测与控制系统 CP‑Tronic（CP 窗）。

练习与测试 9 参考答案

一、填空题

1. 新闻用卷筒纸胶印机、书刊用卷筒纸胶印机、商业用卷筒纸胶印机、新闻用卷筒纸胶印机

2. 产生纸带向前的拉力、产生纸带向后的拉力、防止纸张歪斜

3. 补偿纸带伸长、消除跑偏

4. 单纸卷纸架、双纸卷纸架、三纸卷纸架

5. 锥头式、气涨轴式

6. 高速自动接纸系统、零速自动接纸系统

7. 轴制动、圆周制动

8. 控制纸带张力变化，也可防止跑偏

9. 冲击式折页、滚折式折页

10. 转向棒

11. 摩擦

二、选择题

1. ABC　2. D　3. ACE　4. ABCDE　5. C　6. ABCDE　7. AB　8. ABC

9. AC　10. ABC　11. AB

三、判断题

1. ×　2. √　3. √　4. √　5. ×　6. ×　7. ×　8. √　9. ×　10. √

11. ×

四、简答题

答案要点：如图 2‑1‑36 所示。

（1）说明图中序号名称：

4：<u>三角板</u>、5：<u>导向辊</u>、6：<u>拉纸辊</u>、7：<u>裁切滚筒</u>、9：<u>主折页滚筒</u>、12：<u>存页滚筒</u>、16：<u>输出滚筒</u>、20：<u>小折页滚筒</u>

（2）说明 16 开双联单贴折页输出的工作原理。

纸带由三角板 4、导向辊 5、拉纸辊 6 完成纵折——由主折页滚筒上钢针 10 挑住——由裁切滚筒 7 上的切刀 8 切断完成横切——由折刀 15 和夹板 17 完成横折——由 24、25、26 熟出而完成 16 开双联折页。

练习与测试 10 参考答案

一、填空题

1. 台式出版、DTP 出版　2. 计算机、输入、输出　3. 棱镜、外圆滚筒、内圆滚筒
4. 带、辊、滚筒　5. 原稿、拷贝软片　6. 普通真空晒版、计算机控制卧式真空晒版、回转式双面晒版

二、判断题

1. ×　2. √　3. √　4. ×　5. √　6. ×

三、选择题

1. A　2. BEDC　3. ABCD　4. ABCDE　5. B

四、简答题

1. **答：**晒版的原理是：当原版（透光软片）与涂有感光胶的印版表面紧密接触（贴合），晒版光源通过原版照射到印版感光胶表面，经过光化学作用，使感光胶发生光化学变化，经冲洗显影后，使图文部分亲油墨，非图文部分亲水，而得到满足平版印刷质量要求的印版。

2. **答：**

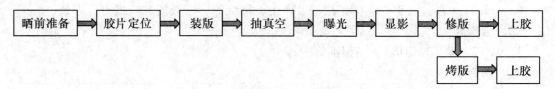

3. **答：**特点是感光材料被吸附在滚筒的内壁上，照排时，滚筒并不转动，而是靠扫描头一面旋转，一面移动在感光材料上曝光成像。一般只利用滚筒 360° 中的 270° 作为感光胶片的扫描区，以防止反射引起的模糊现象。

练习与测试 11 参考答案

一、填空题

1. 计算机直接制版、CTP

2. 印前处理、光栅图像处理器（RIP）、印版制版机、显影机

3. 印版照排、内滚筒扫描、外滚筒扫描、平台式扫描

4. 银盐扩散、银盐复合、感光树脂、热敏

二、判断题

1. √　2. ×　3. ×　4. √

三、选择题

1. D　2. D　3. ABCD　4. ABCD

四、简答题

答：它的作用是把数字式印前系统生成的数字式版面信息，转换成点阵式整页版面的图像，并用一组水平扫描线将这一图像输出，控制印版制版机中的激光光源对印版进行扫描曝光，直接制成与原稿相对应的印版。RIP 是一个开放性（式）系统，能对不同系统所生成的数字式版面信息进行处理。

练习与测试 12 参考答案

一、填空题

1. 平装装订法、精装装订法、骑马装订法

2. 卷筒折页、扇形折页、双对折页、垂直交叉、混合、正反折、单联、双联、刀式、栅栏式、栅刀混合型

3. 将书帖或单张按页码顺序配集成书册、套配法、叠配法

4. 纱、丝线、平订、交叉订、普通平订、交错平订

5. 平订包式封面、平订压槽包式封面、平订压槽裱背封面、平订勒口包式封面、骑马订封面

6. 四开、普通、液压、液压程控、工作台、推纸器、压纸器、裁纸刀、刀条

二、选择题

1. AC　2. CD　3. CDE　4. ABDE

三、简答题

1. **答**：裁刀的运动形式有如下四种，如图所示。

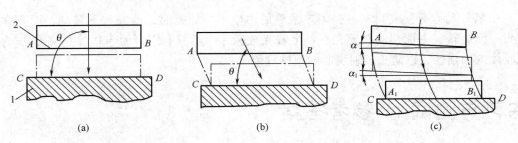

(a)　　　(b)　　　(c)

①裁刀做垂直下落运动。如图（a）裁刀下落轨迹垂直于工作台，裁刀刀刃始终与工作台平行。这种运动形式简单，但由于刀刃全长同时与被裁切物接触，因此造成刀刃的冲击力和被裁切物的抗切力很大，致使被裁切物弯曲变形，故裁切质量较差。

②裁刀沿倾斜直线下落运动。如图（b）裁刀下落方向与工作台台面之间夹角 $\theta <$ 90°。这样，裁切运动的力可以分解成垂直和水平两个方向，从而减少了刀刃的冲击力和

被裁切物的抗切力，提高了裁切质量。

③裁刀做倾斜弧线下落运动。裁刀下落方向与工作台夹角 $\theta < 90°$，且裁刀运动轨迹是弧线，这样裁刀的运动可以分解成垂直和水平两个方向，而且水平方向的分量在下落运动过程中逐渐增大，从而不仅减少了刀刃的冲击和被裁切物的抗切力，而且更有利于裁切过程，进一步提高了裁切质量。

④裁刀做复合下落运动。如图（c）当裁刀下落时，既有移动又有微小转动，裁刀在初始位置时刀刃不平行于工作台面，刀刃与工作台面有一夹角 $\alpha = 2° \sim 10°$。在裁切过程中，刀片做微小转动，使夹角逐渐减小，当裁刀下降到最下端时，减小为 0°，这时刀刃与工作台面平行。这种裁切方式的优点是刀刃最初与被裁切物不全长接触，因此减少了被裁切物的抗切力和刀刃的冲击力，裁刀进入被裁切物较平稳，裁切质量大大提高，但结构也相对复杂一些。

2. 答：液压压纸器是靠液压作用使压纸器对纸叠加压的，它的工作原理如图 4 – 1 – 30 所示。手动二位三通阀 7 有开、关两个位置，当油路接通时，油泵 9 的高压油被送至油缸 2 底部，推动活塞 1 上升，经杠杆机构使压纸器 6 下压。其压力可以通过溢流阀 8 来调节。裁切完毕，扳动手柄使油缸接通油箱，在弹簧 3 作用下，压纸器 6 上升复位。液压压纸器可以根据不同性质的纸张或裁切物来调整所需压力，调节范围大，且在裁切过程中，其压力随纸叠高度变化而自动调整，使压纸器压力恒定，裁切精度高。故此类压纸器是一种较先进的压纸装置。

练习与测试 13 参考答案

一、填空题

1. 利用循环润滑装置，进行自动润滑，机器运转时，油泵即开始输油
2. 零件表面磨损、传动功率的损耗、金属的化学腐蚀
3. 液体、半固体、固体
4. 油孔、油杯
5. 循环润滑装置

二、选择题

1. ABC 2. B 3. A 4. B

参考文献

1. 潘光华，刘渝，白家旺. 印刷设备［M］. 北京：中国轻工业出版社，2007.
2. 潘杰等. 现代印刷机原理与结构［M］. 北京：化学工业出版社，2003.
3. 张海燕. 印刷机与印后加工设备［M］. 北京：中国轻工业出版社，2004.
4. 武吉梅. 单张纸平版胶印印刷机［M］. 北京：化学工业出版社，2005.
5. 瞿根梅，孙竟斋. 印刷机结构原理［M］. 上海：上海交通大学出版社，1990.
6. 邓昭铭，杜志忠. 机械设计基础［M］. 北京：高等教育出版社，1992.
7. 杨中元. 现代多色单张纸胶印机操作必读［M］. 北京：印刷工业出版社，2002.
8. 蔡文平. 包装印刷工艺·平版胶印［M］. 北京：中国轻工业出版社，2003.
9. 冯瑞乾. 印刷概论［M］. 北京：印刷工业出版社，2001.
10. 邹渝，李云. 胶印工艺与胶印机操作［M］. 北京：印刷工业出版社，2001.
11. 杜功顺. 印刷色彩学［M］. 北京：印刷工业出版社，1995.
12. 渠毓光. 印刷材料［M］. 上海：上海交通大学出版社，1994.
13. 刘昕，郭锦. 平版胶印工艺技术［M］. 北京：中国轻工业出版社，2002.
14. 冯瑞乾. 印刷原理与工艺［M］. 北京：印刷工业出版社，2000.
15. 车茂丰. 现代实用印刷技术［M］. 上海：上海科学普及出版社，2002.
16. 冯昌伦. 胶印机的使用与调节［M］. 北京：印刷工业出版社，2000.

印刷包装专业　新书/重点书

本科教材

1. 印后加工技术（第二版）——"十三五"普通高等教育印刷专业规划教材　唐万有主编　16 开　48.00 元 ISBN 978-7-5184-0890-0

2. 印刷工程导论——"十三五"普通高等教育印刷工程专业规划教材　曹从军主编　16 开　39.80 元　ISBN 978-7-5184-2282-1

3. 颜色科学与技术——"十三五"普通高等教育印刷工程专业规划教材　林茂海　等编著　16 开　45.00 元　ISBN 978-7-5184-228-4

4. 印刷设备——"十三五"普通高等教育印刷工程专业规划教材　武秋敏　武吉梅主编　16 开　59.80 元　ISBN 978-7-5184-2006-3

5. 印刷原理与工艺——普通高等教育"十一五"国家级规划教材　魏先福主编　16 开　36.00 元 ISBN 978-7-5019-8164-9

6. 印刷材料学——普通高等教育"十一五"国家级规划教材　陈蕴智主编　16 开　47.00 元　ISBN 978-7-5019-8253-0

7. 印刷质量检测与控制——普通高等教育"十一五"国家级规划教材　何晓辉主编　16 开　26.00 元　ISBN 978-7-5019-8187-8

8. 包装印刷技术（第二版）——"十二五"普通高等教育本科国家级规划教材　许文才编著　16 开　59.00 元　ISBN 978-7-5184-0054-6

9. 包装机械概论——普通高等教育"十一五"国家级规划教材　卢立新主编　16 开　43.00 元　ISBN 978-7-5019-8133-5

10. 数字印前原理与技术（第二版）——"十二五"普通高等教育本科国家级规划教材　刘真等著　16 开　44.00 元　ISBN 978-7-5184-1954-8

11. 包装机械（第二版）——"十二五"普通高等教育本科国家级规划教材　孙智慧　高德主编　16 开　59.00 元　ISBN 978-7-5184-1163-4

12. 数字印刷——普通高等教育"十一五"国家级规划教材　姚海根主编　16 开　28.00 元　ISBN 978-7-5019-7093-3

13. 包装工艺技术与设备——普通高等教育"十一五"国家级规划教材　金国斌主编　16 开　44.00 元　ISBN 978-7-5019-6638-7

14. 包装材料学（第二版）（带课件）——"十二五"普通高等教育本科国家级规划教材　国家精品课程主讲教材　王建清主编　16 开　58.00 元　ISBN 978-7-5019-9752-7

15. 印刷色彩学（带课件）——普通高等教育"十一五"国家级规划教材　刘浩学主编　16 开　40.00 元　ISBN 978-7-5019-6434-7

16. 包装结构设计（第四版）（带课件）——"十二五"普通高等教育本科国家级规划教材国家精品课程主讲教材　孙诚主编　16 开　69.00 元　ISBN 978-7-5019-9031-3

17. 包装应用力学——普通高等教育包装工程专业规划教材　高德主编　16 开　30.00 元　ISBN 978-7-5019-9223-2

18. 包装装潢与造型设计——普通高等教育包装工程专业规划教材　王家民主编　16 开　56.00 元 ISBN 978-7-5019-9378-9

19. 特种印刷技术——普通高等教育"十一五"国家级规划教材　智文广主编　16 开　45.00 元　ISBN 978-7-5019-6270-9

20. 包装英语教程（第三版）（带课件）——普通高等教育包装工程专业"十二五"规划材料　金国斌　李蓓蓓　编著　16 开　48.00 元　ISBN 978-7-5019-8863-1

21. 数字出版——普通高等教育"十二五"规划教材　司占军　顾翀主编　16 开　38.00 元　ISBN 978-7-5019-9067-2

22. 柔性版印刷技术（第二版）——"十二五"普通高等教育印刷工程专业规划教材　赵秀萍主编　16 开　36.00 元　ISBN 978-7-5019-9638-0

23. 印刷色彩管理（带课件）——普通高等教育印刷工程专业"十二五"规划材料　张霞编著　16 开　35.00 元　ISBN 978-7-5019-8062-8

24. 印后加工技术——"十二五"普通高等教育印刷工程专业规划教材　高波　编著　16 开　34.00 元　ISBN 978-7-5019-9220-1

25. 包装 CAD——普通高等教育包装工程专业"十二五"规划教材　王冬梅主编　16 开　28.00 元　ISBN 978-7-5019-7860-1

26. 包装概论（第二版）——"十三五"普通高等教育包装专业规划教材　蔡惠平主编　16 开　38.00 元　ISBN 978-7-5184-1398-0

27. 印刷工艺学——普通高等教育印刷工程专业"十一五"规划教材　齐晓堃主编　16 开　38.00 元　ISBN 978-7-5019-5799-6

28. 印刷设备概论——北京市高等教育精品教材立项项目　陈虹主编　16 开　52.00 元　ISBN 978-7-5019-7376-7

29. 包装动力学（带课件）——普通高等教育包装工程专业"十一五"规划教材　高德　计宏伟主编　16 开　28.00 元　ISBN 978-7-5019-7447-4

30. 包装工程专业实验指导书——普通高等教育包装工程专业"十一五"规划教材　鲁建东主编　16 开　22.00 元　ISBN 978-7-5019-7419-1

31. 包装自动控制技术及应用——普通高等教育包装工程专业"十一五"规划教材　杨仲林主编　16 开　34.00 元　ISBN 978-7-5019-6125-2

32. 现代印刷机械原理与设计——普通高等教育印刷工程专业"十一五"规划教材　陈虹主编　16 开　50.00 元　ISBN 978-7-5019-5800-9

33. 方正书版／飞腾排版教程——普通高等教育印刷工程专业"十一五"规划教材　王金玲等编著　16 开　40.00 元　ISBN 978-7-5019-5901-3

34. 印刷设计——普通高等教育"十二五"规划教材　李慧媛主编　大 16 开　38.00 元　ISBN 978-7-5019-8065-9

35. 包装印刷与印后加工——"十二五"普通高等教育本科国家级规划教材许文才主编　16 开　45.00 元　ISBN 7-5019-3260-3

36. 药品包装学——高等学校专业教材　孙智慧主编　16 开　40.00 元　ISBN 7-5019-5262-0

37. 新编包装科技英语——高等学校专业教材　金国斌主编　大 32 开　28.00 元　ISBN 978-7-5019-4641-8

38. 物流与包装技术——高等学校专业教材　彭彦平主编　大 32 开　23.00 元　ISBN 7-5019-4292-7

39. 绿色包装（第二版）——高等学校专业教材　武军等编著　16 开　26.00 元　ISBN 978-7-5019-5816-0

40. 丝网印刷原理与工艺——高等学校专业教材　武军主编　32 开　20.00 元　ISBN 7-5019-4023-1

41. 柔性版印刷技术——普通高等教育专业教材　赵秀萍等编　大 32 开　20.00 元　ISBN 7-5019-3892-X

高等职业教育教材

42. 印刷材料（第二版）（带课件）——教育部高职高专印刷与包装专业教学指导委员会双元制示范教材　艾海荣主编　16 开　48.00 元　ISBN 978-7-5184-0974-7

43. 印前图文信息处理（带课件）——教育部高职高专印刷与包装专业教学指导委员会双元制示范教材　诸应照主编　16 开　42.00 元　ISBN 978-7-5019-7440-5

44. 包装印刷设备（带课件）——教育部高职高专印刷与包装专业教学指导委员会双元制示范教材　国家精品课程主讲教材　余成发主编　16 开　42.00 元　ISBN 978-7-5019-7461-0

45. 包装工艺（带课件）——教育部高职高专印刷与包装专业教学指导委员会双元制示范教材　吴艳芬等编著　16 开　39.00 元　ISBN 978-7-5019-7048-3

46. 包装材料质量检测与评价——教育部高职高专印刷与包装专业教学指导委员会双元制示范教材　郑

美琴主编 16 开 28.00 元 ISBN 978-7-5019-9338-3

47. **现代胶印机的使用与调节（带课件）**——教育部高职高专印刷与包装专业教学指导委员会双元制示范教材 周玉松主编 16 开 39.00 元 ISBN 978-7-5019-6840-4

48. **印刷包装专业实训指导书**——教育部高职高专印刷与包装专业教学指导委员会双元制示范教材 周玉松主编 16 开 29.00 元 ISBN 978-7-5019-6335-5

49. **印刷概论**——"十二五"职业教育国家规划教材 国家精品课程"印刷概论"主讲教材 顾萍 编著 16 开 34.00 ISBN 978-7-5019-9379-6

50. **印刷工艺**——"十二五"职业教育国家规划教材 国家级精品课程、国家精品资源共享课程建设教材 王利婕主编 16 开 79.00 ISBN 978-7-5184-0598-5

51. **印刷设备（第二版）**——"十二五"职业教育国家级规划教材 潘光华主编 16 开 39.00 元 ISBN 978-5019-9995-8

52. **印前图文信息处理实务**——高等教育高职高专"十三五"规划教材 魏华主编 16 开 39.80 元 ISBN 978-5184-1930-2

53. **印前处理与制版**——高等教育高职高专"十三五"规划教材 李大红主编 16 开 49.80 元 ISBN 978-5184-2125-1

54. **印品整饰与成型**——高等教育高职高专"十三五"规划教材 钟祯主编 16 开 32.00 元 ISBN 978-5184-2039-1

55. **印刷色彩**——高等教育高职高专"十三五"规划教材 李娜主编 16 开 49.80 元 ISBN 978-5184-2021-6

56. **丝网印刷操作实务**——高等教育高职高专"十三五"规划教材 李伟主编 16 开 49.80 元 ISBN 978-5184-2283-8

57. **Aquafadas 数字出版实战教程**——全国高等院校"十三五"规划教材 牟笑竹 编著 16 开 33.00 元 ISBN 978-5184-2561-7

58. **3D 打印技术**——全国高等院校"十三五"规划教材 李博主编 16 开 38.00 元 ISBN 978-5184-1519-9

59. **印刷色彩控制技术（印刷色彩管理）**——全国高职高专印刷与包装专业教学指导委员会规划统编教材 国家精品课程主讲教材 魏庆葆主编 16 开 35.00 元 ISBN 978-7-5019-8874-7

60. **运输包装设计**——全国高职高专印刷与包装专业教学指导委员会规划统编教材 曹国荣编著 16 开 28.00 元 ISBN 978-7-5019-8514-2

61. **印刷质量检测与控制**——全国高职高专印刷与包装专业教学指导委员会规划统编教材 李荣 编著 16 开 42.00 元 ISBN 978-7-5019-9374-1

62. **食品包装技术**——高等教育高职高专"十三五"规划教材 文周主编 16 开 38.00 ISBN 978-7-5184-1488-8

63. **3D 打印技术**——全国高等院校"十三五"规划教材 李博 编著 16 开 38.00 元 ISBN 978-7-5184-1519-9

64. **包装工艺与设备**——"十三五"职业教育规划教材 刘安静主编 16 开 43.00 元 ISBN 978-7-5184-1375-1

65. **印刷色彩**——全国高职高专印刷与包装类专业"十二五"规划教材 朱元泓 等编著 16 开 49.00 元 ISBN 978-7-5019-9104-4

66. **现代印刷企业管理**——全国高职高专印刷与包装类专业"十二五"规划教材 熊伟斌 等主编 16 开 40.00 元ISBN 978-7-5019-8841-9

67. **包装材料性能检测及选用（带课件）**——全国高职高专印刷与包装专业教学指导委员会规划统编教材 国家精品课程主讲教材 郝晓秀主编 16 开 22.00 元 ISBN 978-7-5019-7449-8

68. **包装结构与模切版设计（第二版）（带课件）**——"十二五"职业教育国家级规划教材 国家精品课程主讲教材 孙诚主编 16 开 58.00 元 ISBN 978-7-5019-9698-8

69. **印刷色彩与色彩管理·色彩管理**——全国职业教育印刷包装专业教改示范教材 吴欣主编 16 开 38.00 ISBN 978-7-5019-9771-9

70. 印刷色彩与色彩管理·色彩基础——全国职业教育印刷包装专业教改示范教材　吴欣主编　16 开　59.00　ISBN 978-7-5019-9770-1

71. 纸包装设计与制作实训教程——全国高职高专印刷与包装类专业教学指导委员会规划统编教材　曹国荣编著　16 开　22.00 元　ISBN 978-75019-7838-0

72. 数字化印前技术——全国高职高专印刷与包装专业教学指导委员会规划统编教材　赵海生等编　16 开　26.00 元　ISBN 978-7-5019-6248-6

73. 设计应用软件系列教程 IllustratorCS——全国高职高专印刷与包装专业教学指导委员会规划统编教材　向锦朋编著　16 开　45.00 元　ISBN 978-7-5019-6780-3

74. 包装材料测试技术——全国高职高专印刷与包装专业教学指导委员会规划统编教材　林润惠主编　16 开　30.00 元　ISBN 978-7-5019-6313-3

75. 书籍设计——全国高职高专印刷与包装专业教学指导委员会规划统编教材　曹武亦编著　16 开　30.00 元　ISBN 7-5019-5563-8

76. 包装概论——全国高职高专印刷与包装专业教学指导委员会规划统编教材　郝晓秀主编　16 开　18.00 元　ISBN 978-7-5019-5989-1

77. 印刷色彩——高等职业教育教材　武兵编著　大 32 开　15.00 元　ISBN 7-5019-3611-0

78. 印后加工技术——高等职业教育教材　唐万有　蔡圣燕主编　16 开　25.00 元　ISBN 7-5019-3353-7

79. 印前图文处理——高等职业教育教材　王强主编　16 开　30.00 元　ISBN 7-5019-3259-7

80. 网版印刷技术——高等职业教育教材　郑德海编著　大 32 开　25.00 元　ISBN 7-5019-3243-3

81. 印刷工艺——高等职业教育教材　金银河编　16 开　27.00 元　ISBN 978-7-5019-3309-X

82. 包装印刷材料——高等职业教育教材　武军主编　16 开　24.00 元　ISBN 7-5019-3260-3

83. 印刷机电气自动控制——高等职业教育教材　孙玉秋主编　大 32 开　15.00 元　ISBN 7-5019-3617-X

84. 印刷设计概论——高等职业教育教材/职业教育与成人教育教材　徐建军主编　大 32 开　15.00 元　ISBN 7-5019-4457-1

中等职业教育教材

85. 印刷色彩基础与实务——全国中等职业教育印刷包装专业教改示范教材　吴欣　等编著　16 开　59.80 元　ISBN 978-7-5184-2403-0

86. 印前制版工艺——全国中等职业教育印刷包装专业教改示范教材　王连军主编　16 开 54.00 元　ISBN 978-7-5019-8880-8

87. 平版印刷机使用与调节——全国中等职业教育印刷包装专业教改示范教材　孙星主编　16 开　39.00 元　ISBN 978-7-5019-9063-4

88. 印刷概论（带课件）——全国中等职业教育印刷包装专业教改示范教材　唐宇平主编　16 开 25.00 元　ISBN 978-7-5019-7951-6

89. 印后加工（带课件）——全国中等职业教育印刷包装专业教改示范教材　刘舜雄主编　16 开 24.00 元　ISBN 978-7-5019-7444-3

90. 印刷电工基础（带课件）——全国中等职业教育印刷包装专业教改示范教材　林俊欢等编著　16 开　28.00 元　ISBN 978-7-5019-7429-0

91. 印刷英语（带课件）——全国中等职业教育印刷包装专业教改示范教材　许向宏编著　16 开　18.00 元　ISBN 978-7-5019-7441-2

92. 印前图像处理实训教程——职业教育"十三五"规划教材　张民　张秀娟主编　16 开　39.00 元　ISBN 978-7-5184-1381-2

93. 方正飞腾排版实训教程——职业教育"十三五"规划教材　张民　于卉主编　16 开　38.00 元　ISBN 978-7-5184-0838-2

94. 最新实用印刷色彩（附光盘）——印刷专业中等职业教育教材　吴欣编著　16 开　38.00 元　ISBN 7-5019-5415-5

95. 包装印刷工艺·特种装潢印刷——中等职业教育教材　管德福主编　大 32 开　23.00 元　ISBN 7-